直升机空气动力学丛书

直升机计算流体动力学基础

招启军　徐国华　著

科学出版社

北京

内 容 简 介

本书总结了关于直升机计算流体动力学(CFD)基础方法研究方面的最新进展和经验,并结合国内外的已有成果进行了对照。阐述了直升机 CFD 方法的研究进展、计算流体动力学基础知识、直升机 CFD 方法中的二维和三维网格生成技术、运动嵌套网格技术、非结构网格技术、滑移网格及其他网格技术,详细介绍了空间离散方法、时间离散方法及求解条件、流场高效推进方法、混合 CFD 方法、动量源方法等,给出了悬停状态、前飞状态直升机旋翼流场、气动特性及旋翼/机身干扰流场的算例结果,并与试验结果和参考结果进行了对比,供读者参考使用。

本书可供直升机设计、风力机设计、螺旋桨设计等专业的本科生、研究生及科研人员参考学习。

图书在版编目(CIP)数据

直升机计算流体动力学基础/招启军,徐国华著. —北京:科学出版社,2016.6

直升机空气动力学丛书

ISBN 978-7-03-048248-8

Ⅰ.①直… Ⅱ.①招… ②徐… Ⅲ.①直升机-流体动力学 Ⅳ.①V275

中国版本图书馆 CIP 数据核字(2016) 第 098612 号

责任编辑:惠 雪/责任校对:王 瑞
责任印制:张 伟/封面设计:许 瑞

科 学 出 版 社 出版

北京东黄城根北街 16 号
邮政编码: 100717
http://www.sciencep.com

北京凌奇印刷有限责任公司印刷

科学出版社发行 各地新华书店经销

*

2016 年 6 月第 一 版 开本: 720 × 1000 1/16
2025 年 4 月第五次印刷 印张: 20 3/4 彩插: 3
字数: 418000

定价: **128.00**元
(如有印装质量问题,我社负责调换)

序

旋翼集拉力、推力和操纵力于一体，是直升机的关键气动部件，对直升机的飞行性能和操纵特性具有决定性作用。与固定翼相比，直升机旋翼工作方式更加独特，除了具有旋转运动之外，还存在挥舞运动、摆阵运动和变距运动，有时这些运动还存在耦合效应。随着直升机前飞速度的增加，在不同方位角，旋翼桨叶剖面的速度差异也随之增大，导致前行桨叶会出现激波/附面层干扰，后行桨叶会出现动态失速等现象，同时还会出现桨/涡干扰等问题，这些现象和问题则对旋翼的流场和气动载荷的分析提出了严峻的挑战。直升机空气动力学三大经典理论——滑流理论、叶素理论和涡流理论，在分析直升机旋翼流场及气动特性中发挥了重要作用，具有广泛的工程应用价值。然而，在针对上述复杂的旋翼空气动力学现象时，特别是对于具有先进气动外形旋翼流动的细节以及全机干扰分析时，这些经典理论则难以解决，因此需要提出新的理论分析方法，于是直升机计算流体动力学 (CFD) 方法就应运而生。

随着计算机能力和数值计算方法的发展，可以通过计算流体动力学方法对旋翼流场和气动特性进行数值计算与分析。由于 Navier-Stokes 方程是从反映流体本质的基本方程出发对旋翼流场进行求解的，考虑了气体的黏性、压缩性，因而能充分地捕捉旋翼流场，尤其是跨音速流动的细节，这对于研究具有先进气动外形旋翼的绕流以及与机身等产生的相互干扰等问题是至关重要的，因此，CFD 方法在直升机空气动力学的研究中逐步崭露头角，并且应用越来越广泛。然而，与固定翼 CFD 方法相比，直升机旋翼 CFD 方法的研究难度更大，主要体现在：旋翼桨叶存在复杂的耦合运动，这给生成高质量计算网格带来困难；由于旋翼流场中同时存在可压流动与不可压流动、非定常附着流与分离流，这对空间离散格式、主控方程和湍流模型的选取增加了难度；与此同时，由于数值耗散的存在降低了旋翼桨尖涡产生及输运的模拟精度，这将直接影响旋翼气动特性和旋翼/机身干扰流场的模拟结果。针对这些难点，国内外学者展开了系统而深入的研究，提出了很多解决方案，进而推动了直升机 CFD 方法的发展。其中以招启军教授和徐国华教授为代表的团队研究成果斐然，建立了多个独创性的理论和方法，发表了几十篇高水平文章。他们提出的这些独创性的理论和方法已在直升机 CFD 方法的工程领域中应用，并发挥重要的作用。

尽管当前已出版诸多 CFD 方面的教材和专著，但是由于直升机旋翼 CFD 方法的研究难点较多，进展缓慢，因此目前国际上尚未出版有关介绍直升机 CFD 方法的专业书籍，《直升机计算流体动力学基础》的出版填补了该领域的空白。该书在系统介绍直升机 CFD 方法的同时，详细展现了作者及其团队的诸多最新的研究成果，比如有特色的高效运动嵌套网格方法、混合 CFD 方法、非定常动量源方法等，给出了具有知识产权的直升机 CFD 代码（CLORNS），并通过系统的算例验证以及与国外相关软件和方法的对比，表明了该代码的先进性。

　　该书内容翔实、文笔流畅，具有严谨的科学学风、新颖的前沿动态和完整的学术体系。全书较全面地反映了直升机 CFD 方法的最新进展，深入浅出、层次分明，并有丰富的应用实例，具有较高的可读性和借鉴性。该书对直升机设计、风力机设计、螺旋桨设计等相关研究人员有较大的参考价值。该书的首次出版将大大推动我国直升机空气动力学的发展和应用，也将为世界直升机空气动力学的发展和应用做出重要贡献！因此，我向广大读者推荐此书。

2016 年 5 月

前　言

随着计算机性能的提高和数值计算方法的发展，直升机计算流体动力学 (computational fluid dynamics, CFD) 方法在直升机空气动力学的发展和应用中起到了越来越重要的作用。但到目前为止，国际上还没有出版关于直升机 CFD 方法的专业书籍，为了满足先进直升机技术发展的需求，迫切需要系统介绍直升机 CFD 方法的参考资料。由于缺乏这方面的资料，在为本科生和研究生开设的"直升机 CFD"专业课中，作者一直没有找到合适的教材，多是参考了通用的 CFD 专业教材和专著，以及作者及其团队在直升机 CFD 方面多年积累的学术和科研成果。尽管这样基本完成了相关的教学任务，但总感觉缺少系统性和全面性，为此作者早有想法整理一部关于直升机 CFD 的参考书。经过作者及研究生们多年的辛苦研究，最终促成了这部书的出版，力求为我国直升机事业增光添彩。

考虑到旋翼的运动特点和工作方式，本书既适合直升机设计专业，也适合风力机设计、螺旋桨设计等专业的本科生、研究生及科研人员参考学习。作者根据自己的科研成果和教学经验以及与学生们的讨论结果，反复推敲，凝练出本书的主要内容，并请教多位专家学者，力图使这部书做到科学先进、内容实用、简明扼要。

本书共分 12 章，第 1 章简要介绍了直升机 CFD 方法的发展；第 2 章介绍了计算流体动力学基础知识；第 3 章~第 5 章主要介绍了翼型的二维结构网格生成方法、旋翼及机身的三维结构网格生成方法、运动嵌套网格技术以及用于直升机流场计算中的其他网格技术，包括非结构网格、滑移网格、变形网格、聚合多重网格及自适应网格方法等；第 6 章~第 9 章分别介绍了直升机旋翼流场的控制方程、空间离散方法、时间离散方法及求解条件和高效推进方法等；第 10 章和第 11 章分别介绍了具有直升机 CFD 特点的混合 CFD 方法和动量源方法；第 12 章是在前面章节的基础上，较系统和全面地介绍直升机 CFD 方法在旋翼流场、气动特性及旋翼/机身干扰中的算例计算及验证结果，包括作者团队的一些最新研究成果，特别是关于旋翼及机身三维网格生成方法、高效的运动嵌套网格技术、非定常动量源方法、混合 CFD 方法以及具有自主知识产权的 CLORNS 代码等。

直升机 CFD 的发展始于 20 世纪 70 年代初，从最初的小扰动方程出发，逐步到全位势方程、Euler 方程和 Navier-Stokes 方程的发展阶段，目前已有学者开始挑战 LES 方法及其应用。针对直升机 CFD 方法研究，国内外数以百计的学者们贡献了他们的智慧，留下了很多耀眼的方法和经验，使作者及其团队能够如沐甘霖般学习和成长。我国是从 20 世纪 90 年代开始逐步开展对该领域的研究，其中以西北工业大学乔志德教授为代表的团队和以中国空气动力研究与发展中心陈作斌研究员为代表的团队等率先对其进行研究，为作者团队的快速发展指明了方向，在此一并表示感谢。感谢南京航空航天大学直升机学科带头人高正教授对作者及团队的指导和帮助。感谢南京航空航天大学空气动力学系陆志良教授、陈红全教授、夏健教授、周春华教授、王江峰教授等在 CFD 方法研究方面给予的指导。感谢中国直升机设计研究所陈平剑研究员和林永峰研究员等人的指导和鼓励。此外，由于参考文献资料较多，且作者和研究生们学习和参考的时间跨度较长，虽然在书中需要引用的部分已经基本注明，但如有疏忽或遗漏，请原创作者多多包涵，并请及时告诉我们，定将改进。

由于直升机 CFD 方法尚处于不断发展中，本书主要阐述基于有限体积方法进行 CFD 问题的分析和研究。有限差分方法和有限元方法也是处理 CFD 问题的有效方法，但由于篇幅有限，暂未给出这两种方法的介绍，未来改版中拟将包含这方面的内容。

感谢我国著名直升机空气动力学家王适存教授的引路和指导，仅以此书献给王教授诞辰 90 周年。

本书的出版得到了江苏高校品牌专业建设工程一期项目、国家自然科学基金(10602024，10872094，11272150)、预研基金、国家级重点实验室基金等项目资助，以及中国直升机设计研究所等单位相关项目的支持和帮助。

在这本书的撰写过程中，得到作者团队成员的大力支持，在此特别感谢他们，没有他们的创造性思维和辛勤劳动，这部书很难付梓。他们分别是史勇杰副教授、王博博士、赵国庆博士、李鹏博士、倪同兵博士生、王清博士生、马砾博士生、印智昭硕士、朱秋娴硕士、朱明勇硕士、吴琪硕士和尹江离硕士等。其中，赵国庆博士在旋翼运动嵌套网格方法等方面有独到的创新，并且与印智昭硕士、尹江离硕士一起帮助作者完成了统稿、校对工作。此外，还要特别感谢科学出版社惠雪编辑为这部书的出版付出的辛勤工作。

由于作者水平有限，本书的内容在系统性和深入性方面依然存在很多不足之处，错误在所难免。恳请读者及专家能够及时给予批评指正，并对此表示感谢。在未来的改版中，将根据读者反馈和自我认识的提高进一步完善本书内容。

招启军

2016 年 4 月

符 号 表

a	音速
a_{1s}	桨盘后倒角
b_{1s}	桨盘侧倒角
$\boldsymbol{A}, \boldsymbol{B}, \boldsymbol{C}$	雅可比矩阵
C_d	阻力系数
C, c	翼型弦长
C_l	升力系数
C_m	力矩系数
C_p	比定压热容或压强系数
d	距离
$\mathrm{d}r$	微元的径向距离
$\mathrm{d}S$	微元面积
$\boldsymbol{D}$	阻力、人工黏性通量或对角矩阵
$\mathrm{d}F$	桨叶剖面对气流的作用力
$\mathrm{d}T$	剖面拉力
$\mathrm{d}Q$	剖面阻力
e	单位质量气体总能量
E_r	总转能
$\boldsymbol{e}_r, \boldsymbol{e}_\psi, \boldsymbol{e}_\zeta$	桨盘圆柱坐标系三个方向矢量
$\boldsymbol{e}_\xi, \boldsymbol{e}_\eta, \boldsymbol{e}_\zeta$	桨盘直角坐标系三个方向矢量
$\boldsymbol{e}_n, \boldsymbol{e}_\psi, \boldsymbol{e}_s$	桨叶偏转坐标系三个方向矢量
$\boldsymbol{F}'_\triangle$	气流作用在微面处的力
$\boldsymbol{F}''_\triangle$	微面为三角形时气流作用的力
$\boldsymbol{F}_v$	黏性通量
$\boldsymbol{F}_c$	对流通量
$\boldsymbol{F}_{v,T}$	湍流模型黏性通量
$\boldsymbol{F}_{c,T}$	湍流模型对流通量
h	单位质量气体总焓能
$\boldsymbol{K}_e$	单元刚度矩阵
l	B-L 模型混合长度

$\boldsymbol{L}$	升力或下三角矩阵
$\boldsymbol{L}, \boldsymbol{M}, \boldsymbol{N}$	旋翼桨叶坐标系下对流通量
Ma_{tip}	桨尖马赫数
$\boldsymbol{n} = (n_x, n_y, n_z)$	面单位法矢
N_b	桨叶片数
p	压强
Pr_l, Pr_t	层流和湍流的普朗特系数
$\boldsymbol{Q}$	源项
$\boldsymbol{q}$	旋翼桨叶坐标系下守恒变量
$\boldsymbol{Q}_T$	湍流模型源项
q_i	热通量
$\boldsymbol{r}$	位置矢量
R	桨叶半径
R^+, R^-	黎曼不变量
$\boldsymbol{R}_{i,j,k}$	流场残值
s	熵
$\boldsymbol{S}_{i,j,k}^I$	单元面积矢量
$\boldsymbol{S} = (S_x, S_y, S_z)$	动量源项
t	物理时间
Δt	时间步长
T, T_∞	温度、自由流温度
$\boldsymbol{T}$	旋翼桨叶坐标系下源项通量
v_i, v_j, v_k	各个方向上的速度
$\boldsymbol{U}$	上三角矩阵
$\boldsymbol{V}_{\text{s}} = (U_{\text{s}}, V_{\text{s}}, W_{\text{s}})$	桨盘直角坐标系下的速度分量
$\boldsymbol{V} = (u, v, w)$	绝对速度
$\boldsymbol{V}_{\text{r}} = (u_{\text{r}}, v_{\text{r}}, w_{\text{r}})$	相对速度
$\boldsymbol{V}_\Omega = (u_\Omega, v_\Omega, w_\Omega)$	旋转速度
V_∞	自由来流速度
V_{n}	边界法向速度
V_{t}	边界切向速度
V_β	剖面挥舞速度
$V/V_{i,j,k}$	单元体积
$V_{\text{O}}, V_{\text{R}}, V_{\text{Z}}$	气流速度在周向、径向和垂向的分量
$\boldsymbol{W}$	守恒变量

$x, y, z / X, Y, Z$	坐标
X_c, Y_c, Z_c	旋翼旋转中心在计算域内的坐标
X_s, Y_s, Z_s	桨盘直角坐标系下的坐标
y^+	第一层壁面距离,无量纲
α	迎角
α_s	桨盘迎角
β	挥舞角
β_0	挥舞锥度角
β_{1c}	后倒角
β_{1s}	侧倒角
β_*	来流角
γ	比热容
Γ	环量
δ_{ij}	Kronecker 符号
δW	虚功
ε	小量常数
ζ	尾迹涡龄角
θ	变距角
θ_0	总距角
θ_{1c}	横向周期变距
θ_{1s}	纵向周期变距
λ	第二黏性系数
μ	分子黏性系数、旋翼前进比
μ_∞	自由流黏性系数
μ_1, μ_t	层流、湍流黏性系数
$\tilde{\nu}$	动力黏性系数
ρ	密度
τ	伪时间
τ_{ij}	黏性应力
ϕ	速度势
ψ	方位角
$\boldsymbol{\omega}$	角速度矢量
Ω	控制体旋转角速度或旋翼角速度
$|\Omega|$	涡量值
Ω_{ij}	旋转张量

∂x_k	不同方向位置偏导数
$\partial \Omega$	控制体表面积
$(\ )_w$	物面值
$(\ )_\infty$	无穷远值
$(\ )^n$	第 n 次迭代

目　　录

第1章 绪　　论

1.1　直升机旋翼空气动力学概述

众所周知,旋翼是直升机最重要的核心部件之一。旋翼产生的拉力提供了直升机飞行时主要的升力、推进力和操纵力。直升机的载重、最大前飞速度、机动性等重要性能指标都严重依赖于旋翼的气动性能。旋翼独特的升力产生方式是直升机与其他飞行器最根本的区别,同时这也是直升机与其他飞行器研究内容的难点和技术方法的显著区别。旋翼通过桨叶旋转运动与空气相互作用产生升力,而且在不同半径处桨叶剖面对应的来流速度均有不同,导致桨叶剖面拉力分布不均匀。如图 1.1 所示,前飞时,在旋翼流场中可同时出现前行桨叶尖部跨音速可压缩流动、后行桨叶低速不可压流动,并伴随动态失速、反流区、桨/涡干扰等多种复杂空气动力学现象,这些流动决定了旋翼独特的气动特性,并引起复杂的直升机气动干扰问题。正是由于直升机旋翼具有如此的重要性及其流场的复杂性,旋翼气动特性成为直升机空气动力学研究领域重要且具有挑战性的研究对象。

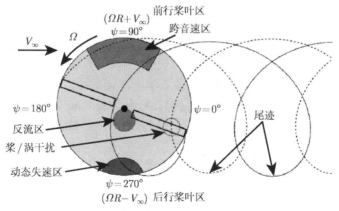

图 1.1　直升机旋翼流场中的特殊流动现象

新时代的发展对直升机技术提出了更高的要求,新一代的直升机要求具备大速度、大航程、低噪声和低振动等特征,这些特征都与旋翼的流场和气动特性密切相关。现代直升机旋翼装配了良好的桨叶气动外形,尤其是采用新型桨尖和紧凑的旋翼/机身气动设计,有利于提高旋翼和直升机的气动性能,但同时也给旋翼流场和气动特性的分析带来了困难。因此,深入研究直升机旋翼的流场及其气动特性具有重要的学术价值和实际应用价值。

旋翼空气动力学研究方法主要分为三类：试验方法、理论方法和数值模拟方法。直升机旋翼空气动力学试验研究多采用模型旋翼台试验和风洞试验 (图 1.2)，通过试验方法可以揭示旋翼流场流动现象与机理，为理论研究提供参考，也是检验理论方法和设计方案的重要验证手段之一。早期的直升机旋翼气动外形研究中，由于对旋翼流动现象的认识不够深入，理论方法难以开展特殊外形桨叶的气动分析工作，因此，试验方法在这一时期占有举足轻重的地位。尽管试验方法是旋翼空气动力学研究的重要基础，但其也存在一些不足，主要是旋翼气动试验从模型设计、生产、试验准备 (调试)、试验到数据处理整个过程周期较长，同时成本较高。尽管如此，试验研究仍然是当前旋翼气动研究不可或缺的验证手段。

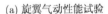
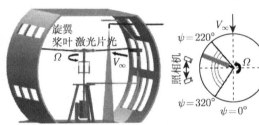

(a) 旋翼气动性能试验   (b) 旋翼流场测量试验

图 1.2   旋翼风洞试验示意图

传统的直升机旋翼空气动力学理论方法分为动量理论、叶素理论和涡流理论，这些方法从不同的角度对旋翼气动特性进行了描述，将这些方法组合并成功用于旋翼悬停和前飞流场、气动特性的预测，在实际中得到了广泛应用。然而，上述方法基本都是以势流假设为基础，如将它们直接用于新型桨尖旋翼细节流动以及旋翼/机身干扰等复杂气动干扰现象的分析研究并进一步开展设计工作方面则存在分析精度不足的问题。

随着计算机性能的提高和数值计算方法的发展，可以通过计算流体动力学 (CFD) 方法对旋翼流场和气动特性进行数值计算与分析。由于 Navier-Stokes(简写为 N-S) 方程从反映流体本质的基本方程出发对旋翼流场进行求解，同时考虑了气体的黏性、压缩性，因而能充分地捕捉旋翼流场，尤其是跨音速流动的细节，这对于研究新型桨尖现代旋翼绕流以及与机身等产生的相互干扰问题至关重要，因此，CFD 方法在直升机空气动力学的研究中逐步崭露头角，并且具有应用越来越广泛的趋势。

近年来，直升机旋翼 CFD 技术已取得了很大的进展，但与发展更成熟的固定翼 CFD 技术相比，旋翼 CFD 的发展仍是相对滞后的，这是直升机以及旋翼的工作特点导致的。直升机的工作状态多，包括悬停、大小速度的前飞和近地工作状态等；旋翼的工作方式独具特点，在旋转运动基础上，一般还会存在挥舞运动、摆振运动、变距 (扭转) 运动以及弹性变形运动等。上述现象造成了直升机旋翼流场的复杂性，具体体现为：由于桨叶的旋转，在直升机大速度前飞时，旋翼前行桨叶上可能存在激波，若激波较强，还会扩展到桨尖以外的区域，对流场产生重要影响，在迎角较大时，可能发生激波和附面层的干扰；旋翼后行桨叶上可能出现动态失速问题，引起气流分离现象；在悬停和小速度前飞以及近地飞行状态等，桨叶拖出的桨尖涡不能迅速离开旋翼，出现了以强烈的集中桨尖涡为主导的涡流场，并引起桨叶与涡之间、涡与机身及部件之间的相互干扰等复杂流动现象。旋翼这些工作特点以及直升机流场中存在的这些复杂干扰问题给 CFD 方法中的网格生成、计算精度和计算效率等带来很多挑战性的难题。但也正是在摸索解决上述问题的同时，国内外的研究学者们提出了很多有创新意义的、大胆的、有针对性的方法和相关理论，并且对 CFD 方法的发展和应用做出了重要贡献。

1.2　直升机 CFD 研究进展

随着计算机技术和数值计算方法的迅速发展，CFD 方法逐步应用于直升机非定常干扰流场的求解中，并得到了快速发展。鉴于旋翼流场和气动性能对直升机整体性能的重要影响，以及旋翼 CFD 方法研究的挑战性，可以说直升机 CFD 的发展史实质上是旋翼 CFD 的发展和应用史。以 CFD 方法的控制方程为划分标准，到目前为止，旋翼 CFD 方法主要经历了小扰动方程、全位势方程、Euler 方程和Navier-Stokes 方程四个发展阶段，并正在向大涡模拟方法方向发展。

1.2.1　位势方程的发展及应用

早期，为便于求解并能在一定程度上捕捉旋翼跨声速特性，Caradonna 和 Isom (1972) 首次将小扰动方程方法推广应用于三维非定常旋翼流场模拟中，解决了悬停流场中无升力桨叶的绕流问题，而后，又推导出适用于前飞状态的小扰动方程。在 20 世纪 70 年代，运用小扰动势流理论的 CFD 方法在流动预测上取得了初步的发展，在试验数据的有力考核之下，这种方法逐渐被人们所接受，CFD 方法也开始从固定翼流场的求解扩展到对旋翼流场的求解。

由于小扰动方程采用了小扰动假设，仅适合于大展弦比、薄翼型等扰动不太强的情况，而不能准确地求解旋翼跨音速特性、捕捉激波强度及位置，因此，20 世纪 80 年代初期，一些研究者又开始寻求将全位势方程运用到旋翼流场的求解。

Arieli 和 Tauber(1979) 最先开展了这方面的研究，在 Jameson 固定翼流场全位势方法 FLO22 的基础上，建立了适用于悬停和小速度前飞状态旋翼流场分析的全位势方法 ROT22，运用超线性松弛方法求解了非守恒形式的三维全位势方程。Steger 和 Caradonna(1980) 则发展出一套旋翼三维非定常流场的全位势分析程序,该程序采用近似因子分解法来求解有限差分方程。随后,Bridgeman 等 (1982) 在此基础上又开发出了计算程序 TUNA,后来这种程序被 Strawn 和 Caradonna(1987) 以及 Bridgeman 等 (1991) 分别进一步扩展成知名的全位势旋翼流场分析软件 FPR (full potential rotor) 和 FPX(the EXtended full-potential rotor code)。此外,Sankar 等 (1985) 也发展了关于全位势方程的旋翼 CFD 计算软件。基于全位势方程求解方法,Chang(1984,1985) 对三维准定常和非定常旋翼流场进行了数值模拟计算。Egolf 和 Sparks(1985,1986) 则在 ROT22 的基础上,发展了一个考虑悬停状态旋翼真实尾迹的三维全位势方法,并将该方法推广至前飞状态。在激波不太强的情况下,全位势方程的求解具有较好的模拟精度。全位势方程对跨声速流动具有一定的模拟精度,相对于后来的 Euler 方程或 N-S 方程,其对计算资源的要求要低很多,因而在旋翼设计的工程应用中有着很广泛的应用,直到今日,采用这种方法的设计工具仍在应用。

然而,受无旋、无黏和等熵假设的制约,势流方法在解决强激波、桨/涡干扰、非定常、气流分离等旋翼复杂流动问题上仍是捉襟见肘。随着数值计算方法和计算机能力的提高,以 Euler/N-S 方程为流动控制方程,旋翼尾迹可以作为解的形式直接包含在流场模拟的结果中,因而不必对尾迹进行单独处理,而且能够大大提高对复杂桨叶外形的处理能力。因此,基于 Euler/N-S 方程的旋翼 CFD 方法逐渐成为研究热点,并在旋翼流场模拟和气动特性计算等方面发挥着越来越重要的作用。

1.2.2 Navier-Stokes 方程的发展及应用

位势方程的等熵假设只适用于激波较弱的情况,应用范围受到限制,而 Euler 方程不作无旋假设,允许涡量分布,具有可以直接在计算域中捕捉和传递涡量的特点。因而相对于全位势方程,Euler 方程的优势明显,其控制方程是从 N-S 方程上忽略黏性和热传导得到的。在高雷诺数以及附着流前提下,Euler 方程假设具有较高的精度,相比于 N-S 方程,其网格要求和计算量都要小很多,因此,Euler 方程在工程实践中有着非常广泛的应用。

Roberts 和 Murman(1985) 较早地采用了三维可压缩 Euler 方程对悬停状态的旋翼流场进行数值计算。考虑到在使用有限差分或有限体积法求解 Euler 方程时,最大的问题在于截断误差和人工黏性引起的涡量耗散,从而不利于计算旋翼尾迹,尤其是桨尖涡的捕捉。为此,他们将流场中的速度分为两部分,其中一部分通过涡尾迹对速度进行修正,最终减少了尾迹的非物理耗散效应。随后 Sankar 等 (1985) 进一步结合 Jameson 有限体积法,给定尾迹结构,应用 Euler 方程对悬停旋翼流场进行了求解,空间离散采用显式和隐式交替的 ADI(alternating direction implicit) 方法。Agarwal 和 Deese(1987) 基于 Euler 方程求解了旋翼悬停流场,时间推进方法采用 Runge-Kutta 方法，并通过剖面迎角的修正计入了尾迹对桨叶的影响。Chen 和 McCroskey(1988) 初步建立了前飞状态旋翼流场 Euler 方程求解的 CFD 方法，并对无升力旋翼的气动特性进行了数值模拟。Boniface 等 (1995)、法国 ONERA 的 Rruno(1995) 分别基于 Euler 方程开展了无附加尾迹模型的旋翼前飞流场的计算方法，并发展了一种考虑多片桨叶变距、挥舞运动等条件的动态变形网格策略。计算结果表明：相对于单桨叶计算方法，采用这种方法能够更为精确地计算旋翼前行侧桨尖附近的跨音速流动特性，同时对旋翼的涡尾迹进行更为有效地捕捉。20世纪 90 年代末，基于非定常 Euler 方程和运动嵌套网格方法，德国 DLR 和法国 ONERA 在合作项目 Helishape 中发展了旋翼流场计算软件 EROS(Renzoni, et al., 2000)，并针对具有多段线性扭转分布及新型桨尖的 7A 和 7AD 旋翼进行了气动特性和性能的计算，获得了与试验数据较为吻合的桨叶表面压力分布。

Euler 方程在旋翼流场计算中的应用为 RANS 方程的使用奠定了良好基础。对于具有复杂尾迹 (涡运动) 的旋翼流场，只有 N-S 方程才能真正准确地描述桨尖涡的形成和输运，以及研究旋翼非定常流场的复杂气动问题。

N-S 方程由于考虑了气体的黏性，真正意义上做到了准确描述涡的形成和输运。在 N-S 方程的框架下，可以更加深入地研究流场细节，如旋翼动态失速、桨/涡干扰等一些复杂流动现象。早期旋翼的 N-S 方程研究受计算资源的限制，网格规模很小，但就是在这样稀疏的网格下对悬停和前飞旋翼流场的模拟仍达到了一定的精度。到 20 世纪 90 年代，随着计算机水平的不断提高，求解 N-S 方程的 CFD 方法比势流方法呈现出更强的发展势头。

20 世纪 80 年代初期，Liu 等 (1983) 首次将不可压缩 N-S 方程应用于悬停状态旋翼流场的计算，并采用层流假设计入黏性对旋翼气动特性的影响。1988 年，Srinivasan 和 McCroskey(1988) 计入尾迹诱导对桨叶迎角的修正，以薄层 N-S 方程作为悬停状态旋翼流场求解的控制方程，对旋翼亚声速和跨声速流场进行了模拟，该方法模拟的无升力和有升力状态的桨叶表面压强系数分布与试验值吻合较好，并且能够在一定程度上捕捉桨叶表面的流动分离细节。由于 N-S 方程求解要求的网格数目较大，这会在很大程度上增加旋翼气动特性计算的时间消耗。为提高旋翼流场计算的效率，1992 年，Srinivasan 和 Baeder(1992) 采用无附加尾迹模型的 N-S 方程建立了旋翼悬停流场求解的 CFD 方法，并将 Jameson 等 (1986) 在固定翼飞行器流场求解中发展的隐式 LU-SGS 时间推进方法应用于旋翼流场求解。在此基础上，Srinivasan 和 Baeder(1993) 研制了著名的旋翼气动特性计算软件 TURNS(transonic unsteady rotor Navier-Stokes)。他们运用 TURNS 软件进一步对 UH-60A 直升机旋翼 (具有不同的翼型配置、非线性负扭转和后掠新型桨尖) 和 BERP 旋翼 (复杂的桨尖弦长分布和四分之一弦线分布) 悬停状态的流动特性进行了数值计算和分析，计算出的桨叶表面压强系数分布、旋翼的气动性能与试验值有较好的一致性。这些早期的应用 N-S 方程对悬停状态旋翼气动特性的计算因受计算时耗和存储的限制，一般都是采用规模较小的计算网格，这在很大程度上影响了旋翼气动特性的模拟精度。鉴于此，Wake 和 Baeder(1994) 运用 TURNS 软件和不同规模的旋翼贴体网格计算了不同旋翼的悬停气动特性，通过对比结果表明：旋翼网格数量的增加能够显著提高旋翼气动特性数值计算的准确性。1996 年，Bangalore 和 Sankar(1996) 使用变形网格方法模拟了旋翼前飞黏性流动，采用时间隐式的 ADI 方法，空间上应用三阶迎风格式，无附加尾迹模型，计算得到了不同方位角上桨叶表面压力分布随方位角的变化，其中，对桨叶后行侧的预测结果不是很理想。同年，Ahmad 和 Duque(1996) 采用运动嵌套方法数值模拟了 AH-1G/OLS 旋翼的前飞黏性流动，计算得到的桨叶表面压强系数与试验结果具有较好的一致性，但桨叶剖面法向力的计算值与试验值仍有一定差距。为了快速完成嵌套网格间流场信息的交换，该方法采用了一种限制贡献单元范围的搜寻策略；时间积分应用高效的 LU-SSOR 方法隐式推进，空间上采用了三阶迎风格式。2002 年，Pomin 和 Wagner(2002) 采用可压缩 RANS 方程分析了悬停状态 Helishape 7A 旋翼和前飞无升力状态 Caradonna-Tung(C-T) 旋翼，基于 RANS 方程的计算得到了比 Euler 方程更精确的结果。2009 年，Kim 等 (2009) 采用运动嵌套网格方法分别对 C-T 模型旋翼和 AH-1G 旋翼的气动特性进行了模拟，在建立旋翼 CFD 方法时运用高阶 Roe-ENO 结合格式对 N-S 方程进行空间离散，并采用两方程 $k-\omega$ 湍流模型计算动力黏性系数，从而更为有效地对旋翼非定常气动特性进行了模拟。美国 HI-ARMS 和 CREATE-AV 项目开发的直升机旋翼嵌套网格模拟软件 "Helios"(Helicopter Overset Simulations)(Sankaran, et al., 2010; Sitaraman, et al., 2013; Jain and Potsdam, 2014) 则采用非结构化自适应网格系统建立了直升机全机干扰流场的 CFD 模拟方法，近场计算采用了 DES 湍流模拟，远场分析采用 RANS 方程进行求解，并引入网格自适应方法。在该软件基础上，针对多种旋翼在悬停和前飞状态的气动特性进行计算，并且取得了良好的效果。截至目前，该软件仍处在不断完善和发展之中。

虽然求解完全的 N-S 方程理论上可得到流场运动的真实情况，但计算量很大，且存在涡量耗散。为此，结合全位势方程的特点，发展了混合方法。其中，Sankar 等 (1993)、Berkman 等 (1997) 和 Yang 等 (2002) 采用混合 N-S、全位势和自由尾迹的方法计算了桨叶的绕流。计算结果表明，使用混合方法求解不仅计算精度相当，而且节省了计算时间。但是在应用此混合方法进行求解时，需要在势流区与黏性区域的交界面处建立一个关于信息传递的一对一的匹配关系，这势必增加这两个不同区域的网格生成难度，尤其是在计算桨叶变距运动时，而且这种一对一的匹配关系传递的信息量也偏少。此外，该混合方法采用的尾迹模型只考虑了桨尖涡的输运，忽略了内部尾迹的影响。为此，招启军和徐国华等 (2006) 针对这些问题，提出了改进方法,提高了 Sankar 等计算结果的精度。

Rajagopalan 和 Lim(1991), Zori 等 (1992), 以及 Chaffin 和 Berry(1995) 则另辟蹊径,将旋翼对流场的影响作为动量源或作用盘,放于 N-S 方程的右边。这种近似处理方法尽管很难考虑桨叶附近的细致流动,但在旋翼下洗流对其他部件的干扰,如机身、平尾等则可进行准确度较高的计算,并且该方法也推广应用到涵道尾桨以及风力机等应用中。康宁和孙茂 (1996) 改进了上述思想,用于旋翼近地飞行时的诱导速度计算。Steinhoff 等 (1992) 还提出了一个类似于涡嵌入方法的涡限制方法,在 N-S 方程中附加一个源项或力项,它的作用是将因数值耗散而背离涡核的涡量向涡核集中,从而提高捕捉涡的能力。

上述一系列研究表明,CFD 方法在旋翼流场分析方面具有明显优势,并逐渐成为未来直升机旋翼流场分析研究的主要发展方向。

1.2.3 旋翼 CFD/CSD 耦合方法的发展

在上述刚性桨叶 CFD 方法发展的同时,考虑到旋翼桨叶是细长柔性体,在气动载荷作用下,旋翼产生明显的结构变形,因此需要采用 CFD/CSD(computational structure dynamics) 耦合方法来对弹性旋翼气动特性进行高精度数值模拟。

Tung 等 (1986) 在成功地将 CFD 应用于悬停和前飞无升力旋翼气动特性分析之后,首次开展了 CFD/CSD 耦合研究,CFD 分析采用的是跨音速小扰动程序 FDR,综合分析软件采用了 CAMRAD。Tung 等 (1986) 还指出,FDR 这种小扰动程序仅能用于前行桨叶外端,最终由于气动载荷预测不准确而导致耦合计算的不收敛。之后,Strawn 和 Tung(1987) 将全位势代码 FPR 和 CAMRAD 耦合,对所有方位角都仅采用升力耦合,但计算结果仍旧不够精确。随后,Strawn 和 Bridgeman(1991) 采用 FPR 和 CAMRAD/JA 耦合,计入旋翼升力和变距力矩耦合,发现采用变距力矩的耦合过程中出现了收敛问题。2001 年,Servera 等 (2001) 耦合了基于 Euler 方程的 CFD 程序 WAVES 和 HOST 动力学分析软件,采用结合升力和变距力矩的耦合,并将 7A 和 7AD 旋翼的计算结果与风洞测试结果进行了对比,升力和桨叶扭转的计算并没有得到实质性提高。同年,Pahlke 和 van der Wall(2001) 耦合了 RANS/Euler 求解器 FLOWer 和动力学软件 S4。采用结合升力和变距力矩的耦合,计算结果和 7A/7AD 测试数据比较,相比于仅采用 S4 的结果,耦合计算改进了剖面升力的对比,但变距力矩计算的仍旧不够准确。2004 年,Datta 等 (2004) 耦合了 Navier-Stokes 代码 TURNS 和 UMARC,Navier-Stokes 用于单片桨叶的近场计算,计入其他桨叶的影响,并采用自由尾迹方法计算诱导速度分布,计算结果与高速状态 UH-60A 气动载荷数据的对比,变距力矩的计算精度得到显著提高。2006 年,Potsdam 等 (2006) 耦合了 Navier-Stokes 代码 OVERFLOW-D 和 CAMRAD-II 软件。采用了法向力、弦向力和变距力矩的松耦合策略,CFD 计算结果显示出三个状态下的升力以及变距力矩与试验值吻合良好，并与采用升力线理论的综合分析软件计算结果的精度相比有显著提高。2011 年，Ahmad 和 Chaderjian(2011) 耦合了 OVERFLOW 和 CAMRAD-II 软件进行高精度的流场数值模拟，并对松耦合迭代参数进行了优化并取得了显著进展。2013 年，Amiraux(2013) 采用五阶 WENO 格式的高精度 CFD 程序与 CSD 程序耦合，对 HART-II 强 BVI 状态下的旋翼/机身气动干扰问题进行了研究，获得了较好的干扰结果。2013 年，Zhao 和 He(2013) 采用基于 Lagrange 描述的黏性涡粒子 (VVPM) 与 CFD/CSD 程序结合，对 UH-60A 旋翼进行了结构特性模拟，提高了旋翼在 BVI 状态下结构载荷的计算精度。2015 年，Wake 等 (2015) 耦合了 OVERFLOW 和多体动力学有限元方法分析软件 DYMORE，并考虑阻尼器和减摆器的影响，对 UH-60 系列旋翼进行高精度的流场数值模拟，结果精度得到进一步提升。Lim(2015) 耦合了 N-S 方程代码 OVERFLOW2 和 CAMRAD-II 软件，考虑多段桨尖影响，对旋翼结构特性和气动特性进行了优化设计，将 CFD/CSD 的耦合应用推进到一个新的阶段。

1.2.4 国内直升机 CFD 研究概况

20 世纪末以来，国内在直升机旋翼流场 CFD 计算方面的研究取得了快速的发展，主要以中国空气动力研究与发展中心、西北工业大学、北京航空航天大学和南京航空航天大学等机构为代表。1998 年，中国空气动力研究与发展中心的江雄和陈作斌 (1998) 采用改进的双时间法和重叠网格技术进行旋翼 Euler 方程和 N-S 方程计算，并进行了基于 Euler 方程的旋翼/机身气动干扰模拟。2007 年，肖中云 (2007) 采用可压 N-S 方程对悬停、前飞状态旋翼气动特性分别进行了数值模拟。1997 年，西北工业大学的王立群等 (1997) 发展了采用 Euler 方程的悬停和前飞旋翼流场数值模拟方法。杨爱明和乔志德 (2000)、宋文萍和韩忠华等 (2001) 还采用运动嵌套网格技术和全隐式双时间法数值模拟了前飞状态旋翼非定常黏性流动。为了提高计算效率，许和勇和叶正寅等 (2007) 采用了多重网格方法进行了悬停旋翼 Euler 方程计算。1999 年，北京航空航天大学的童自力和孙茂 (1999) 采用动量源模型模拟旋翼对流场的作用，模拟了共轴式直升机双旋翼的干扰流动。于子文和曹义华 (2006) 则采用 Euler 方程数值模拟了悬停旋翼的绕流，并采用自由尾迹方法分析求解局部的诱导下洗速度以修正翼型攻角，而后又采用不可压 N-S 方程数值模拟了前飞旋翼湍流流动。南京航空航天大学招启军和徐国华 (2004，2005，2006，2007，2010) 分别在结构和非结构运动嵌套网格基础上建立了旋翼非定常流场的 N-S 方程求解方法，并将高阶 Roe 格式和 B-L 模型应用于旋翼 CFD 方法中，在此基础上，他们又开展了基于 N-S 方程/全速势方程/自由尾迹分析的混合 CFD 方法在旋翼非定常流场计算中的应用研究，在保证精度的同时提高了旋翼流场 CFD 计算的效率。为了进一步提高旋翼流场中涡的形成、演化等发展过程的模拟精度，印智昭等 (2016)

采用了高间断分辨率的 Roe-WENO 格式计算对流通量, 取得了较理想的结果。此外, 中国直升机设计研究所以及航空气动院等单位也在旋翼 CFD 方面做出了很多贡献。

与此同时, 国内在 CFD/CSD 耦合方面仍处于初步发展阶段, 开展的研究相对较少, CFD 方法已发展到采用 N-S 方程进行流场计算, 南京航空航天大学王海 (2010), 徐广 (2010), 陈龙 (2011), 王俊毅等 (2014, 2015), 肖宇 (2014) 等尝试进行了一些耦合桨叶气动弹性影响的旋翼流场数值计算, 取得了初步的进展。

1.2.5 旋翼 CFD 方法中的网格技术

CFD 计算一般是在流场空间网格上进行的, 网格是 CFD 模型的几何表达形式, 也是模拟与分析的载体, 因而网格生成是整个 CFD 方法计算的重要基础。网格质量对 CFD 计算精度和计算效率有重要影响, 直接关系到 CFD 计算结果的成败。对于复杂的 CFD 问题, 网格生成非常耗时, 且容易出错, 有时甚至生成网格时间要占全部计算任务时间的 60%~80%。因此, 网格生成方法已成为直升机旋翼 CFD 计算前期研究的重点。现在网格生成技术已经发展成为 CFD 方法的一个重要分支。

针对航空航天中飞行器的气动外形复杂的特点, 计算空间生成单一计算网格十分困难, 采用单块网格会使网格局部存在严重的扭曲并出现畸变单元, 甚至不能适用于数值计算。目前, 多采用分区对接网格和嵌套网格方法解决这一问题。虽然相对于嵌套网格, 多块对接网格可以有效降低网格数量并能减少网格间信息交换引入的误差, 但是对于直升机旋翼这种存在旋翼和机身相对运动的飞行器, 单纯采用对接网格已不能适用于处理复杂非定常气动问题的要求, 这主要是因为:

(1) 相对直升机机身, 伴随着旋翼的旋转运动, 旋翼各片桨叶之间也存在相对运动, 主要包括在载荷作用及周期性操纵下的摆振、挥舞以及扭转等运动, 这使得针对直升机旋翼生成单块整体网格并能模拟桨叶的相对运动存在非常大的难度。

(2) 直升机旋翼的非定常流场十分复杂。首先, 前行桨叶工作在跨音速区受压缩性的影响会产生很强的激波, 并可能诱导激波-附面层分离; 其次, 旋翼后行桨叶来流速度相对较小, 为保证滚转力矩的平衡, 桨叶桨距较大容易产生气流分离, 进而导致非定常动态失速现象; 再次, 桨尖涡可以存在于整个流场范围内的大的空间区域, 需要提高桨尖涡的捕捉精度和减少涡量的非物理耗散, 这些对网格如何布置和如何保证网格的整体质量提出了更高的要求。

运动嵌套网格方法能够有效地降低旋翼贴体网格生成的难度, 从而克服旋翼非定常流场 CFD 计算中的这一难题, 已成为直升机旋翼流场 CFD 数值计算的主流方法。旋翼嵌套网格系统包括较规则的背景网格 (如笛卡儿网格等) 和包含于其内部的旋翼贴体网格 (旋翼/机身干扰或者全机干扰分析中机身网格可作为背景网格, 其余部件网格嵌套其中)。但嵌套网格方法同时引入了洞单元识别与贡献单元搜索两个关键问题。由于旋翼的运动，桨叶贴体网格和背景网格的相对位置时刻发生变化，因此需在 CFD 计算的每一时间步对网格间的嵌套关系进行更新，这对嵌套网格中的洞单元识别与贡献单元搜索的通用性和效率提出了更高的要求。

为解决这两个关键技术，国内外学者们分别发展了多种洞边界单元识别方法和贡献单元搜索方法。对于前者，一种正向的挖洞方法是：确定一个封闭曲线 (曲面) 为初始的洞边界，落在封闭区域内的点即为洞点。例如，LaBozzetta 和 Gatzke(1994) 提出的射线法，这种方法直接确定网格点与给定曲面的关系，相对比较复杂，并且自动化程度和效率较低。另一种则是以网格面为初始洞面 (逆向方法)，如 Meakin(1991) 提出的 Hole-Map 方法，该方法引入辅助的笛卡儿网格近似挖洞曲面，能够提高洞点识别效率和自动化程度，但由于附加了辅助网格增加了复杂性。国内，南京航空航天大学王博和招启军 (2012) 提出了一种新颖的 "透视图" 挖洞方法，该方法能够适用于旋翼前飞流场计算中的快速洞单元判断。但当几何外形更加复杂或两套曲线网格嵌套时 (如围绕倾转旋翼机、涵道尾桨等的网格生成)，"透视图" 法可能较难满足准确挖洞的需要，为此，赵国庆和招启军 (2015) 又提出了一种无需附加网格的高效的、可针对任意初始曲面进行洞单元识别的 "扰动衍射" 方法 (disturbance diffraction method，DDM) 和网格自动加密策略。

作为嵌套网格方法中的另一关键技术——贡献单元搜索方法，目前应用最为广泛的是计算效率较高的 Inverse-map 方法。通过构建覆盖于旋翼网格上的 Inverse-map，可以大大缩小贡献单元搜索的范围，从而有效地提高贡献单元搜索与网格间信息交换的效率。但是，建立 Inverse-map 的过程中同样存在 Inverse-map 与贴体网格直接关系的判断，针对前飞状态旋翼桨叶存在的非定常运动特点，必须反复生成围绕桨叶网格的 Inverse-map，这在一定程度上削弱了该方法的通用性和计算效率。此外，旋翼非定常动态失速伴随着桨叶的周期性挥舞和变距等运动，这对旋翼运动嵌套网格系统的网格质量和生成效率提出了更高的要求。同时，为模拟旋翼动态失速的主动流动控制规律，需要在局部提高网格的密度，并可能由于桨叶外形的改变需要对网格进行局部或全局的修正处理。针对这些问题，赵国庆和招启军 (2015) 建立了一种无需 Inverse-map 的高效贡献单元搜索的 "最小距离法"(minimum distance scheme of donor elements，MDSDE)。

1.3　本书的研究脉络

随着计算机技术和数值计算方法的发展，直升机计算流体动力学方法已经开始逐渐取代传统的升力线理论以及自由尾迹方法，并呈现出巨大的潜力和广阔的发展前景。

当前，CFD 方法已能够较好地模拟常规单旋翼流场及其气动特性，并对旋翼/机身干扰流场的模拟有较理想的模拟精度，但对于复杂的三维桨尖旋翼非定常流场的模拟以及全机复杂的气动干扰问题的模拟仍然存在一定的精度问题，并且计算代价较大，这仍将是未来的一段时间内直升机 CFD 方法需要攻克的难题。

为了提高直升机 CFD 方法的计算效率和计算精度，国内外学者们主要从以下方面着手进行研究：

(1) 在提高 CFD 方法计算效率方面，主要发展了低速预处理方法、并行计算方法、多重网格方法、隐式时间推进方法、混合 CFD 方法、动量源方法等。

(2) 在提高直升机 CFD 方法的计算精度方面，特别是对于复杂桨尖涡及由此引起的桨/涡干扰、旋翼/机身干扰等模拟精度问题，主要从贴体网格生成技术、高阶数值离散格式、自适应网格技术、CFD/CSD 耦合方法等方面着手。

为此，本书分别从直升机及旋翼的网格生成方法、CFD 方法的空间离散、CFD 方法的时间离散、混合 CFD 方法、动量源方法等方面进行阐述，并简要介绍和补充了计算流体力学基础知识、旋翼流场的控制方程等；在此基础上，分别针对悬停状态和前飞状态不同旋翼的流场及气动特性，以及旋翼/机身干扰流场进行了较系统的算例验证工作。计算结果基本以作者团队公开发表文章为主，为了客观反映计算结果的可靠性和方法的先进性，给出了已公开发表的相关试验结果与参考文献结果进行对比。

图 1.3 给出了本书的内容组成和逻辑关系。

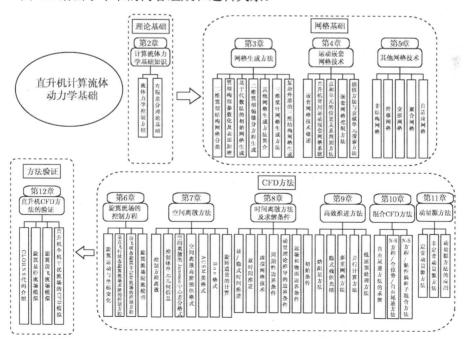

图 1.3 本书的内容组成与逻辑关系

参 考 文 献

陈龙. 2011. 基于 CFD/CSD 耦合的旋翼气动弹性数值模拟. 南京: 南京航空航天大学.

江雄, 陈作斌, 张玉伦. 1998. 用双时间法数值模拟悬停旋翼流场 (英文). 空气动力学学报, 16(3): 288-296.

康宁, 孙茂. 1996. 旋翼近地飞行时尾迹及地面涡的 N-S 方程计算. 航空学报, 17(7): S7-S12.

宋文萍, 韩忠华, 王立群, 等. 2001. 旋翼桨尖几何形状对旋翼气动噪声影响的定量计算分析. 计算物理, 18(6): 569-572.

童自力, 孙茂. 1999. 共轴式双旋翼流动的 N-S 方程模拟. 航空学报, 19(1): 1-5.

王博, 招启军, 徐广, 等. 2012. 一种适合于旋翼前飞非定常流场计算的新型运动嵌套网格方法. 空气动力学学报, 30(1): 14-21.

王海. 2010. 计入桨叶结构弹性的新型桨尖旋翼流场数值模拟研究. 南京: 南京航空航天大学.

王俊毅, 招启军, 马砾, 等. 2015. 直升机旋翼桨–涡干扰状态非定常气弹载荷高精度预估. 航空动力学报, 30(5): 1267-1274.

王俊毅, 招启军, 肖宇. 2014. 基于 CFD/CSD 耦合方法的新型桨尖旋翼气动弹性载荷计算. 航空学报, 35(9): 2426-2437.

王立群, 乔志德, 张茹. 1997. 旋翼定常流场的欧拉方程计算. 计算物理, 14(6): 841-845.

肖宇, 徐国华, 招启军. 2014. 基于非惯性系的悬停状态旋翼 CFD/CSD 耦合气动分析. 空气动力学学报, 32(5): 675-681.

肖中云. 2007. 旋翼流场数值模拟方法研究. 绵阳: 中国空气动力研究与发展中心.

徐广. 2010. 新型桨尖弹性旋翼气动特性的 Navier-Stokes 方程数值模拟. 南京: 南京航空航天大学.

徐国华, 招启军. 2003. 直升机旋翼计算流体力学的研究进展. 南京航空航天大学学报, 35(3): 338-344.

许和勇, 叶正寅, 王刚, 等. 2007. 聚合多重网格法在旋翼前飞流场计算中的应用. 航空动力学报, 22(2): 251-256.

杨爱明, 乔志德. 2000. 用运动嵌套网格方法数值模拟旋翼前飞非定常流场. 空气动力学学报, 18(4): 427-433.

叶靓, 招启军, 徐国华. 2010. 一种适合于旋翼涡流场计算的非结构自适应嵌套网格方法. 空气动力学学报, 28(3): 261-266.

印智昭, 招启军, 王博. 2016. 基于高阶 WENO 格式的旋翼非定常涡流场数值模拟. 航空学报, 37(8).

于子文, 曹义华. 2006. 前飞旋翼三维湍流场的数值模拟. 北京航空航天大学学报, 32(7): 751-755.

招启军, 徐国华. 2004. 计入桨叶运动的旋翼 CFD 网格设计技术, 南京航空航天大学学报, 36(3): 288-293.

招启军, 徐国华. 2006. 基于 Navier-Stokes 方程/自由尾迹/全位势方程的旋翼流场模拟混合方法. 空气动力学学报, 24(1): 15-21.

赵国庆, 招启军. 2015. 旋翼非定常气动特性 CFD 模拟的通用运动嵌套网格方法. 航空动力学报, 30(3): 546-554.

Agarwal R K, Deese J E. 1987. Euler calculations for flowfield of a helicopter in hover. Journal of Aircraft, 24(4): 231-238.

Ahmad J U, Chaderjian N M. 2011. High-order accurate CFD/CSD simulation of the UH-60 rotor in forward flight. AIAA paper, 2011-3185.

Ahmad J, Duque E P N. 1996. Helicopter rotor blade computation in unsteady flows using moving overset grids. Journal of Aircraft, 33(1): 54-60.

Amiraux M, Thomas S, Baeder J. 2013. Fuselage modelization for multi-fidelity coupled CFD/CSD simulation of rotorcrafts in BVI condition. 31st AIAA Applied Aerodynamics Conference, Fluid Dynamics and Co-located Conferences. AIAA Paper, 2013-3157.

Arieli R, Tauber M E. 1979. Computation of subsonic and transonic flow about lifting rotor blades. AIAA Paper, 1979-1667.

Bangalore A, Sankar L N. 1997. Forward-flight analysis of slatted rotors using Navier-Stokes methods. Journal of Aircraft, 34(1): 80-86.

Berkman M E, Sankar L N, Berezin C R, et al. 1997. Navier-Stokes/full potential/free-wake method for rotor flows. Journal of Aircraft, 34(5): 635-640.

Boniface J C, Mialon B, Sides J. 1995. Numerical simulation of unsteady Euler flow around multi-bladed rotor in forward flight using a moving grid approach. Proceedings of the 51th Annual Forum of the American Helicopter Society, Ft Worth, TX, May 9-11.

Bridgeman J O, Prichard D, Caradonna F X. 1991. The development of a CFD potential method for the analysis of tilt-rotors. American Helicopter Society Technical Specialists' Meeting on Rotorcraft Acoustics and Fluid Dynamics, Philadelphia, PA, October.

Bridgeman J O, Steger J L, Caradonna F X. 1982. A Conservative finite difference algorithm for the unsteady transonic potential equation in generalized coordinates. AIAA Paper, 1982-1388.

Caradonna F X, Isom M P. 1972. Subsonic and transonic potential flow over helicopter rotor blades. AIAA Journal, 10(12): 1606-1612.

Chaffin M S, Berry J D.1995. Navier-Stokes simulation of a rotor using a distributed pressure disk method. Proceedings of 51st Annual Forum of American Helicopter Society, Fort Worth Texas, May 9-11.

Chang I. 1984. Transonic flow analysis for rotors. NASA TP: 2375-PT-1.

Chen C L, McCroskey W J. 1988. Numerical simulation of helicopter multi-bladed rotor flow. AIAA Paper, 1988-0046.

Datta A, Sitaraman J, Baeder J D, et al. 2004. Analysis refinements for prediction of rotor vibratory loads in high-speed forward flight. Proceedings of the 60th Annual Forum of the American Helicopter Society. Baltimore, Maryland, June 7-10.

Datta A, Sitaraman J, Chopra I, et al. 2006. CFD/CSD prediction of rotor vibratory loads in high-speed flight. Journal of Aircraft, 43(6): 1698-1709.

Egolf T A, Sparks S P. 1985. Hovering rotor airload prediction using a full-potential flow analysis with realistic wake geometry. Proceedings of the 41st Annual Forum of the American Helicopter Society, Ft Worth, TX, May 15-17.

Egolf T A, Sparks S P, 1986. A full potential rotor analysis with wake influence using an inner-outer domain technique. Proceedings of the 42nd Annual Forum of the American Helicopter Society, Washington D.C., June 2-5.

Jain R K, Potsdam M A. 2014. Hover predictions on the Sikorsky S-76 rotor using Helios. AIAA Paper, 2014-0207.

Jameson A, Yoon S. 1986. LU implicit schemes with multiple grids for the Euler equations. AIAA Paper, 1986-0105.

Kim J W, Park S H, Yu Y H. 2009. Euler and Navier-Stokes simulations of helicopter rotor blade in forward flight using an overlapped grid solver. AIAA Paper, 2009-4268.

LaBozzetta W F, Gatzke T D. 1994. MACGS-towards the complete grid generation system. AIAA Paper, 1994-1923-CP.

Lim J W. 2015. Consideration of structural constraints in passive rotor blade design for improved performance. Proceedings of the 71th Annual Forum of the American Helicopter Society. Virginia Beach, Virginia, May 5-7.

Liu C H, Thomas J L, Tung C. 1983. Navier-Stokes calculations for the vortex wake of a rotor in hover. AIAA Paper, 1983-1676.

Meakin R L. 1991. A new method for establishing intergrid communication among systems of overset grids. AIAA Paper, 1991-1586.

Pahlke K, van der Wall B. 2001. Calculation of multibladed rotors in high-speed forward flight with weak fluid-structure-coupling. Proceedings of the 27th European Rotorcraft Forum. Moscon, September 11-14.

Pomin H, Wagner S. 2002. Navier-Stokes analysis of helicopter rotor aerodynamics in hover and forward flight. Journal of Aircraft, 39(5): 813-821.

Potsdam M, Yeo H, Johnson W. 2006. Rotor airloads prediction using loose aerodynamic/structural coupling. Journal of Aircraft, 43(5): 732-742.

Rajagopalan R G, Lim C K. 1991. Laminar flow analysis of a rotor in hover. Journal of the American Helicopter Society, 36(1): 12-23.

Renzoni P, D'Alascio A, Kroll N, et al. 2000. EROS-a common European Euler code for the analysis of the helicopter rotor flowfield. Progress in Aerospace Sciences, 36: 437-485.

Roberts T W, Murman E M. 1985. Solution method for a hovering helicopter rotor using the Euler equations. AIAA Paper, 1985-436.

Sankar L N, Bharadvaj B K, Tsung F L. 1993. Three-dimensional Navier-Stokes/full-potential coupled analysis for viscous transonic flow. AIAA Journal, 31(10): 1857-1862.

Sankar L N, Prichard D. 1985. Solution of transonic flow past rotor blades using the conservative full potential equation, AIAA Paper, 1985-5012.

Sankar L N, Wake B E, Lekoudis S G. 1985. Solution of the unsteady Euler equations for fixed and rotor wing configurations. AIAA Paper, 1985-0120.

Sankaran V, Sitaraman J, Wissink A, et al. 2010. Application of the Helios computational platform to rotorcraft flowfields. AIAA Paper, 2010-1230.

Servera G, Beaumier P, Costes M. 2001. A weak coupling method between the dynamics code HOST and the 3D unsteady Euler code WAVES. Aerospace Science and Technology, 5(6): 397-408.

Sitaraman J, Potsdam M, Wissink A, et al. 2013. Rotor loads prediction using Helios: a multisolver framework for rotor craft aeromechanics analysis. Journal of Aircraft, 50(2): 478-493.

Srinivasan G R, Baeder J D. 1992. Flowfield of lifting rotor in hover: a Navier-Stokes simulation. AIAA Journal, 30(10): 2371-2378.

Srinivasan G R, Baeder J D. 1993. TURNS: a free wake Euler/Navier-Stokes numerical method for helicopter rotors. AIAA Journal, 31(5): 959-962.

Srinivasan G R, McCroskey W J. 1988. Navier-Stokes calculation of hovering rotor flowfield. Journal of Aircraft, 25(10): 871-872.

Steger J L, Caradonna F X. 1980. A Conservative implicit finite difference algorithm for the unsteady transonic full potential equation. AIAA Paper, 1980-1368.

Steinhoff J, Yonghu W, Mersch T, et al., 1992. Computational vorticity capturing: application to helicopter rotor flow. AIAA Paper, 1992-0056.

Strawn R C, Bridgeman J O. 1991. An improved three-dimensional aerodynamics model for helicopter airloads prediction. AIAA Paper, 1991-0767.

Strawn R C, Caradonna F X. 1987. Conservative full-potential model for rotor flows. AIAA Journal, 25(2): 193-198.

Strawn R C, Tung C. 1987. Prediction of unsteady transonic rotor loads with a full-potential rotor code. Proceedings of the 43rd Annual Forum of the American Helicopter Society. St. Louis, Miss, May 18-20.

Tung C, Caradonna F X, Johnson W. 1986. The prediction of transonic flows on an advancing rotor. Journal of the American Helicopter Society, 32(7): 4-9.

Wake B E, Baeder J D. 1996. Evaluation of a Navier-Stokes analysis method for hover performance prediction. Journal of the American Helicopter Society, 41(1): 7-17.

Wake B E, Min B Y, et al. 2015. Performance validation of CFD/CSD for active and passive rotor systems. Proceedings of the 71th Annual Forum of the American Helicopter Society. Virginia Beach, Virginia, May 5-7.

Wang J Y, Zhao Q J. 2014. Effects of structural properties on rotor airloads prediction based on CFD/CSD coupling method. Proceedings of the 70th Annual Forum of the American Helicopter Society. Montreal, May 20-22.

Yang Z, Sankar L N, Smith M J, et al. 2002. Recent improvements to a hybrid method for rotors in forward flight. Journal of Aircraft, 39(5): 804-812.

Zhao J G, He C J. 2013. Rotor blade structural loads analysis using coupled CSD/CFD /VVPM. Proceedings of the 69th Annual Forum of the American Helicopter Society, Phoenix, AZ, May 21-23.

Zhao Q J, Xu G H, Zhao J G. 2005. Numerical simulations of the unsteady flowfield of helicopter rotors on moving embedded grids. Aerospace Science and Technology, 9(2): 117-124.

Zhao Q J, Xu G H, Zhao J G. 2006. New hybrid method for predicting the flowfield of helicopter in hover and forward flight. Journal of Aircraft, 43(2): 372-380.

Zhao Q J, Xu G H. 2007. A study on aerodynamic and acoustic characteristics of advanced tip-shape rotors. Journal of the American Helicopter Society, 52(3): 201-213.

Zori L A J, Mathur S R, Rajagopalan R G. 1992. Three-dimensional calculations of rotor-airframe interaction in forward flight. Proceedings of 48th Annual Forum of American Helicopter Society. Washington D. C., June 3-5.

第 2 章　计算流体动力学基础知识

流体运动的基本规律由物理学三大守恒定律，即质量守恒定律，动量守恒定律和能量守恒定律决定。在这三大定律的基础上，构建了描述流体运动特征的基本控制方程——纳维-斯托克斯 (Navier-Stokes, N-S) 方程组。由质量守恒定律可以推导出连续方程；由动量守恒定律可以推导出动量方程；由能量守恒定律可以推导出能量方程。连续方程主要用于描述流体的运动规律，与相互作用力无关，因此黏性流体和理想的无黏流体是一致的。动量方程中如果忽略黏性力的影响，则可以得出无黏的 Euler 方程。在 Navier-Stokes 方程组的推导过程中，主要引入了广义牛顿黏性应力公式、连续介质及理想气体状态方程这三大假设。除却稀薄气体或其他一些极端情况，以上假设能够很好地反映实际流体的物理特征，因此具有广泛的适用性。

为了适用于数值计算，在计算流体力学中首先需要将连续的控制方程离散化，其实质就是用另一个类似的表达式来近似表达它的物理和数学性质，但是这个近似表达式只在计算区域内有限多个控制体上规定了相应的数值。因此，基于偏微分方程的有限差分法，成为现代计算流体力学的基础。

本章首先简要介绍流体力学控制方程的基本假设和 Navier-Stokes 方程组的推导过程。在此基础上，描述了流体力学控制方程的性质，包括特征线的特性、方程的数学性质等内容。最后介绍了计算流体力学 (CFD) 中所需的差分方法的基本概念和差分格式的构造及性质。

2.1　流体力学控制方程

2.1.1　基本假设

对于空气动力学求解问题，在 N-S 方程组的推导过程中，主要引入了完全气体状态方程，广义牛顿黏性应力公式以及流体连续介质这三个假设。在推导之前，先简要介绍一下这三个基本假设。

1. 完全气体状态方程

气体的压强、密度和温度之间存在着一定的函数关系，$p = p(\rho, T)$，该式称为气体的状态方程。

从微观角度看，完全气体具有以下性质：

(1) 分子之间除弹性碰撞以外, 没有其他相互作用;

(2) 与分子间距离相比, 分子体积大小可以忽略不计。

对于完全气体, 其状态方程式为

$$p = \rho RT \tag{2-1}$$

其中, p 为气体压强, ρ 为气体密度, T 为热力学温度, R 为理想气体常数, 各种气体的气体常数各不相同, 空气的气体常数为 $287.053 \mathrm{m}^3/(\mathrm{s}^2 \cdot \mathrm{K})$。

2. 广义牛顿黏性应力公式

1687 年, 牛顿 (Isaac Newton) 进行了最简单的剪切流动实验。实验采用一对平行平板, 令平板之间充满黏性流体, 下板静止不动, 上板在平面内匀速平移。实验得出, 两板之间流体的速度分布 $u(y)$ 服从线性变化规律。牛顿根据实验指出, 若流体的切应力正比于应变随时间的变化率 (速度梯度), 则称这种流体为牛顿流体, 例如空气; 而不符合该规律的流体称为非牛顿流体, 例如油漆、血液等。

对于牛顿流体, Stokes 于 1845 年提出了广义牛顿黏性应力公式, 即

$$\tau_{ij} = 2\mu S_{ij} + \lambda \frac{\partial v_k}{\partial x_k} \delta_{ij} \tag{2-2}$$

其中, μ 是分子黏性系数, λ 为第二黏性系数, S_{ij} 为应变变化率张量的分量, $v_{(\cdot)}$ 为不同方向速度, δ_{ij} 为 Kronecker 符号。

Stokes 假设 $\lambda = -\dfrac{2}{3}\mu$, 此时式 (2-2) 可转化为

$$\tau_{ij} = 2\mu S_{ij} - \frac{2}{3}\mu \frac{\partial v_k}{\partial x_k} \delta_{ij} \tag{2-3}$$

3. 流体连续介质假设

物质的宏观力学性质是由其微观结构的形式决定的。任何物质都不是连续体, 而是由处于分离状态的大量粒子组成, 即由质量密度很高的小区域 (包含许多粒子) 和质量密度接近于零的区域(比粒子尺度大很多的粒子之间的区域) 构成。流体力学的直接研究对象并非微观层面上的物质粒子本身, 而是流体的宏观运动。作为粒子的原子或分子之间存在着相互作用力, 使得物质呈现一定的宏观状态, 因而可将流体抽象成一种连续介质模型。连续介质模型假设物质是连续地、无间隙地充满整个空间, 且流体宏观物理量是空间点及时间的连续函数。

通常所说的流体力学, 即是指建立在连续介质假设基础上的流体力学。

2.1.2 控制方程

应用上文提到的三大守恒定律和流体的三个基本假设，可以推导出 Navier-Stokes 方程组。

1. 连续方程

质量守恒定律：通过控制体控制表面的净质量流出等于控制体内质量随时间的减少量，即质量既不能凭空产生也不能凭空消失。

考虑图 2.1 中任意形状的控制体 V，假设其体积在空间中是固定的。控制体的表面称为控制面，S 为控制体表面面积。流体流过控制体或穿过控制面时，我们选取控制面上的任一处，其微元面积为 $\mathrm{d}S$，$\boldsymbol{n}$ 为微元面外法矢单位向量，通过该位置处的速度为 $\boldsymbol{V}$。

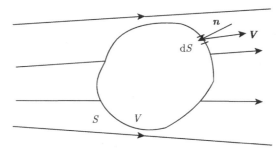

图 2.1 控制体周围流体流动示意图

单位时间内控制体内的质量减少为

$$\frac{\partial}{\partial t} \iiint\limits_{V} \rho \mathrm{d}V$$

单位时间内通过控制体表面的净质量流出为

$$-\iint\limits_{S} \rho\,(\boldsymbol{V} \cdot \boldsymbol{n})\mathrm{d}S$$

由质量守恒定律，可得

$$\frac{\partial}{\partial t} \iiint\limits_{V} \rho \mathrm{d}V + \iint\limits_{S} \rho\,(\boldsymbol{V} \cdot \boldsymbol{n})\,\mathrm{d}S = 0 \tag{2-4}$$

上式即积分形式的连续方程，又称质量方程。

2. 动量方程

动量守恒定律：作用在物体上的力对物体的冲量等于物体前后状态动量变化，或者动量变化率为合外力。

图 2.2 给出了控制体 V 在 x 方向上的受力分析的示意图。

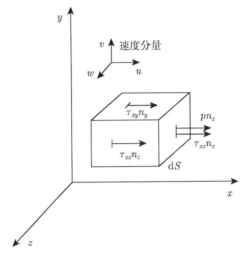

图 2.2　控制体 x 方向受力分析

首先，考虑控制体 V 在 x 方向上动量增量为

$$\frac{\partial}{\partial t} \iiint\limits_{V} \rho u \mathrm{d}V$$

单位时间内流出控制面的动量减少量为

$$-\iint\limits_{S} \rho u \left(\boldsymbol{V} \cdot \boldsymbol{n} \right) \mathrm{d}S$$

作用在控制体上的合外力有两种：彻体力和表面力。

(1) 彻体力，直接作用于控制体上，例如重力、电场力和磁场力。对于空气，可以忽略彻体力。

(2) 表面力，直接作用于控制体的表面上，可以分为作用在控制体表面的压力和作用在控制体表面上的切向应力和法向应力，即黏性应力。

作用在控制体表面的压力在 x 方向上的合力为

$$-\iint\limits_{S} p n_x \mathrm{d}S$$

作用在控制表面的黏性应力在 x 方向上的合力为

$$\iint\limits_{S} (\tau_{xx}n_x + \tau_{xy}n_y + \tau_{xz}n_z)\mathrm{d}S$$

根据动量守恒定律, 控制体 V 内的动量增量 = 流出控制面的动量随时间的减少量 + 作用在控制体上的合外力。

因而, 可以得到 x 方向积分形式的动量方程为

$$\frac{\partial}{\partial t} \iiint\limits_{V} \rho u \mathrm{d}V + \iint\limits_{S} \rho u (\boldsymbol{V} \cdot \boldsymbol{n})\mathrm{d}S = -\iint\limits_{S} pn_x\mathrm{d}S + \iint\limits_{S} (\tau_{xx}n_x + \tau_{xy}n_y + \tau_{xz}n_z)\mathrm{d}S$$

$$(2\text{-}5)$$

类似地, 可以得到 y 和 z 方向上的动量方程, 分别为

$$\frac{\partial}{\partial t} \iiint\limits_{V} \rho v \mathrm{d}V + \iint\limits_{S} \rho v (\boldsymbol{V} \cdot \boldsymbol{n})\mathrm{d}S = -\iint\limits_{S} pn_y\mathrm{d}S + \iint\limits_{S} (\tau_{yx}n_x + \tau_{yy}n_y + \tau_{yz}n_z)\mathrm{d}S$$

$$(2\text{-}6)$$

$$\frac{\partial}{\partial t} \iiint\limits_{V} \rho w \mathrm{d}V + \iint\limits_{S} \rho w (\boldsymbol{V} \cdot \boldsymbol{n})\mathrm{d}S = -\iint\limits_{S} pn_z\mathrm{d}S + \iint\limits_{S} (\tau_{zx}n_x + \tau_{zy}n_y + \tau_{zz}n_z)\mathrm{d}S$$

$$(2\text{-}7)$$

3. 能量方程

能量守恒定律: 控制体内的能量增加等于外力做功与从外界吸热之和, 即能量既不能凭空产生, 也不能凭空消失。

对于控制体 V, 能量随时间的增量为

$$\frac{\partial}{\partial t} \iiint\limits_{V} \rho e \mathrm{d}V$$

其中, e 为单位质量气体的总能量。

单位时间内流出控制面 S 的能量为

$$-\iint\limits_{S} \rho e (\boldsymbol{V} \cdot \boldsymbol{n})\mathrm{d}S$$

单位时间内压力对控制体所做的功为

$$-\iint\limits_{S} p (\boldsymbol{V} \cdot \boldsymbol{n})\mathrm{d}S$$

单位时间内黏性应力对控制体所做的功为

$$\iint\limits_{S} \big[\left(\tau_{xx}n_x + \tau_{xy}n_y + \tau_{xz}n_z \right) n_x + \left(\tau_{yx}n_x + \tau_{yy}n_y + \tau_{yz}n_z \right) n_y$$
$$+ \left(\tau_{zx}n_x + \tau_{zy}n_y + \tau_{zz}n_z \right) n_z \big] \mathrm{d}S$$

单位时间内由温度梯度产生的热流量为

$$- \iint\limits_{S} (q_x n_x + q_y n_y + q_z n_z) \mathrm{d}S$$

其中，q_x、q_y 和 q_z 为热流量沿三个方向的分量。

应用能量守恒定律，控制体内的能量增量 = 流出的能量随时间的减小量 + 合外力做功 + 由温度梯度产生的热流量，综合可得到积分形式的能量方程为

$$\frac{\partial}{\partial t} \iiint\limits_{V} \rho e \mathrm{d}V = - \iint\limits_{S} \rho e \left(\boldsymbol{V} \cdot \boldsymbol{n} \right) \mathrm{d}S - \iint\limits_{S} p \left(\boldsymbol{V} \cdot \boldsymbol{n} \right) \mathrm{d}S - \iint\limits_{S} (q_x n_x + q_y n_y + q_z n_z) \mathrm{d}S$$
$$+ \iint\limits_{S} \big[\left(\tau_{xx}n_x + \tau_{xy}n_y + \tau_{xz}n_z \right) n_x + \left(\tau_{yx}n_x + \tau_{yy}n_y + \tau_{yz}n_z \right) n_y \qquad (2\text{-}8)$$
$$+ \left(\tau_{zx}n_x + \tau_{zy}n_y + \tau_{zz}n_z \right) n_z \big] \mathrm{d}S$$

2.1.3　Navier-Stokes 方程与 Euler 方程

通过上文对流体力学控制方程组的推导，可以综合连续方程、动量方程和能量方程为守恒形式的 Navier-Stokes 方程：

$$\frac{\partial}{\partial t} \iiint\limits_{V} \boldsymbol{W} \mathrm{d}V + \iint\limits_{S} \left(\boldsymbol{F}_{\mathrm{c}} - \boldsymbol{F}_{\mathrm{v}} \right) \cdot \boldsymbol{n} \mathrm{d}S = 0 \qquad (2\text{-}9)$$

其中，$\boldsymbol{W} = [\rho, \rho u, \rho v, \rho w, \rho e]^{\mathrm{T}}$ 为守恒变量，$\boldsymbol{F}_{\mathrm{c}} = (\boldsymbol{f}, \boldsymbol{g}, \boldsymbol{h})$ 为对流通量，$\boldsymbol{F}_{\mathrm{v}} = (\boldsymbol{a}, \boldsymbol{b}, \boldsymbol{c})$ 为黏性通量。具体表达式如下：

$$\boldsymbol{f} = \begin{bmatrix} \rho u \\ \rho u^2 + p \\ \rho uv \\ \rho uw \\ \rho ue + up \end{bmatrix}, \quad \boldsymbol{g} = \begin{bmatrix} \rho v \\ \rho uv \\ \rho v^2 + p \\ \rho vw \\ \rho ve + vp \end{bmatrix}, \quad \boldsymbol{h} = \begin{bmatrix} \rho w \\ \rho uw \\ \rho vw \\ \rho w^2 + p \\ \rho we + wp \end{bmatrix} \qquad (2\text{-}10)$$

$$\boldsymbol{a} = \begin{bmatrix} 0 \\ \tau_{xx} \\ \tau_{yx} \\ \tau_{zx} \\ u\tau_{xx} + v\tau_{yx} + w\tau_{zx} - q_x \end{bmatrix}, \boldsymbol{b} = \begin{bmatrix} 0 \\ \tau_{xy} \\ \tau_{yy} \\ \tau_{zy} \\ u\tau_{xy} + v\tau_{yy} + w\tau_{zy} - q_y \end{bmatrix},$$

$$\boldsymbol{c} = \begin{bmatrix} 0 \\ \tau_{xz} \\ \tau_{yz} \\ \tau_{zz} \\ u\tau_{xz} + v\tau_{yz} + w\tau_{zz} - q_z \end{bmatrix} \tag{2-11}$$

黏性通量中，应力表达式为

$$\tau_{xx} = \frac{2}{3}\mu\left(2\frac{\partial u}{\partial x} - \frac{\partial v}{\partial y} - \frac{\partial w}{\partial z}\right), \tau_{xy} = \tau_{yx} = \mu\left(\frac{\partial v}{\partial x} + \frac{\partial u}{\partial y}\right), q_x = -K\frac{\partial T}{\partial x}$$

$$\tau_{yy} = \frac{2}{3}\mu\left(2\frac{\partial v}{\partial y} - \frac{\partial u}{\partial x} - \frac{\partial w}{\partial z}\right), \tau_{yz} = \tau_{zy} = \mu\left(\frac{\partial w}{\partial y} + \frac{\partial v}{\partial z}\right), q_y = -K\frac{\partial T}{\partial y} \tag{2-12}$$

$$\tau_{zz} = \frac{2}{3}\mu\left(2\frac{\partial w}{\partial z} - \frac{\partial u}{\partial x} - \frac{\partial v}{\partial y}\right), \tau_{xz} = \tau_{zx} = \mu\left(\frac{\partial w}{\partial x} + \frac{\partial u}{\partial z}\right), q_z = -K\frac{\partial T}{\partial z}$$

其中，μ 为黏性系数，K 为热传导系数，T 为温度。

为使方程组封闭，结合式 (2-1) 及物理关系式

$$p = (\gamma - 1)\rho\left[e - \frac{1}{2}\left(u^2 + v^2 + w^2\right)\right] \tag{2-13}$$

即可对积分形式的 Navier-Stokes 方程组采用有限体积法进行数值求解。

若不考虑黏性与热传导，则 Navier-Stokes 方程退化为 Euler 方程

$$\frac{\partial}{\partial t}\iiint_V \boldsymbol{W}\mathrm{d}V + \iint_S \boldsymbol{F}_\mathrm{c} \cdot \boldsymbol{n}\mathrm{d}S = 0 \tag{2-14}$$

2.1.4　流体力学控制方程的性质

在计算流体动力学 (CFD) 中，控制方程的数值解法与方程的性质密切相关，因此，在研究 N-S 方程的数值求解方法之前，需要先了解偏微分方程本身的数学特性。N-S 方程的最高阶偏导数均是线性的，不存在最高阶偏导数的乘方或指数形式，只存在最高阶偏导数本身与一个系数的乘积。这样的方程组通常被称为拟线性偏微分方程组。

1. 特征线与特征方向

以最简单的一维常系数对流方程为例：

$$\frac{\partial u}{\partial t} + a \frac{\partial u}{\partial x} = 0 \tag{2-15}$$

其初始条件为 $u(x,0) = F(x)$。

设 $a > 0$，因 $\dfrac{\mathrm{d}u}{\mathrm{d}t} = \dfrac{\partial u}{\partial t} + \dfrac{\partial u}{\partial x}\dfrac{\mathrm{d}x}{\mathrm{d}t}$，当 $a = \dfrac{\mathrm{d}x}{\mathrm{d}t}$ 时，$\dfrac{\mathrm{d}u}{\mathrm{d}t} = 0$，说明存在一簇直线

$$\frac{\mathrm{d}x}{\mathrm{d}t} = a \text{ 或 } x - at = \varepsilon \quad (\varepsilon \text{为常数}) \tag{2-16}$$

在这些直线上满足

$$\frac{\partial u}{\partial t} = 0 \text{ 或 } u(x,t) = \mathrm{const} \tag{2-17}$$

以初始条件代入，可得其解析解为

$$u(x,t) = u(\varepsilon, 0) = F(\varepsilon) = F(x - at) \tag{2-18}$$

那么就称直线 $x - at = \varepsilon$ 为特征线，如图 2.3 所示。

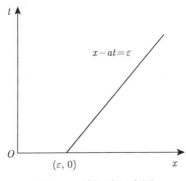

图 2.3　特征线示意图

这表明，对于 $x\text{-}t$ 平面上任意一点 $u(x,t)$ 值，只要过点 (x,t) 作特征线 $x - at = \varepsilon$，使其与初值线 $(t = 0)$ 的交点为 $(\varepsilon, 0)$，则初始函数 $F(x)$ 在该交点的值就是待求点的 u 值。

特征线的方向代表了初始扰动传播的方向，因为 $a > 0$，它表示向右传播的扰动波，该方向称为特征方向。

下面再以常系数偏微分方程组为例：

$$\frac{\partial \boldsymbol{U}}{\partial t} + \boldsymbol{A} \frac{\partial \boldsymbol{U}}{\partial x} = 0 \quad (\boldsymbol{A} = \text{常数矩阵}) \tag{2-19}$$

其中，U 为 N 维列向量，A 为 $N \times N$ 矩阵。

设矩阵 A 有 N 个互不相同的实特征根：$a_1 < a_2 < \cdots < a_k < \cdots < a_N$，引入特征变量

$$W = LU = \begin{bmatrix} w_1 \\ \vdots \\ w_N \end{bmatrix} \tag{2-20}$$

其中，L 是由矩阵 A 所对应特征值 a_k 的左特征向量 l_k 所组成的矩阵，w_k 是特征变量矩阵 W 的分量。记 R 为由矩阵 A 所对应特征值 a_k 的右特征向量 r_k 所组成的矩阵，则有关系式：

$$RL = LR = I \tag{2-21}$$

即

$$A = R\Lambda L, \text{其中} \Lambda = \mathrm{diag}\,(a_1, a_2, \cdots, a_N) \tag{2-22}$$

并以矩阵 L 左乘常系数方程组，可得特征形式方程组：

$$\frac{\partial W}{\partial t} + \Lambda \frac{\partial W}{\partial x} = 0 \tag{2-23}$$

写成分量形式为

$$\frac{\partial w_k}{\partial t} + a_k \frac{\partial w_k}{\partial x} = 0 \quad (k = 1, 2, \cdots, N) \tag{2-24}$$

也就是说，每一个分量方程都具有一维常系数方程形式。因而对每个特征分量 w_k 都可以应用其在相应特征线上为常值的性质进行求解。由此得到如下结论：对于常系数偏微分方程组，如果其常数矩阵的所有特征值都为实数，那么就可以由其初始条件，在时间方向上进行推进求解。

2. 偏微分方程的数学分类方法

对于一阶拟线性偏微分方程组的向量形式

$$\frac{\partial U}{\partial t} + A \frac{\partial U}{\partial x} = F \tag{2-25}$$

其中，$U = [u_1, u_2, \cdots, u_n]^{\mathrm{T}}$，$A$ 为 $N \times N$ 矩阵，若 A 的特征值为 $\lambda_i (i = 1, 2, \cdots, n)$（即为 $|A - \lambda I| = 0$ 的根），则有

(1) 当 n 个特征值全部为复数时，方程在 x-t 平面上为纯椭圆型；

(2) 当 n 个特征值全部为互不相等的实数时，方程在 x-t 平面上为纯双曲型，而当 n 个特征值全部为实数，但有部分为相等的实数时，方程在 x-t 平面上为双曲型；

(3) 当 n 个特征值全部为零时，方程在 x-t 平面上为纯抛物型；

(4) 当 n 个特征值同时有复数、实数时，方程在 x-t 平面上为双曲-椭圆型，即混合型。

常用的流体控制方程性质可见表 2.1(王承尧等，2000)。

表 2.1　流体控制方程数学性质

条件	可压 N-S 方程	可压 Euler 方程	不可压 N-S 方程	不可压 Euler 方程
定常	椭圆-双曲型	亚音速：椭圆-抛物型 超音速：双曲-抛物型	椭圆型	椭圆-双曲型
非定常	抛物-双曲型	抛物-双曲型	椭圆-抛物型	椭圆-双曲型

3. 三类方程的特点

1) 椭圆型方程

椭圆型方程不受影响域和依赖域的限制，因此，信息可以沿各个方向传播到任何地方。该类型方程相当于平衡问题或者稳态问题，主要的数学特性是区域内扰动会影响整个区域，也就是说整个封闭的区域边界会影响场内每一点的解。因此涉及椭圆型方程的问题又被称为 Jury 问题，整个区域的解依赖于区域边界，又可以称之为边值问题。

边界条件主要有三种形式，如图 2.4 所示，分别为

(1) Dirichlet 条件：沿边界给定因变量的值；

(2) Neumann 条件：沿边界给定因变量偏导数的值；

(3) 混合类型条件：沿边界给定因变量偏导数的值和因变量的值。

椭圆型方程适用于稳态导热、稳态扩散等问题的求解。

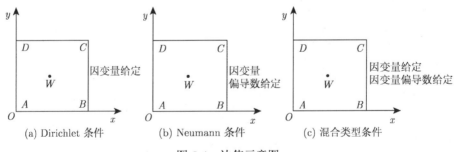

(a) Dirichlet 条件　　　　(b) Neumann 条件　　　　(c) 混合类型条件

图 2.4　边值示意图

2) 抛物型方程

抛物型方程是时间步进性问题，又称为初值问题，属于推进型求解。主要数学特性是区域内扰动会向下游传播，并且以特征线为分界线，如图 2.5 所示。具体来说，解的分布和瞬时状态与边界条件相关，下游的分布仅与上游的变化相关。

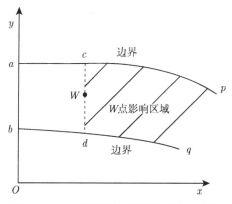

图 2.5 二维抛物型方程解的区域和边界

3) 双曲型方程

双曲型方程有两条实特征曲线，将它们定义为左行特征线和右行特征线。区域某一点的扰动只会影响两条特征线之间的区域，而该点的数值解依赖于上游的边界条件，如图 2.6 所示。因此，对双曲型方程建立的差分格式，满足其收敛的必要条件是差分格式的依赖域包含相应微分方程的依赖域。这即为著名的双曲型方程的Courant-Friedrichs-Lewy(CFL) 条件 (Courant, et al.，1967)。

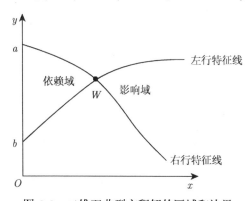

图 2.6 二维双曲型方程解的区域和边界

现以三维非定常 Euler 方程为例，将该方程写成以下拟线性形式：

$$\frac{\partial \boldsymbol{Q}}{\partial t} + \boldsymbol{A}\frac{\partial \boldsymbol{Q}}{\partial x} + \boldsymbol{B}\frac{\partial \boldsymbol{Q}}{\partial y} + \boldsymbol{C}\frac{\partial \boldsymbol{Q}}{\partial z} = 0 \qquad (2\text{-}26)$$

在 x-t 平面内，$|\boldsymbol{A} - \lambda\boldsymbol{I}| = 0$ 的解为

$$\lambda_1 = u - a, \quad \lambda_2 = \lambda_3 = \lambda_4 = u, \quad \lambda_5 = u + a \quad (a \text{为音速}) \qquad (2\text{-}27)$$

所以在 x-t 平面内，非定常 Euler 方程为双曲型。同样，在 y-t 平面和 z-t 平面内，

也是双曲型的。可见，在考虑非定常项后，Euler 方程是一个双曲型方程，这给数值求解带来了方便。根据前文所述，双曲型方程的特点是可以在时间方向上推进求解。那么，针对定常问题的计算，可以像非定常流动一样，沿时间方向推进求解，当时间足够长时，解不再随时间变化，就可以得到定常解。这种方法称为定常问题的时间相关方法，是目前求解定常流动广泛应用的主流方法。

2.1.5　小扰动和全位势方程

在应用 Euler、N-S 方程解决工程问题时，由于计算机发展能力的限制，早期直接求解还存在很大困难，因此，CFD 方法中的小扰动方程和全位势方程得到了实际的应用。

小扰动方程和全位势方程都采用了无黏、无旋的假设，即流场中存在一个速度势 ϕ，满足

$$\phi_x = u, \quad \phi_y = v, \quad \phi_z = w \tag{2-28}$$

对于小扰动方程，其具体形式为

$$(1 - M_\infty)\phi_{xx} + \phi_{yy} + \phi_{zz} = 0 \tag{2-29}$$

其中，M_∞ 为无穷远自由来流速度。

对于全位势方程，其具体形式为

$$\left[1 - \left(\frac{\phi_x}{a}\right)^2\right]\phi_{xx} + \left[1 - \left(\frac{\phi_y}{a}\right)^2\right]\phi_{yy} + \left[1 - \left(\frac{\phi_z}{a}\right)^2\right]\phi_{zz}$$
$$-2\frac{\phi_x\phi_y}{a^2}\phi_{xy} - 2\frac{\phi_y\phi_z}{a^2}\phi_{yz} - 2\frac{\phi_z\phi_x}{a^2}\phi_{zx} = 0 \tag{2-30}$$

其中，a 为音速。

20 世纪 70~80 年代的旋翼 CFD 发展中，主要是以小扰动方程和全位势方程为主，通过对有、无升力旋翼流场特性的模拟，初步显示了 CFD 方法在直升机空气动力学尤其是旋翼空气动力学发展中的优势和作用。

2.2　有限差分理论基础

一般流体运动状态的控制方程都是非线性的偏微分方程。在绝大多数情况下，这些偏微分方程无法得到精确解，目前的解决方法主要是对偏微分方程组进行数值求解。在 CFD 方法中，所有的数值方法都采用了某种形式的离散，即具体为：将一个封闭的数学表达式，在求解域内有限个离散点或控制体上取值以获得近似的表达式，这些近似表达式的解称为近似解。CFD 的目的就是获得具有一定精度的近似解来代替原方程的精确解。

目前，CFD 方法主要有三种：有限元方法、有限差分方法和有限体积方法。本章主要介绍有限差分方法，它也是有限体积方法的基础。

2.2.1 差分格式建立基础

由于数字计算机通常只能执行算术运算和逻辑运算，因此，需要一种用算术运算来处理函数微分运算的数值方法。而有限差分方法就是用离散网格点上的函数值来近似导数的一种方法。

设有解析函数 $y = f(x)$，函数 y 对 x 的导数为

$$\frac{\mathrm{d}y}{\mathrm{d}x} = \lim_{\Delta x \to 0} \frac{\Delta y}{\Delta x} = \lim_{\Delta x \to 0} \frac{f(x + \Delta x) - f(x)}{\Delta x} \tag{2-31}$$

其中，$\mathrm{d}y$、$\mathrm{d}x$ 分别是函数和自变量的微分，$\dfrac{\mathrm{d}y}{\mathrm{d}x}$ 是函数对自变量的导数，又称微商。

相应地，式 (2-31) 中的 Δy、Δx 分别为函数和自变量的差分，$\dfrac{\Delta y}{\Delta x}$ 为函数对自变量的差商。差商与导数的关系如图 2.7 所示。

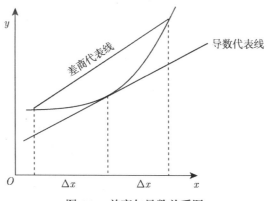

图 2.7 差商与导数关系图

由导数 (微商) 和差商的定义可知，当自变量的差分 (增量) 趋近于零时，可以由差商逼近导数，因此在数值计算中常用差商近似导数。差商与导数之间的误差表明差商逼近导数的程度，称为逼近误差。由函数的 Taylor 展开，可以得到逼近误差相对于自变量差分 (增量) 的量级，称为差商的精度。

在导数的定义中，Δx 可以以任意方式逼近于零，因而 Δx 可正可负。而在差分方法中，Δx 总是取某一小的正数，因此，与微分对应的差分主要有向前、向后和中心差分三种形式。

向前差分：

$$\Delta y = f(x + \Delta x) - f(x) \tag{2-32}$$

向后差分：

$$\Delta y = f(x) - f(x - \Delta x) \tag{2-33}$$

中心差分：

$$\Delta y = f\left(x + \frac{1}{2}\Delta x\right) - f\left(x - \frac{1}{2}\Delta x\right) \tag{2-34}$$

上面介绍的是一阶差分，对应于一阶导数的离散。对一阶差分再做一阶差分，可以得到二阶差分，记为 $\Delta^2 y$。

以向前差分为例，有

$$
\begin{aligned}
\Delta^2 y = \Delta(\Delta y) &= \Delta\left[f(x + \Delta x) - f(x)\right] \\
&= \Delta f(x + \Delta x) - \Delta f(x) \\
&= [f(x + 2\Delta x) - f(x + \Delta x)] - [f(x + \Delta x) - f(x)] \\
&= f(x + 2\Delta x) - 2f(x + \Delta x) + f(x)
\end{aligned} \tag{2-35}
$$

依此类推，可以由低一阶差分推导出高阶差分。函数的差分与自变量的差分之比，即为函数对自变量的差商。

如一阶导数的向前差商：

$$\frac{\Delta y}{\Delta x} = \frac{f(x + \Delta x) - f(x)}{\Delta x} \tag{2-36}$$

一阶导数的向后差商：

$$\frac{\Delta y}{\Delta x} = \frac{f(x) - f(x - \Delta x)}{\Delta x} \tag{2-37}$$

一阶导数的中心差商：

$$\frac{\Delta y}{\Delta x} = \frac{f\left(x + \frac{1}{2}\Delta x\right) - f\left(x - \frac{1}{2}\Delta x\right)}{\Delta x} \text{ 或 } \frac{\Delta y}{\Delta x} = \frac{f(x + \Delta x) - f(x - \Delta x)}{2\Delta x} \tag{2-38}$$

二阶导数的差商多取中心格式，即

$$\frac{\Delta^2 y}{(\Delta x)^2} = \frac{f(x + \Delta x) - 2f(x) + f(x - \Delta x)}{(\Delta x)^2} \tag{2-39}$$

现以一阶导数的向前差商为例来分析其精度。将函数 $f(x + \Delta x)$ 在 x 的 Δx 邻域作 Taylor 展开，如下式：

$$f(x + \Delta x) = f(x) + \Delta x \cdot f'(x) + \frac{(\Delta x)^2}{2!} \cdot f''(x) + \frac{(\Delta x)^3}{3!} \cdot f'''(x) + O\left[(\Delta x)^4\right] \tag{2-40}$$

将上式代入一阶导数的向前差商表达式 (2-36) 中，有

$$
\begin{aligned}
\frac{f(x + \Delta x) - f(x)}{\Delta x} &= f'(x) + \frac{\Delta x}{2!} \cdot f''(x) + \frac{(\Delta x)^2}{3!} \cdot f'''(x) + O\left[(\Delta x)^3\right] \\
&= f'(x) + O(\Delta x)
\end{aligned}
\tag{2-41}
$$

这里符号 $O(\cdot)$ 表示与括号中的量有相同的量级。式 (2-41) 表明一阶导数的向前差商的逼近误差与自变量的增量为同一量级。把 $O(\Delta x^n)$ 中的 Δx 的指数作为精度的阶数。这里 $n = 1$，因此，一阶导数的向前差商具有一阶精度。由于 Δx 是个小量，因此阶数越大精度越高。采用同样的方法可知，一阶导数的向后差商也具有一阶精度。

对于一阶导数的中心差商，将函数 $f(x + \Delta x)$ 与 $f(x - \Delta x)$ 在 x 的 Δx 邻域作 Taylor 展开，并代入一阶导数的中心差商的表达式中，可得

$$
\frac{f(x + \Delta x) - f(x - \Delta x)}{2\Delta x} = f'(x) + O\left[(\Delta x)^2\right]
\tag{2-42}
$$

由式 (2-42) 可知，一阶导数的中心差商具有二阶精度。同样，可推导出二阶导数的中心差商的精度也为二阶。

在一般问题的 CFD 求解中，差分格式具有二阶精度已基本能够满足要求。若需要更高阶的精度，在对某一网格点处进行差分离散时需要利用该点附近更多网格点的信息。而高阶有限差分近似可以得到更精确的数值解，如对激波的间断解的捕捉结果会更陡、更明显，但是由于需要更多网格点的信息，推进一个时间步或空间步则要消耗更多的计算时间。

2.2.2 差分格式及其构造

1. 差分格式的基本概念

由 2.2.1 节所述可知，差分对应于微分，差商对应于导数，区别在于差分和差商是使用有限形式表示的，而微分和导数则是以极限形式表示的。如果将微分方程中的导数用相应的差商近似代替，就可以得到有限形式的差分方程。现以对流方程为例，

$$
\frac{\partial u}{\partial t} + a\frac{\partial u}{\partial x} = 0
\tag{2-43}
$$

用差商近似代替导数时，首先要选定 Δx 和 Δt，称为步长；然后在 x-t 坐标平面上作出平行于坐标轴的两簇直线：

$$
\begin{aligned}
x_i &= x_0 + i\Delta x \quad (i = 0, 1, 2, \cdots) \\
t_n &= n\Delta t \quad\quad\; (n = 0, 1, 2, \cdots)
\end{aligned}
\tag{2-44}
$$

用上述两簇直线划分出矩形网格，如图 2.8 所示。

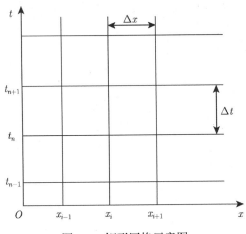

图 2.8　矩形网格示意图

这里，Δx 和 Δt 取常数。直线 $t = t_n$ 称为第 n 层网格线，网格线的交点称为网格点。

网格划定后，就可以针对某一网格点，如图 2.8 中的点 (x_i, t_n)，用差商近似代替导数。现用 $(\cdot)_i^n$ 表示括号内函数在 (x_i, t_n) 点的值，则对流方程在该点可以表达为

$$\left(\frac{\partial u}{\partial t}\right)_i^n + a\left(\frac{\partial u}{\partial x}\right)_i^n = 0 \tag{2-45}$$

如果时间导数用一阶向前差商近似代替，则有

$$\left(\frac{\partial u}{\partial t}\right)_i^n \approx \frac{u_i^{n+1} - u_i^n}{\Delta t} \tag{2-46}$$

空间导数用二阶中心差商近似代替，有

$$\left(\frac{\partial u}{\partial x}\right)_i^n \approx \frac{u_{i+1}^n - u_{i-1}^n}{2\Delta x} \tag{2-47}$$

则对流方程在 (x_i, t_n) 点对应的差分方程为

$$\frac{u_i^{n+1} - u_i^n}{\Delta t} + a\frac{u_{i+1}^n - u_{i-1}^n}{2\Delta x} = 0 \tag{2-48}$$

按照前面关于逼近误差的分析可知，用时间向前差商代替时间导数的误差为 $O(\Delta t)$，用空间中心差商代替空间导数的误差为 $O[(\Delta x)^2]$，因而对流方程与对应的

差分方程之间也存在一个误差，这一误差可由 Taylor 展开确定，即

$$
\frac{u(x_i, t_n + \Delta t) - u(x_i, t_n)}{\Delta t} + a\frac{u(x_i + \Delta x, t_n) - u(x_i - \Delta x, t_n)}{2\Delta x}
$$
$$
= \left(\frac{\partial u}{\partial t}\right)_i^n + \frac{1}{2}\left(\frac{\partial^2 u}{\partial t^2}\right)_i^n \Delta t + \cdots + a\left[\left(\frac{\partial u}{\partial x}\right)_i^n + \frac{1}{3!}\left(\frac{\partial^3 u}{\partial x^3}\right)_i^n (\Delta x)^2 + \cdots\right]
$$
$$
= \left(\frac{\partial u}{\partial t} + a\frac{\partial u}{\partial x}\right)_i^n + O\left[\Delta t, (\Delta x)^2\right]
$$

$$(2\text{-}49)$$

这种用差分方程近似代替微分方程所引起的误差，称为截断误差。这里误差量级相当于 Δt 的一次式 (时间一阶精度)、Δx 的二次式 (空间二阶精度)。

与上述处理方式类似，可以构造出更高阶的格式，减小截断误差，用以提高 CFD 方法的求解精度。在第 7 章旋翼流场的 CFD 数值计算方法中将会描述具有不同精度的格式。

2. 显式格式与隐式格式

一个与时间相关的物理问题应用微分方程近似求解时，还必须给定初始条件，从而形成一个完整的初值问题。对流方程的初值问题为

$$
\begin{cases}
\dfrac{\partial u}{\partial t} + a\dfrac{\partial u}{\partial x} = 0 \\
u(x, 0) = \overline{u}(x)
\end{cases}
$$

$$(2\text{-}50)$$

其中，$\overline{u}(x)$ 为某已知函数。

相应的差分方程也有初始条件

$$
\begin{cases}
\dfrac{u_i^{n+1} - u_i^n}{\Delta t} + a\dfrac{u_{i+1}^n - u_{i-1}^n}{2\Delta x} = 0 \\
u_i^0 = \overline{u}(x_i)
\end{cases}
$$

$$(2\text{-}51)$$

初始条件是一种定解条件。差分方程和其定解条件一起，称为相应微分方程定解问题的差分格式。将式 (2-51) 中的第 $(n+1)$ 时间层的量放在等号左边，将其余时间层的量放在等号右边，有

$$
\begin{cases}
u_i^{n+1} = u_i^n - a\dfrac{\Delta t}{2\Delta x}(u_{i+1}^n - u_{i-1}^n) \\
u_i^0 = \overline{u}(x_i)
\end{cases}
$$

$$(2\text{-}52)$$

式 (2-52) 为时间前差、空间中心差分格式(forward-time central-space，FTCS)。

若时间和空间都用向前差分，则可以得到

$$\begin{cases} \dfrac{u_i^{n+1} - u_i^n}{\Delta t} + a\dfrac{u_{i+1}^n - u_i^n}{\Delta x} = 0 \\ u_i^0 = \overline{u}(x_i) \end{cases} \tag{2-53}$$

同样，将第 $(n+1)$ 时间层的量放在等号左边，将其余时间层的量放在等号右边，有

$$\begin{cases} u_i^{n+1} = u_i^n - a\dfrac{\Delta t}{\Delta x}(u_{i+1}^n - u_i^n) \\ u_i^0 = \overline{u}(x_i) \end{cases} \tag{2-54}$$

式 (2-54) 为时间前差、空间前差格式(forward-time forward-space，FTFS)。相应地，有时间前差、空间后差格式 (forward-time backward-space，FTBS) 为

$$\begin{cases} u_i^{n+1} = u_i^n - a\dfrac{\Delta t}{\Delta x}(u_i^n - u_{i-1}^n) \\ u_i^0 = \overline{u}(x_i) \end{cases} \tag{2-55}$$

以上三种格式都有一个共同特点：$(n+1)$ 时间层上某节点的待求函数值完全能由格式的第 n 时间层上的已知点值确定，这称为显式格式。

若时间采用向前差分，空间采用 $(n+1)$ 时间层上的中心差分，则可以得到

$$\begin{cases} \dfrac{u_i^{n+1} - u_i^n}{\Delta t} + a\dfrac{u_{i+1}^{n+1} - u_i^{n+1}}{\Delta x} = 0 \\ u_i^0 = \overline{u}(x_i) \end{cases} \tag{2-56}$$

式 (2-56) 包含了 $(n+1)$ 时间层上的一个未知数，不能通过第 n 时间层上的已知点的值确定待求函数的值。对于这样的格式，需要联立方程求解，该格式称为隐式格式。

2.2.3　差分格式的性质

1. 相容性

判断某个差分方程是否能够代表对应的微分方程，即判断差分格式的相容性。相容性的含义为：如果当 Δt 和 Δx 都趋近于零，即时间步长和网格间距无限小时，差分方程截断误差的某种范数也趋近于零，则表明截断误差也趋近于零，差分方程趋近于微分方程，此时称差分方程与对应的微分方程是相容的。

2. 收敛性

当步长趋近于零时，差分格式的解趋近于微分方程定解问题解的程度为差分格式的收敛性。应该指出，当差分方程满足相容性时，并不一定满足收敛性，相容

性只是收敛性的必要条件之一。而对于差分格式的收敛性，直接证明是比较困难的。可以利用 Lax 于 1953 年提出的等价性定理，通过比较容易的证明稳定性方法来间接证明解的收敛性。

Lax 等价性定理：给出一个适当提出的线性初值问题以及它的一个满足相容性条件的差分逼近，稳定性便是收敛性的充分必要条件。

由此，讨论收敛性的问题，就归结为讨论稳定性的问题，即如果格式相容、稳定，则收敛性便是必然的结论。

3. 稳定性

在有限差分法的具体运算中，计算误差总是不可避免的，以及这种误差的传播、积累。如果这一误差对以后的影响越来越小，或是这个误差保持在某个限度内，那么就称这个差分格式在给定的条件下稳定。对于差分格式的稳定性分析，通常使用 von Neumann 方法。von Neumann 方法研究稳定性的实质就是在初始条件中引进用级数表示的误差，同时假定在差分方程求解过程中没有引入其他任何误差，来研究随着时间 t 增长的误差发展情况。

4. CFL 条件

考察一个简单的方程，即双曲型的一阶波动方程：

$$\frac{\partial u}{\partial t} + a\frac{\partial u}{\partial x} = 0 \tag{2-57}$$

对空间导数项采用中心差分离散为

$$\frac{\partial u}{\partial x} = \frac{u_{i+1}^n - u_{i-1}^n}{2\Delta x} \tag{2-58}$$

对于时间导数则采用如下形式

$$\frac{\partial u}{\partial t} = \frac{u_i^{n+1} - u_i^n}{\Delta t} = \frac{u_i^{n+1} - \frac{1}{2}(u_{i+1}^n + u_{i-1}^n)}{\Delta t} \tag{2-59}$$

将上面两式代入一阶波动方程式 (2-57) 可以得到

$$u_i^{n+1} = \frac{u_{i+1}^n + u_{i-1}^n}{2} - a\frac{\Delta t}{\Delta x}\frac{u_{i+1}^n - u_{i-1}^n}{2} \tag{2-60}$$

假设误差具有以下形式，即 $\varepsilon_m(x,t) = \mathrm{e}^{at}\mathrm{e}^{ik_m x}$，则放大因子变为

$$\mathrm{e}^{at} = \cos(k_m\Delta x) - iC\sin(k_m\Delta x) \tag{2-61}$$

其中，$C = a\dfrac{\Delta t}{\Delta x}$，称为 Courant 数。

稳定性要求 $C \leqslant 1$，则数值求解的稳定条件为

$$\Delta t \leqslant \frac{\Delta x}{a} \tag{2-62}$$

式 (2-62) 被称为著名的 CFL 条件，也是双曲型方程的稳定性判据，Courant 数不大于 1。

对于二阶波动方程：

$$\frac{\partial^2 u}{\partial t^2} = a^2 \frac{\partial^2 u}{\partial x^2} \tag{2-63}$$

式 (2-63) 的稳定性条件也为 CFL 条件，其特征线与 CFL 条件之间存在着内在的联系，有助于解释 CFL 条件的物理意义。

式 (2-63) 的特征线为

$$x = \begin{cases} at \\ -at \end{cases} \tag{2-64}$$

图 2.9 为特征线的示意图。点 A 是过 B 点向右传播的特征线和过 C 点向左传播的特征线的交点。A 点即对应 CFL 稳定性条件中的 $C = 1$。

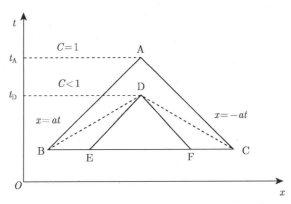

图 2.9　稳定情况：数值依赖区域包含解析依赖区域

现假设 $C < 1$，在中间点处，对应的点 $t_D < t_A$。由于 D 点的性质是由网格点 B 和 C 处的信息通过差分方程的求解得到的，即点 D 的数值依赖域为图 2.9 中的三角形 BDC，而 D 点的解析依赖域为图中的由特征线所包围的三角形 DEF 的面积。也就说 D 点的数值依赖域包含解析依赖域，这样的情形是稳定的。

当 $C > 1$，在中间点处，对应的 D 点 $t_D > t_A$。此时 D 点的数值依赖域三角形 BDC 没有包括三角形 DEF，这种情况是不稳定的，如图 2.10 所示。由此可以得出 CFL 条件的物理解释：为了数值稳定，数值依赖域必须包括所有的解析依赖域。

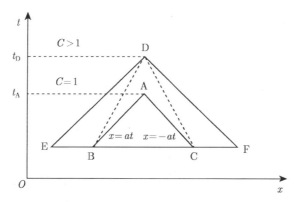

图 2.10　不稳定情况: 数值依赖区域不包含解析依赖区域

2.2.4　数值耗散与数值色散

数值耗散与数值色散是 CFD 中非常重要的基本概念。差分格式的耗散性和色散性对格式的稳定性、收敛性和精度具有重要影响。

现以对流方程为例, 采用时间向前差分、空间向后差分, 得到

$$\frac{u_i^{n+1} - u_i^n}{\Delta t} + a\frac{u_i^n - u_{i-1}^n}{\Delta x} = 0 \tag{2-65}$$

利用 Taylor 展开, 可以得到

$$\frac{\partial u}{\partial t} + a\frac{\partial u}{\partial x} = \frac{1}{2}a\Delta x(1-r)\frac{\partial^2 u}{\partial x^2} + \frac{a(\Delta x)^2}{6}(3r - 2r^2 - 1)\frac{\partial^3 u}{\partial x^3}$$
$$+ O[(\Delta t)^3, (\Delta t)^2(\Delta x), (\Delta t)(\Delta x)^2, (\Delta x)^3] \tag{2-66}$$

其中, $r = a\dfrac{\Delta t}{\Delta x}$。

式 (2-66) 就是差分方程实际所模拟的微分方程, 与原对流方程相比, 该微分方程多了二次导数项和三次导数项, 因此, 将该微分方程称为原方程的修正方程。修正方程包含有 $\dfrac{\partial^2 u}{\partial x^2}$ 项, 类似于 N-S 方程中的黏性项, 但在这里, 该项是差分方程数值离散的结果, 纯粹出于数值原因, 没有物理意义。该项及其类似项被称为数值耗散项。一般来说, 截断误差中含有这些偶次导数项时, 将引起数值耗散。在目前的 CFD 方法中, 数值耗散与人工黏性均被看作数值解的扩散行为, 可用来反映差分格式的耗散性能, 这两者常被交互称呼。在数值求解过程中, 数值耗散会抹平传播的间断, 如图 2.11 所示。数值耗散在 CFD 中会损坏计算精度, 但是改善了格式计算的稳定性。因此, 很多不稳定的计算格式添加人工黏性后, 就变得稳定了。

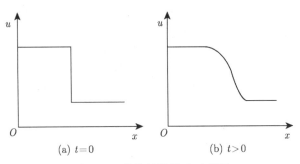

图 2.11　数值耗散影响示意图

　　另一个类似的概念为数值色散, 也称之为频散。数值色散导致的数值行为与数值耗散导致的数值行为不同。数值色散会造成不同相位的波在传播过程中发生变形, 导致传播失真, 具体表现为波前和波后的不规则摆动, 如图 2.12 所示。

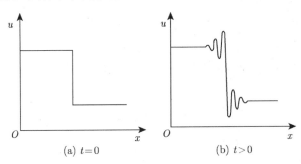

图 2.12　数值色散影响示意图

　　从截断误差来看,　数值耗散是修正方程右端含有偶数阶导数的那些项 $\left(\dfrac{\partial^2 u}{\partial x^2}, \dfrac{\partial^4 u}{\partial x^4}\ \text{等}\right)$ 的直接结果, 而数值色散是修正方程右端含有奇数阶导数的那些项 $\left(\dfrac{\partial^3 u}{\partial x^3}\ \text{等}\right)$ 的直接结果。

参 考 文 献

王承尧, 等. 2000. 计算流体力学及其并行算法. 长沙: 国防科技出版社.

Anderson J D. 1995. Computational fluid dynamics: the basics with application. New York: McGRAW-Hill Companies, Inc.

Courant R, Friedrichs K, Lewy H. 1967. On the partial difference equations of mathematical physics. IBM journal of Research and Development, 11(2): 215-234.

第3章 网格生成方法

在计算流体动力学 (CFD) 中, 按照一定规律分布于流场中的离散点的集合叫网格 (grid/mesh), 分布这些网格节点的过程称为网格生成(grid generation)。网格是 CFD 模型的几何表达形式, 也是模拟与分析的载体。网格生成既是开展 CFD 工作的第一步也是关键一步。网格质量对 CFD 计算精度和计算效率有重要影响。对于复杂的 CFD 问题, 网格生成非常耗时, 且容易出错, 有时生成网格时间甚至大于实际 CFD 计算的时间。因此, 有必要对网格生成方法给以足够的关注。现在网格生成技术已经发展成为 CFD 方法研究的一个重要分支, 它也是计算流体动力学近二十年来一个取得较大进展的领域, 并涌现出一批重要的网格生成软件, 如 Gambit、Pointwise(Gridgen) 和 ICEM-CFD 等。

生成计算网格的主要步骤有: 几何建模、网格生成和给定边界条件。以翼型流动模拟为例, 几何建模是指将翼型表面数据 (函数表达式或离散的数据点) 存储到计算机中。网格生成是指将需要计算的几何体及其周围参与流场计算的空间进行离散, 得到点的集合及点与点的相互连接关系的过程。给定边界条件是指根据模拟的实际情况及计算需求, 给出边界性质 (对于嵌套网格, 还需要给出网格之间的信息插值与传递关系), 即边界上流动变量满足的条件, 以此作为确定流场求解唯一性的条件。

计算网格按网格点之间的连接关系可分为结构网格(structured grid)、非结构网格(unstructured grid) 和混合网格(hybrid grid)。结构网格可以方便地索引, 并减少相应的存储开销, 且由于网格具有贴体性, 黏性流场的计算精度可以大幅度提高。当模拟对象比较简单时, 可以采用单域贴体结构网格进行计算。这种网格能较准确地满足边界条件, 求解效率也很高; 随着研究问题复杂程度提高, 生成高质量的单连通域贴体网格越来越困难, 此时可以采用生成多块结构网格的方法, 但该方法生成网格的工作量相对较大。非结构网格常用三角形和四面体单元对空间进行填充, 填充形式比较灵活。它能非常方便地生成围绕复杂外形的网格, 能够通过自适应方法来提高流场中大梯度区域 (如激波) 的分辨率, 而且它随机的数据结构使得非结构网格的网格分区以及并行计算要比结构网格更加直接。但是在同等网格数量情况下, 非结构网格内存空间分配和 CPU 时间的开销要比在结构网格上的开销大 (三维情况下更加突出)。此外, 在采用完全非结构网格离散时, 网格分布各向同性会对数值计算带来一定精度的损失, 特别对于黏流计算而言, 采用完全非结构网格将导致边界层附近的流动分辨率不高。混合网格是结构网格与非结构网格的组合，在发挥了各自优势的同时，也会带来新的问题。

大量的计算实践和理论分析表明，网格质量的优劣直接影响着流场求解的稳定性、精确度和计算效率。对于求解复杂黏性绕流，边界层内网格正交性、网格尺度大小和网格层数对整个流场的求解起着非同一般的作用。

本章重点介绍二维翼型结构化网格以及三维贴体网格生成方法，以泊松方程法为重点，该方法具有快速、高效、网格生成质量高等特点，被广泛应用于结构化网格生成中。

3.1   二维翼型结构网格分类

按照网格拓扑结构来分，二维翼型网格通常可以分为 H 型网格、O 型网格和 C 型网格(Thompson, 1983)。无论是 C 型网格、O 型网格还是 H 型网格都可以投射成矩形的计算空间，如图 3.1 所示。对于三维情况，通常可以任意组合以上拓扑结构中的两种形成三维拓扑结构，如 C-O 型网格、C-H 型网格，并且能投射成长方体。二维结构网格生成的过程即是建立计算空间正交坐标系 (ξ, η) 到物理空间正交坐标系 (x, y) 的映射过程。

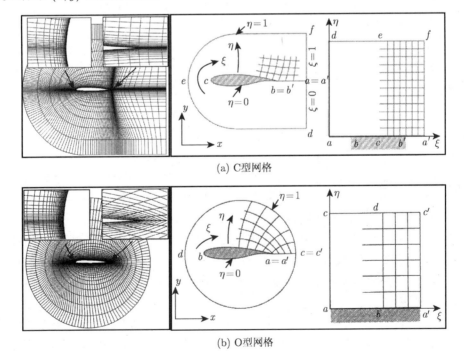

(a) C 型网格

(b) O 型网格

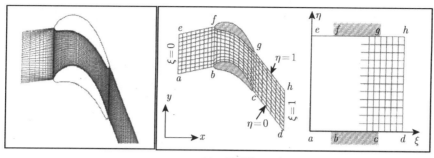

(c) H型网格

图 3.1 围绕翼型 (叶栅) 的二维结构网格拓扑类型

图 3.1(a) 所示 C 型网格中, 将包围翼型的 $\eta = 0$ 的网格线从远场 ($\xi = 0$) 至翼型后缘 b 点处剪开后, 即可对应于右侧计算空间内的拓扑结构图。其中, 后缘割线 a-b 在计算空间中对应两条线段, 即 $a \leqslant \xi \leqslant b$ 和 $b' \leqslant \xi \leqslant a'$, $\eta = 1$ 对应于网格远场边界, $\xi = \text{Const.}$ 的网格线从后缘割线或翼型表面 $\eta = 0$ 出发, 法向延伸至 $\eta = 1$ 的远场网格边界。由于 C 型网格尾迹区的网格可以任意延伸, 且生成质量容易保证, 目前已广泛应用于翼型流场的模拟中。

图 3.1(b) 所示 O 型网格中, $\eta = \text{Const.}$ 的网格线构成环绕翼型的封闭曲线, $\eta = 0$ 的网格线为翼型表面。$\xi = \text{Const.}$ 的网格线从翼型表面 $\eta = 0$ 出发, 法向延伸至 $\eta = 1$ 的远场网格边界。此时, 边界 $\xi = 0(a$-$c)$ 和边界 $\xi = 1(a'$-$c')$ 完全重合。O 型网格的缺点是在尖后缘处网格的生成质量较差。

图 3.1 (c) 所示 H 型网格中, 叶栅翼型表面由两条不同的网格线 ($\eta = 0$ 和 $\eta = 1$) 围成。H 型网格并没有明显的网格割线, 通常用于叶栅的网格生成。对于单一翼型, 使用两块 H 型网格对接也可生成围绕翼型的 H 型结构网格。

根据 CFD 计算时采用的流体力学控制方程的不同, 二维翼型的结构网格可以分为无黏网格和黏性网格。无黏网格对应的控制方程不考虑流体的黏性, 如 Euler 方程, 离物面的第一层网格厚度一般取为特征长度的 $10^{-4} \sim 10^{-3}$ 量级。黏性网格对应的控制方程为 N-S 方程, 由于考虑黏性的影响, 附面层内流动的计算精度对翼型阻力及力矩特性影响较为显著, 离物面第一层网格单元厚度要尽可能满足 y^+ 条件 ($y^+ = \dfrac{\sqrt{\rho_{\text{w}} \tau_{\text{w}}}}{\mu_{\text{w}}} y$, 其中, ρ_{w} 是壁面处流体密度, μ_{w} 为壁面处流体黏性系数, τ_{w} 为壁面摩擦应力, y 为第一层网格单元厚度)。一般取为特征长度 $10^{-6} \sim 10^{-5}$ 量级。图 3.2 给出无黏网格和黏性网格的差别, 可以明显看出, 无黏网格在物面附近的网格明显较为稀疏。

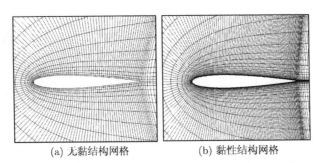

(a) 无黏结构网格   (b) 黏性结构网格

图 3.2   围绕 NACA0012 翼型的无黏结构网格与黏性结构网格

3.2   翼型构型的参数化方法及表面点加密方法

要生成围绕某翼型的结构化网格，首先要通过翼型数据库搜索，得到某翼型的上下表面的曲线函数，并通过在此曲线上布离散的点勾勒出翼型的形状来作为网格点。对于只能获取少量数据点的翼型，可通过已知点进行函数拟合，插值获得新的数据点作为网格点。以下介绍一种 CST(class shape transformation) 拟合插值方法。

利用多项式拟合的方法，翼型的上下表面可以分别表示为

$$
\begin{cases}
\psi_{\mathrm{u}}(\zeta) = C(\zeta) \cdot \displaystyle\sum_{i=0}^{I} A_{\mathrm{u}}^{i} \cdot S_i(\zeta) + \zeta \cdot \Delta z_{\mathrm{u}} \\[2mm]
\psi_{\mathrm{l}}(\zeta) = C(\zeta) \cdot \displaystyle\sum_{i=0}^{I} A_{\mathrm{l}}^{i} \cdot S_i(\zeta) + \zeta \cdot \Delta z_{\mathrm{l}}
\end{cases}
\tag{3-1}
$$

其中，c 为翼型弦长，$\psi = y/c$ 为通过翼型弦长无量纲化后的纵坐标，$\zeta = x/c$ 为无量纲化后的横坐标，$\Delta z_{\mathrm{u}} = y d_{\mathrm{uTE}}/c$ 和 $\Delta z_{\mathrm{l}} = y d_{\mathrm{lTE}}/c$ 分别为翼型上下表面后缘厚度比，$y d_{\mathrm{uTE}}$ 为翼型后缘上表面距离 x 轴的厚度，$y d_{\mathrm{lTE}}$ 为翼型后缘下表面距离 x 轴的厚度。$C(\zeta)$ 称为类函数 (class function)，表达式为

$$
C(\zeta) = \zeta^{a_1} \cdot (1 - \zeta)^{a_2}
\tag{3-2}
$$

对于圆头的翼型来说，$a_1 = 0.5$，$a_2 = 1$。

$S_i(\zeta)$ 称为形函数 (shape function)，通常选择伯恩斯坦多项式

$$
S_i(\zeta) = \frac{n!}{i!(n-1)!} \cdot \zeta^i \cdot (1 - \zeta)^{n-i}
\tag{3-3}
$$

实际计算表明对于翼型几何外形，多项式的阶数大于 4 即可以满足精度要求。A_{u}^i 及 A_{l}^i 为翼型上下表面形函数的系数，通过控制该系数，即可以确定翼型的几何外形。

以 NACA0012 翼型为例，选择 5 阶的伯恩斯坦多项式，上下翼面各布置 6 个设计变量 (A_u^i 及 A_l^i)，总共 12 个设计变量，经过拟合后的翼型表面结果如图 3.3 所示。

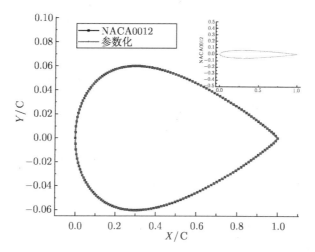

图 3.3　使用 5 阶伯恩斯坦多项式拟合的 NACA0012 翼型

通过已知翼型的点，求出相应的系数 A_u^i 及 A_l^i，即可以完全确定翼型外形的函数表达式。如果要加密或者削减翼型上的点数，则可以通过这个函数重新计算翼型上下表面点。由于这是一个连续函数，因此，不需要通过插值方法来计算新的点，只需要重新布置翼型表面点的横坐标即可。图 3.4 给出了 SSCA09 翼型在加密前后网格点分布情况的对比。

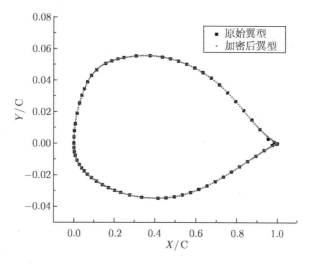

图 3.4　SSCA09 翼型加密前后表面点分布

3.3   基于代数法的初始网格生成

3.3.1   常用的代数法

目前,通过泊松方程法等偏微分方程法生成的结构网格,因其具有良好的贴体性和正交性,已越来越受到国内外专家学者的青睐。代数法生成的初始网格是使用泊松方程法生成网格的基础,因此,一个质量良好的初始网格对最终网格生成结果有一定的影响。

目前代数法主要有一维分布函数法、无限插值法、几何法等。

1. 一维分布函数法

一维线网格是组成二维、三维网格的基础。在流场计算中,为了捕捉局部区域的高梯度物理量变化,在保持某一方向网格点数不变的前提下,需要通过某种方法重新调整网格线上点的疏密,同时,还要使网格点间距光滑过渡。通过某些控制函数能够达到以上目的,这种方法称为一维分布函数控制方法。

2. 无限插值法

二维网格可看作是对两个方向一维线网格所围成空间区域离散的结果,同样地,三维网格可看作是对三个方向的二维面网格所围成空间区域离散的结果。因此,可通过边界网格点的分布,插值得到面内或体内的网格点分布,以生成二维或三维结构网格。

无限插值法,也称超限插值法,是一种基于多向 (multi-directional) 或称为多变量 (multi-variety) 的插值理论,插值函数在边界上的函数值都能与给定值相拟合,因此从该意义上称插值是 "无限"(transfinite) 的。使用无限插值法生成结构网格的原理是:假设所对应的计算空间上的三个曲线坐标为 (ξ, η, ζ),且取值范围均为 0~1,则计算空间上网格点 $P(\xi, \eta, \zeta)$ 的实际坐标值可通过边界上已知网格点的坐标值插值得到。无限插值方法的缺点是对边界的依赖性较强,在外凸和内凹等拐角处生成的网格可能存在过疏、过密、扭曲甚至交错等情况,很难保证各区域网格的光滑过渡,最终可能影响到 CFD 计算的精度 (阎超,2006)。

3. 几何法

几何法(马铁犹,1986) 也是一种构建翼型 C 型结构网格的有效方法。在翼型及其尾缘线上布置第一层线网格 $\eta = 0(j = 1)$,可通过一维分布函数来控制网格点的疏密,保证前缘及后缘部分网格点较密且过渡光滑。

如图 3.5 所示,由 B 点出发,先向 A 点,然后沿箭头方向,绕原点 O 一周后回到 A 点,再到 B 点,所经路径上的所有点坐标 (x_i, y_i) 均已知。设法把它们表示为 (x, y) 坐标系内两簇几何曲线的交点。

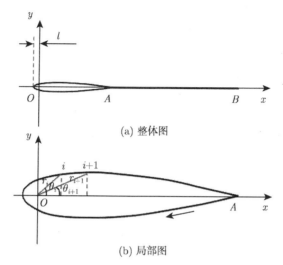

(a) 整体图

(b) 局部图

图 3.5 坐标轴与翼型位置示意图

设由原点 (位于翼型内部, 可取距前缘某个值 l, 一般较小) 到各 (x_i, y_i) 点的连线长度为 r_i, 它与 x 轴的夹角为 θ_i, 如图 3.5 所示, θ_i 由 2π 沿箭头方向滑到 $0°$。于是各 (x_i, y_i) 点的坐标, 可用 (r_i, θ_i) 来表示。它们之间的关系是

$$r_i = (x_i^2 + y_i^2)^{\frac{1}{2}} \tag{3-4}$$

$$\theta_{i+1} = \theta_i + \delta \tag{3-5}$$

坐标 (x_i, y_i) 和 (r_i, θ_i) 之间的关系可以表示为

$$\begin{aligned} x_i &= r_i \cos\theta_i \\ y_i &= r_i \sin\theta_i \end{aligned} \tag{3-6}$$

若令 x_i 和 y_i 为变量 A_i 和 S_i 的函数, 变量 A_i 和 S_i 分别为

$$\begin{aligned} A_i &= \sqrt{r_i}\cos\frac{\theta_i}{2} \\ S_i &= \sqrt{r_i}\sin\frac{\theta_i}{2} \end{aligned} \tag{3-7}$$

则式 (3-6) 可写成

$$\begin{aligned} x_i &= A_i^2 - S_i^2 \\ y_i &= 2A_iS_i \end{aligned} \tag{3-8}$$

由式 (3-8) 可得出

$$y_i^2 = 4A_i^2(-x_i + A_i^2) \tag{3-9a}$$

$$y_i^2 = 4S_i^2(x_i + S_i^2) \tag{3-9b}$$

其中，式 (3-9a) 是一条以 A_i^2 为焦距的抛物线 (抛物线顶点到原点的距离是 A_i^2)，它通过 (x_i, y_i) 点；式 (3-9b) 是一条以 S_i^2 为焦距的抛物线 (抛物线顶点到原点的距离是 S_i^2)，它也通过 (x_i, y_i) 点。(x_i, y_i) 点是两条抛物线的交点，如图 3.6 所示。显然，另一点 (例如 (x_{i+1}, y_{i+1})) 的坐标则为另外两条抛物线 (一条以 S_{i+1}^2 为焦距，另一条以 A_{i+1}^2 为焦距) 的交点。

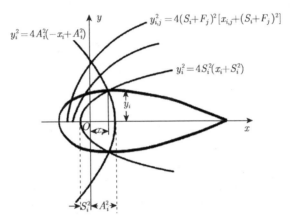

图 3.6 过网格点 (x_i, y_i) 的两条抛物线示意图

设有 J 根网格线为绕弧立翼型，其中，$j = 1$ 即为 AB 线段和翼型表面。将这些网格线 $(j = 1, 2, 3, \cdots, J)$ 上的网格点都用两簇抛物线的交点来表示。规定一组大于和等于 0 的数 $F_j(j = 1, 2, 3, \cdots, J)$，满足 $F_1 < F_2 < \cdots < F_J$。将式 (3-8) 扩展为

$$\begin{aligned} x_{i,j} &= A_i^2 - (S_i + F_j)^2 \\ y_{i,j} &= 2A_i(S_i + F_j) \end{aligned} \tag{3-10}$$

对于 $j = 1$ 的网格线，取 $F_1 = 0$，式 (3-10) 即为式 (3-8)。网格线上的 (x_i, y_i) 点应写成 $(x_{i,1}, y_{i,1})$。对第二条网格线来说，$j = 2$，$F_2 > 0$，式 (3-10) 为

$$\begin{aligned} x_{i,2} &= A_i^2 - (S_i + F_2)^2 \\ y_{i,2} &= 2A_i(S_i + F_2) \end{aligned} \tag{3-11}$$

由式 (3-11) 可见，由于 $F_2 > 0$，对于同一标号 "i"，有 $x_{i,2} < x_{i,1}$，$|y_{i,2}| > |y_{i,1}|$。由式 (3-11) 可得出

$$\begin{aligned} y_{i,2}^2 &= 4A_i^2(-x_{i,2} + A_i^2) \\ y_{i,2}^2 &= 4(S_i + F_2)^2[x_{i,2} + (S_i + F_2)^2] \end{aligned} \tag{3-12}$$

这一对抛物线的交点即网格点 $(x_{i,2}, y_{i,2})$，其中，式 (3-12) 中第一式所表示的抛物线是以 A_i^2 为焦距(顶点与原点的距离为 A_i^2)，也就是通过 $(x_{i,1}, y_{i,1})$ 的式 (3-9) 第一式代表的抛物线。因此，$(x_{i,1}, y_{i,2}), (x_{i,2}, y_{i,2}), \cdots, (x_{i,J}, y_{i,J})$ 等是在通过 $(x_{i,1}, y_{i,1})$ 点的同一条抛物线 $y_{i,j}^2 = 4A_i^2(-x_{i,j} + A_i^2)$ 上的 J 个网格点。通过 $(x_{i+1,1}, y_{i+1,1})$ 点的抛物线 $y_{i+1,j}^2 = 4A_{i+1}^2(-x_{i+1,j} + A_{i+1}^2)$ 上也有 J 个网格点。

翼型法向第 j 层网格即为所有抛物线上标号 j 相同的网格点连线，J 方向的网格类似于 C 型，如图 3.7 所示，但网格点不在同一抛物线上。

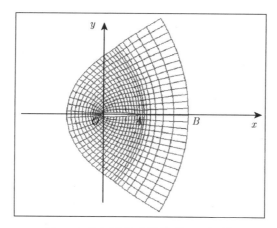

图 3.7　几何法生成的翼型 C 型网格

以此方法生成的网格，目前可用在求解孤立翼型或类似旋成体的绕流问题上。

为了使生成的网格较贴近翼型表面，将 F_j 更改为 $F_{i,j}$，则 F 不仅在 J 方向 (近似垂直于翼型表面的方向) 上发生变化，在 I 方向 (近似平行于翼型表面的方向) 上也要发生变化，更有助于调整网格间距。

3.3.2　CLORNS 代码中的二维旋翼翼型初始网格生成方法

旋翼是直升机的核心部件之一，其气动特性对直升机整体性能起到至关重要的影响。因此，有必要针对旋翼桨叶翼型 (二维) 和旋翼桨叶 (三维) 提出更高效、更通用的网格生成方法。这里介绍一种围绕二维旋翼翼型的初始网格生成方法，该方法已应用在 CLORNS 代码 (详见第 12 章) 中。

以 C 型网格为例，图 3.8 给出了这种 C 型代数初始网格生成法的过程。具体步骤如下：

第 1 步，设在 (x, y) 坐标系内有一翼型，弦长为 C。以 C 为长度尺度进行无量纲化，则翼型弦长为 1，将翼型分为如图 3.8(a) 中所示 4 段，可通过一维分布函数实现翼型上的网格点的布置。

第 2 步, 添加翼型后缘割线, 图 3.8(b) 中翼型后缘割线长度为 5 倍 (可根据实际需要进行选取) 翼型弦长, 并对该线布置合理的网格点。

第 3 步, 添加垂直于后缘割线的两条边界线, 其长度为 5 倍翼型弦长, 并分布网格点如图 3.8(c) 所示。

第 4 步, 添加远场边界线。该曲线为半圆与线段的组合。将该网格先分为 6 段, 分别对应于翼型及其后缘割线的网格点来划分相应的网格, 疏密分布如图 3.8(d) 所示。

第 5 步, 确定所对应计算空间的 4 条网格线, 即 $\eta = 0\,(j = 1)$, $\eta = 1\,(j = j_{\max})$, $\xi = 0\,(i = 1)$ 和 $\xi = 1\,(i = i_{\max})$, 如图 3.8(e) 所示, 并以数组形式保存坐标。

第 6 步, 使用等比数列或无限插值法等方法, 计算得出各网格点坐标, 如图 3.8(f) 所示, 存储在二维数组 $x\,(i, j)$ 和 $y\,(i, j)\,(i = 1, \cdots, i_{\max};\ j = 1, \cdots, j_{\max})$ 中, 完成初始网格的生成。

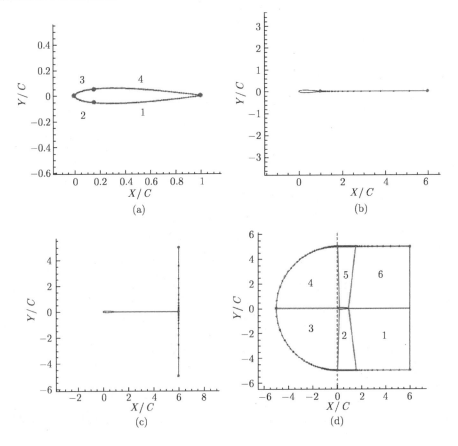

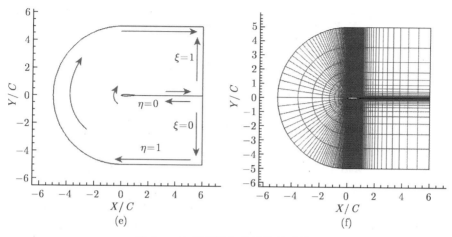

图 3.8 C 型代数初始网格生成法

3.4 二维翼型网格的椭圆型偏微分方程生成方法

采用偏微分方程作为网格生成控制方程进行网格生成的方法统称为偏微分方程法，主要包含三类：椭圆型偏微分方程法、双曲型偏微分方程法和抛物型偏微分方程法。泊松方程 (Poisson equations) 是一种椭圆方程，在已知初始网格的基础上，泊松方程网格生成方法能够生成质量较高的结构网格。因此，本节将对此方法进行重点阐述。

3.4.1 网格坐标变换

泊松方程给出了计算平面下曲线坐标系 (ξ, η) 和物理平面下直角坐标系 (x, y) 的映射关系，并结合适当的边界条件 (如图 3.9(a) 所示的 O 型网格)，泊松方程的表达式为

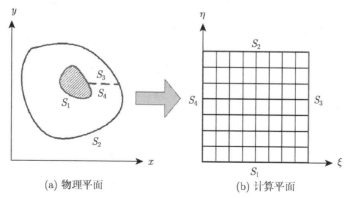

(a) 物理平面   (b) 计算平面

图 3.9 物理平面与计算平面边界条件转换示意图

$$\begin{cases} \xi_{xx} + \xi_{yy} = P(\xi, \eta) \\ \eta_{xx} + \eta_{yy} = Q(\xi, \eta) \\ \xi = \xi_1(x, y), \eta = \eta_1, 在 S_1 上 \\ \xi = \xi_2(x, y), \eta = \eta_2, 在 S_2 上 \\ \xi = \xi_3, \eta = \eta_3(x, y), 在 S_3 上 \\ \xi = \xi_4, \eta = \eta_4(x, y), 在 S_4 上 \end{cases} \tag{3-13}$$

其中，$P(\xi, \eta)$，$Q(\xi, \eta)$ 为控制函数或源项，源项 P、Q 对物理空间网格线起到调整修正作用。当 P、Q 为 0 时，泊松方程退化为拉普拉斯 (Laplace) 方程，此时网格线趋向于均匀分布。当 P、Q 不为 0 时，数值试验发现，在某点处加入点源 P，若 $P < 0$，则 ξ 方向网格线向该点汇聚；若 $P > 0$，则 ξ 方向网格线从该点发散，如图 3.10 所示。在某点处加入点源 Q，能对 η 方向网格线产生类似的影响。

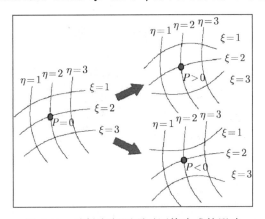

图 3.10　泊松方程源项对网格生成的影响

一般地，网格在计算平面坐标系 (ξ, η) 下为规整的笛卡儿网格。因此，从计算平面出发，将规整的笛卡儿网格映射到真实物理平面的曲线网格，是一种可行的网格生成方法。式 (3-13) 提供的泊松方程给出了自变量 (x, y) 与因变量 (ξ, η) 的映射关系，显然与以上思路确定的网格生成策略相反，因此，需要以 (ξ, η) 为自变量，以 (x, y) 为因变量对泊松方程进行坐标变换。下面给出具体推导过程。

根据全微分公式，有

$$\begin{cases} \mathrm{d}x = x_\xi \mathrm{d}\xi + x_\eta \mathrm{d}\eta \\ \mathrm{d}y = y_\xi \mathrm{d}\xi + y_\eta \mathrm{d}\eta \end{cases} \tag{3-14}$$

由式 (3-14) 可得

$$\begin{cases} \mathrm{d}\xi = \dfrac{y_\eta \mathrm{d}x - x_\eta \mathrm{d}y}{J} \\[3mm] \mathrm{d}\eta = \dfrac{-y_\xi \mathrm{d}x - x_\xi \mathrm{d}y}{J} \end{cases} \tag{3-15}$$

其中, $J = \dfrac{\partial(x,y)}{\partial(\xi,\eta)} = \begin{vmatrix} \dfrac{\partial x}{\partial \xi} & \dfrac{\partial x}{\partial \eta} \\[3mm] \dfrac{\partial y}{\partial \xi} & \dfrac{\partial y}{\partial \eta} \end{vmatrix} = x_\xi y_\eta - x_\eta y_\xi$, 称为雅可比 (Jacobi) 行列式, 其

对应的矩阵称为度量系数矩阵。

又因为

$$\begin{cases} \mathrm{d}\xi = \xi_x \mathrm{d}x + \xi_y \mathrm{d}y \\ \mathrm{d}\eta = \eta_x \mathrm{d}x + \eta_y \mathrm{d}y \end{cases} \tag{3-16}$$

比较式 (3-15) 和式 (3-16), 容易得到

$$\begin{cases} \xi_x = \dfrac{y_\eta}{J} \\[3mm] \eta_x = -\dfrac{y_\xi}{J} \\[3mm] \xi_y = -\dfrac{x_\eta}{J} \\[3mm] \eta_y = \dfrac{x_\xi}{J} \end{cases} \tag{3-17}$$

对任意函数 $u = u(x,y) = u(\xi,\eta)$, 有

$$\begin{cases} u_x = \dfrac{\partial u}{\partial x} = \dfrac{\partial u}{\partial \xi}\dfrac{\partial \xi}{\partial x} + \dfrac{\partial u}{\partial \eta}\dfrac{\partial \eta}{\partial x} = u_\xi \xi_x + u_\eta \eta_x \\[3mm] u_y = \dfrac{\partial u}{\partial y} = \dfrac{\partial u}{\partial \xi}\dfrac{\partial \xi}{\partial y} + \dfrac{\partial u}{\partial \eta}\dfrac{\partial \eta}{\partial y} = u_\xi \xi_y + u_\eta \eta_y \end{cases} \tag{3-18}$$

$$\begin{cases} u_{xx} = u_{\xi\xi}\xi_x^2 + 2u_{\xi\eta}\xi_x\eta_x + u_{\eta\eta}\eta_x^2 + u_\xi \xi_{xx} + u_\eta \eta_{xx} \\ u_{yy} = u_{\xi\xi}\xi_y^2 + 2u_{\xi\eta}\xi_y\eta_y + u_{\eta\eta}\eta_y^2 + u_\xi \xi_{yy} + u_\eta \eta_{yy} \end{cases} \tag{3-19}$$

因此, 有

$$\begin{aligned} u_{xx} + u_{yy} &= u_{\xi\xi}(\xi_x^2 + \xi_y^2) + 2u_{\xi\eta}(\xi_x\eta_x + \xi_y\eta_y) + u_{\eta\eta}(\eta_x^2 + \eta_y^2) \\ &\quad + u_\xi(\xi_{xx} + \xi_{yy}) + u_\eta(\eta_{xx} + \eta_{yy}) \end{aligned} \tag{3-20}$$

进一步将式 (3-17) 分别代入式 (3-19) 右边第一、二、三项, 把式 (3-13) 代入式 (3-20) 右边第四、五项, 得到

$$u_{xx} + u_{yy} = \frac{\alpha u_{\xi\xi}}{J^2} - \frac{2\beta u_{\xi\eta}}{J^2} + \frac{\gamma u_{\eta\eta}}{J^2} + u_\xi P + u_\eta Q \tag{3-21}$$

其中，

$$
\begin{cases}
\alpha = x_\eta^2 + y_\eta^2 \\
\beta = x_\xi x_\eta + y_\xi y_\eta \\
\gamma = x_\xi^2 + y_\xi^2
\end{cases}
\tag{3-22}
$$

分别令 $u = x$ 和 $u = y$，则式 (3-21) 的左边为 0，因此得到以计算平面坐标为自变量的泊松方程，其形式为

$$
\begin{cases}
\alpha x_{\xi\xi} - 2\beta x_{\xi\eta} + \gamma x_{\eta\eta} = -J^2(x_\xi P + x_\eta Q) \\
\alpha y_{\xi\xi} - 2\beta y_{\xi\eta} + \gamma y_{\eta\eta} = -J^2(y_\xi P + y_\eta Q)
\end{cases}
\tag{3-23}
$$

相应的边界条件为

$$
\begin{cases}
x = f_1(\xi, \eta_1), \ 在 S_1 上 \\
x = g_1(\xi, \eta_2), \ 在 S_2 上 \\
x = h_1(\xi, \eta), \ 在 S_3, S_4 上 \\
y = f_2(\xi, \eta_1), \ 在 S_1 上 \\
y = g_2(\xi, \eta_2), \ 在 S_2 上 \\
y = h_2(\xi, \eta), \ 在 S_3, S_4 上
\end{cases}
\tag{3-24}
$$

经过坐标变换，式 (3-13) 变换为式 (3-23) 和式 (3-24)。通过预先指定的计算平面中的笛卡儿网格和边界条件式 (3-24)，对式 (3-23) 进行求解，进而获得所有计算平面点对应 (x, y) 的坐标，即网格点的物理平面坐标，以完成结构网格的生成。

3.4.2　泊松方程的差分离散

将计算平面内笛卡儿网格点坐标 (ξ, η) 对应于整数标识 (i, j)，$i = 1, 2, \cdots, i_{\max}$，$j = 1, 2, \cdots, j_{\max}$。利用等步长中心差分格式离散式 (3-23)，得

$$
\begin{cases}
(x_{\xi\xi})_{i,j} = x_{i-1,j} - 2x_{i,j} + x_{i+1,j} \\
(y_{\xi\xi})_{i,j} = y_{i-1,j} - 2y_{i,j} + y_{i+1,j} \\
(x_{\eta\eta})_{i,j} = x_{i,j-1} - 2x_{i,j} + x_{i,j+1} \\
(y_{\eta\eta})_{i,j} = y_{i,j-1} - 2y_{i,j} + y_{i,j+1}
\end{cases}
\tag{3-25}
$$

将式 (3-25) 代入式 (3-23) 并解出 (i, j) 对应网格点 P 的坐标值 (x_P, y_P)，得到坐标的迭代公式为

$$
\begin{cases}
x_P^{n+1} = [\alpha(x_\mathrm{e} + x_\mathrm{w}) + \gamma(x_\mathrm{n} + x_\mathrm{s}) - 2\beta x_{\xi\eta} + J^2(P x_\xi + Q x_\eta)]^n / [2(\alpha + \beta)] \\
y_P^{n+1} = [\alpha(y_\mathrm{e} + y_\mathrm{w}) + \gamma(y_\mathrm{n} + y_\mathrm{s}) - 2\beta y_{\xi\eta} + J^2(P y_\xi + Q y_\eta)]^n / [2(\alpha + \beta)]
\end{cases}
\tag{3-26}
$$

其中，下标 (w, e, s, n) 分别代表点 P 在计算平面的左、右、下、上 (或西、东、南、北) 方向与点 P 相邻的点，即 $(x_{i-1,j}, y_{i-1,j})$，$(x_{i+1,j}, y_{i+1,j})$，$(x_{i,j-1}, y_{i,j-1})$ 和 $(x_{i,j+1}, y_{i,j+1})$。

式 (3-26) 中的 $x_\xi, y_\xi, x_\eta, y_\eta, x_{\xi\eta}, y_{\xi\eta}$ 可继续使用中心差分方法计算得到，分别为

$$
\begin{cases}
(x_\xi)_{i,j} = \dfrac{x_{i+1,j} - x_{i-1,j}}{2} \\[2mm]
(y_\xi)_{i,j} = \dfrac{y_{i+1,j} - y_{i-1,j}}{2} \\[2mm]
(x_\eta)_{i,j} = \dfrac{x_{i,j+1} - x_{i,j-1}}{2} \\[2mm]
(y_\eta)_{i,j} = \dfrac{y_{i,j+1} - y_{i,j-1}}{2} \\[2mm]
(x_{\xi\eta})_{i,j} = \dfrac{x_{i-1,j-1} - x_{i-1,j+1} - x_{i+1,j-1} + x_{i+1,j+1}}{4} \\[2mm]
(y_{\xi\eta})_{i,j} = \dfrac{y_{i-1,j-1} - y_{i-1,j+1} - y_{i+1,j-1} + y_{i+1,j+1}}{4}
\end{cases}
\tag{3-27}
$$

由式 (3-22) 和式 (3-27) 可以计算得到 α, β, γ, J，然后将 α, β, γ, J 作为已知量，并将式 (3-26) 右边所有偏导数项以差分形式用前一步 x_P^n, y_P^n 计算得出，这样新的网格坐标值 x_P^{n+1}, y_P^{n+1} 可以相应计算获得。因此，使用泊松方程法迭代求解网格坐标的过程如下：

首先，生成初始网格，获得初始的各网格点坐标 (x, y)；

然后，计算各网格点处的坐标变换系数 α, β, γ, J，并采用一定方法确定当地源项 P, Q 的值；

最后，以式 (3-26) 进行迭代，由已知的 (x_P^n, y_P^n) 确定新一步的网格坐标 (x_P^{n+1}, y_P^{n+1})，按照相同的步骤持续迭代获得更新的网格坐标值，直至迭代前后网格坐标的差值 (残值) 小于某一预先确定的小量 (阈值)，则判定网格迭代收敛，完成网格生成，此时 (x_P^{n+1}, y_P^{n+1}) 近似为式 (3-23) 的解。

为了进一步加速收敛，更新坐标时引入松弛迭代方法：

$$
\begin{cases}
x_{P,\text{new}}^{n+1} = x_P^n + \omega(f_x - x_P^n) \\[2mm]
y_{P,\text{new}}^{n+1} = y_P^n + \omega(f_y - y_P^n)
\end{cases}
\tag{3-28}
$$

其中，f_x, f_y 为式 (3-26) 迭代出来的 x_P^{n+1}, y_P^{n+1}，$\left(x_{P,\text{new}}^{n+1}, y_{P,\text{new}}^{n+1}\right)$ 为最终采用的网格点坐标，ω 为松弛因子，取值范围为 0~2。当 ω 取值为 0~1 时，式 (3-28) 称为低松弛迭代；当 ω 取值为 1~2 时，为超松弛迭代。通常可采用超松弛迭代的方法提高网格的生成效率。

优化的松弛因子 ω 也可根据网格数量计算得到，其值计算公式为

$$\omega_{\text{opt}} = \frac{8 - 4\sqrt{4 - \kappa^2}}{\kappa^2}, \quad \kappa = \cos\left(\frac{\pi}{i_{\max}}\right) + \cos\left(\frac{\pi}{j_{\max}}\right) \tag{3-29}$$

3.4.3 源项的确定方法

计算区域上的直角坐标系对应于物理域上的一个曲线坐标系。ξ 方向和 η 方向的网格线夹角越接近直角，则在流场计算中，由网格质量引起的截断误差就越小，反之则误差越大。在整个流场中生成一个处处正交的曲线网格难度很大，不易实现。折衷的方法是保证边界处网格正交或接近正交。恰当地选择式 (3-23) 中的源项 P 和 Q(其规律如图 3.11 所示)，能够修正物理平面中网格节点密度 (物面第一层网格厚度以满足流场模拟的 y^+ 要求) 和网格正交性。因此，源项的确定是翼型贴体正交网格生成的一个重点。下面将对 Hilgenstock 源项确定方法 (Hilgenstock, 1998) 进行介绍。

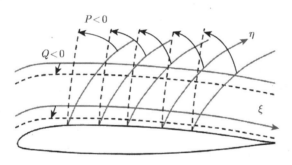

图 3.11   物面附近源项对网格质量的控制规律

起初，在较为成熟且著名的 TTM(Thompson, et al., 1974) 方法中，因源项参数选取与研究者的经验有关，成为这一方法显著的弱点。后来，人们根据边界处正交性条件及疏密度条件，通过公式推导，得到边界处源项的表达式，即具有代表性意义的 Thomas&Middlecoff 方法 (Thomas and Middlecoff, 1980)。但是，该方法推导出的源项表达式是网格正交的必要不充分条件，因而在实际网格生成中，得到的计算网格正交性不太理想。此外，Sorenson 源项方法也较常用 (Sorenson, 1980)，其基于 Thompson 方法，通过迭代获得边界上的正交性。

20 世纪 80 年代，Hilgenstock(1988) 首次提出根据边界处网格夹角及第一层网格厚度条件来确定源的方法。该方法中，在泊松方程迭代时，根据当前网格与期望网格的差距，反复修正边界上各点的源项值，直至最后得到的网格近似满足边界正交及第一层网格厚度条件。这种反复迭代逼近源项真值的方法生成的网格质量较好，鲁棒性较高，已被广泛运用于翼型网格的生成。

1. 边界上网格点源项的选择

如图 3.11 所示, 式 (3-23) 中的源项 P 主要控制物面处网格线的正交性, 源项 Q 主要控制网格线与物面的法向间距。

以物面边界 (流场计算中的内边界) 为例, 对物面任意一个网格点, 令其相邻的非物面点与其之间的距离为

$$d = |\boldsymbol{r}_{i,2} - \boldsymbol{r}_{i,1}| \tag{3-30}$$

期望得到的网格间距为 d_r。若 $d_r - d = 0$, 表示网格已达到要求, 则该点处源项 Q 值无需变化; 若 $d_r - d > 0$, 表明现有的间距太小, 需要增大 Q 值; 反之, 若 $d_r - d < 0$, 则要减小 Q 值。故可令

$$Q^{n+1} = Q^n + \sigma \arctan(d_r - d) \tag{3-31}$$

其中, n 是外迭代次数, σ 为阻尼系数, 为了防止修正量过大引起内层迭代不稳定, 一般取 $0.1 \leqslant \sigma \leqslant 0.5$。

从物面网格点引出 $\xi = \text{const}$ 的网格线与物面边界的夹角 θ 为

$$\theta = \arccos\left(\frac{\boldsymbol{r}_\xi \cdot \boldsymbol{r}_\eta}{|\boldsymbol{r}_\xi||\boldsymbol{r}_\eta|}\right) \tag{3-32}$$

其中, $\boldsymbol{r}_\xi$ 和 $\boldsymbol{r}_\eta$ 分别为 ξ 方向和 η 方向网格线的切向矢量。

期望得到的角度为 θ_r(正交时, $\theta_r = 90°$)。若 $\theta_r - \theta = 0$, 表示网格已达到要求, 则该点处源项 P 值无需变化; 若 $\theta_r - \theta > 0$, 表明现有的角度太小, 则需要减小 P 值; 反之, 若 $\theta_r - \theta < 0$, 则要增大 P 值。故可令

$$P^{n+1} = P^n - \sigma \arctan(\theta_r - \theta) \tag{3-33}$$

在远场边界 (流场计算中的外边界) 可作类似的控制, 得到相应的源项 P、Q 的修正公式。在实际应用上述方法时, 根据所定义的角度和距离表达式, 可能需要对阻尼系数前的符号进行变号处理。

2. 内层网格点源项的确定

设 $P(i,1)$、$P(i,j_{\max})$ 为采用上述方法确定的内、外边界源项 P 的值, $Q(i,1)$、$Q(i,j_{\max})$ 为内、外边界源项 Q 的值。通过指数函数插值确定内部网格点的源项值为

$$\begin{cases} P(i,j) = P(i,1)\mathrm{e}^{-a(j-1)} - P(i,j_{\max})\mathrm{e}^{-b(j_{\max}-j)} \\ Q(i,j) = Q(i,1)\mathrm{e}^{-c(j-1)} - Q(i,j_{\max})\mathrm{e}^{-d(j_{\max}-j)} \end{cases} \tag{3-34}$$

其中，a、b、c、d 是正常数，表示由边界点开始向内网格点源项衰减的速率，较小的常值如 0.2，表示较慢的衰减 (即指定的角度和间距影响的网格层数增加)，但会使迭代次数增加，直至引起收敛的困难。较大的值如 0.7、1.0，使衰减加快，只在靠近边界的几层网格点受其影响收敛较快。为保证物面及远场边界附近流场计算精度，一般采用较小的系数，取值为 $a = 0.01, b = 0.01, c = 0.0, d = 0.1$。

3.4.4　泊松方程生成网格结果

图 3.12 给出了二维翼型结构网格的生成流程图，采用 Hilgenstock 源项控制法。网格生成具体步骤如下：

第 1 步，读入翼型数据点坐标；

第 2 步，通过插值方法生成边界网格点分布；

第 3 步，用代数方法生成初始网格；

第 4 步，计算当前网格边界的网格间距以及夹角；

第 5 步，计算当前源项并按照目标值进行修正；

　(1) 依据所得间距和夹角计算、修正源项；

　(2) 将边界上的源项值插值到内场。

第 6 步，迭代求解当前的源项值分布空间下的网格点坐标；

第 7 步，计算网格间距、夹角与目标值的残值；

第 8 步，如残值未达到要求返回到第 5 步，如达到要求则输出网格。

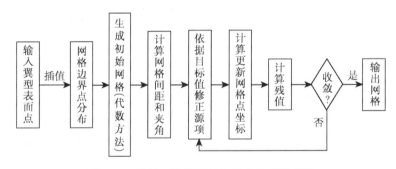

图 3.12　旋翼二维翼型结构网格生成流程图

以 NACA0012 翼型为例，采用 3.3.2 节中的方法生成的初始网格如图 3.13 所示，为 C 型结构网格，物面附近网格质量如图 3.13(b) 局部细节所示。采用泊松方程法生成网格时，使用 Hilgenstock 方法确定源项，角度为 90°，物面第一层网格距离为翼型弦长的 10^{-5} 量级。以此条件生成的网格结果如图 3.14 所示。

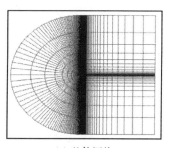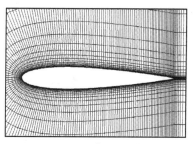

(a) 整体网格　　　　　　　　　　　　(b) 局部网格

图 3.13　围绕 NACA0012 翼型的 C 型结构化初始网格

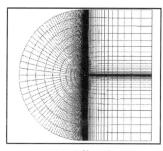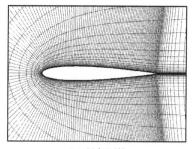

(a) 整体网格　　　　　　　　　　　　(b) 局部网格

图 3.14　泊松方程法生成的围绕 NACA0012 翼型的 C 型结构网格

图 3.15 和图 3.16 分别给出了以泊松方程法生成的两种直升机旋翼翼型的 C 型结构网格。

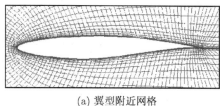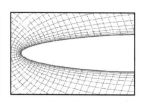

(a) 翼型附近网格　　　　　　　　　(b) 翼型前缘局部网格

图 3.15　围绕 RAE2822 翼型的 C 型结构网格

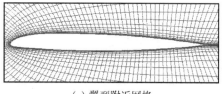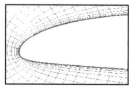

(a) 翼型附近网格　　　　　　　　　(b) 翼型前缘局部网格

图 3.16　围绕 OA209 翼型的 C 型结构网格

　　使用泊松方程法也可对稍微复杂的二维翼型生成结构网格。如图 3.17 所示为某表面结冰的二维翼型的 C 型结构网格。同样对类似翼型的二维物体，也可生成网格，图 3.18 给出了绕圆柱的二维 C 型结构网格，该网格可用于圆柱绕流问题的模拟和分析。对于表面安装射流装置的翼型，在射流激励器位置处，对流动特性的捕捉至关重要，因此增加此处的网格密度，有助于获得良好的流动细节的分辨率，生成的网格如图 3.19 所示。

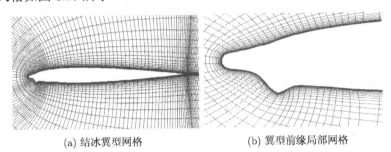

(a) 结冰翼型网格   (b) 翼型前缘局部网格

图 3.17   围绕表面结冰的旋翼翼型生成的 C 型结构网格

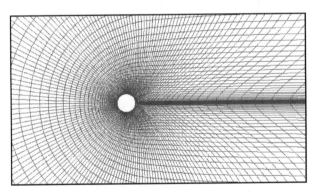

图 3.18   用于圆柱绕流模拟的二维 C 型结构网格

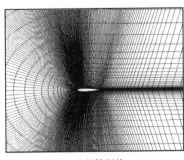
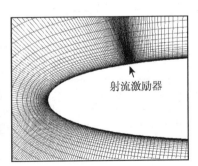

(a) 整体网格   (b) 局部网格

图 3.19   围绕含有射流激励器的翼型二维 C 型结构网格

图 3.20 和图 3.21 分别给出了采用泊松方程迭代方法生成围绕某发动机短舱截面和平板的 O 型和 H 型网格。

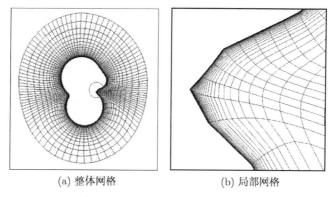

(a) 整体网格　　　　　　　　(b) 局部网格

图 3.20 围绕某发动机短舱截面的 O 型结构网格

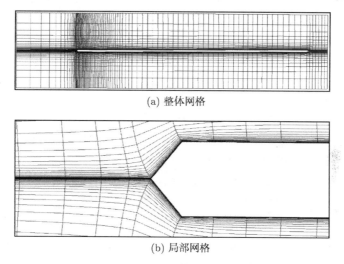

(a) 整体网格

(b) 局部网格

图 3.21 围绕某平板的 H 型结构网格

综上所述，基于 Hilgenstock 源项修正策略的泊松方程迭代网格生成方法具有很好的鲁棒性，所生成的网格质量较高。

3.5 其他网格生成方法

3.5.1 双曲型偏微分方程法

回顾 3.4 节介绍的泊松方程法，其中生成的围绕几何体的二维初始网格对最终网格生成的结果有一定的影响。这是由椭圆型方程的性质决定的，因为椭圆型方程的解由边值条件决定，即初始网格边界上的网格点分布决定了最后迭代得出的网格整体质量，而初始网格内层网格点的分布，对最后的网格生成结果影响较小。在几何体外形变化剧烈的情况下，Hilgenstock 方法虽然能够保证边界处局部网格的质量，但是可能导致内层整体网格质量的下降，引起迭代不收敛而导致网格生成失败。因此，围绕复杂外形几何体初始网格边界点的合理分布是网格生成初始阶段的一大难题。

为了解决这一问题，Steger 和 Chaussee(1980) 提出了将双曲型方程应用到二维网格生成中。双曲型偏微分方程法通常是从物面线网格出发，逐层向外推进。因此，该方法所需要的初始网格就是最终网格的某一边界。以翼型为例，O 型网格所对应的初始网格即为物面的线网格；C 型网格所对应的初始网格即物面线网格与后缘割线的线网格。由于双曲型网格其他边界的网格点分布情况由网格外推生成，因此其适用于没有固定远场边界的网格生成。其控制方程为

$$\frac{\partial x}{\partial \xi}\frac{\partial x}{\partial \eta} + \frac{\partial y}{\partial \xi}\frac{\partial y}{\partial \eta} = 0 \tag{3-35}$$

$$\frac{\partial x}{\partial \xi}\frac{\partial y}{\partial \eta} - \frac{\partial y}{\partial \xi}\frac{\partial x}{\partial \eta} = \varPhi \tag{3-36}$$

其中，式 (3-35) 控制网格线的正交，式 (3-36) 控制网格单元面积的分布，$\varPhi$ 为单元面积分布函数。在翼型及后缘割线 $(\eta = 0)$ 上给定网格节点分布作为初值，然后沿 η 正方向逐层推进生成网格。

图 3.22 给出了使用双曲型偏微分方程法生成的围绕 NACA0012 翼型的 C 型结构网格。将使用 Hilgenstock 法确定源项的泊松方程法和双曲型方程法生成的网格质量比较可以发现，后者生成的网格质量更好一些，原因是前者内场网格正交性为近似保证，而后者为精确保证。

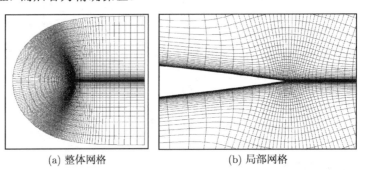

(a) 整体网格   (b) 局部网格

图 3.22   双曲型方程法生成的围绕 NACA0012 翼型的 C 型结构网格

3.5.2 抛物型偏微分方程法

双曲型方程法解决了初始网格难以生成的问题，具有无需人为定义外边界且可直接调整网格层数的优点，但却带来了新的问题：由于双曲型方程的传播具有奇异性，当边界不光滑时，可能会导致网格生成的质量较差。因此，Nakamura(1982)提出了抛物型方程思想，将泊松方程中决定椭圆型特性的项做抛物化处理，建立了一种快速有效的抛物型网格生成方法。3.7 节中将详细介绍了该方法在生成三维结构网格上的应用，在此不再赘述。

3.6 三维桨叶网格生成方法

旋翼桨叶处于不断地旋转运动中，在生成直升机 CFD 计算网格时，分别对桨叶和机身生成贴体网格有助于清晰地描述桨叶与机身的运动关系。

旋翼桨叶的气动特性作为直升机空气动力学研究的核心内容，在设计阶段需要反复生成围绕多种不同外形的桨叶网格。本节介绍一种参数化的桨叶网格生成方法，它能大幅度提高不同外形桨叶网格生成效率，具有较好的鲁棒性。该方法同样适用于其他旋转叶片 (尾桨桨叶、风力机桨叶和螺旋桨桨叶等) 的网格生成。

与二维翼型的网格拓扑结构相似，图 3.23 给出了 6 种常见拓扑结构的桨叶三维网格。其中，应用较为广泛的有 C-O 型网格和 C-H 型网格。

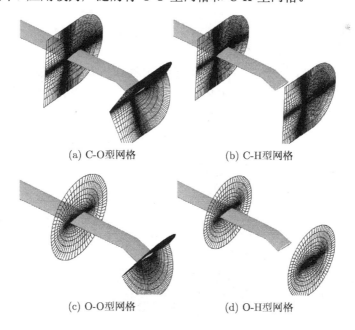

(a) C-O型网格　　　　　(b) C-H型网格

(c) O-O型网格　　　　　(d) O-H型网格

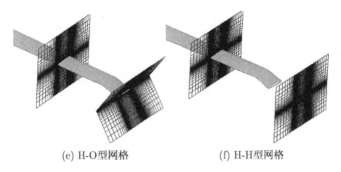

(e) H-O 型网格   (f) H-H 型网格

图 3.23　不同拓扑结构的桨叶网格

在桨叶旋转运动过程中，桨叶尖部、根部分别存在桨尖涡和桨根涡，对桨叶气动特性影响显著。这种三维效应的存在使得桨叶尖部和根部的网格质量至关重要。C-O 型网格在桨叶端部依然保持良好的正交性及物面间距，因此 C-O 型网格在模拟三维效应时具有较为明显的优势；而 C-H 型网格较难保证桨叶尖部的完全正交，但是桨叶两端可以任意延伸，且能够更好地适应变形网格技术 (由于桨叶运动时，存在挥舞、摆振和扭转运动，有时还存在弹性变形，因此，需要在模拟时根据桨叶实际的位移、扭转响应进行网格变形。变形网格技术将在第 5 章中详细介绍)。

3.6.1　参数化桨叶网格生成方法

1. 桨叶气动外形的参数化描述

旋翼的三维气动外形布局主要取决于翼型、弦长 (尖削)、扭转、四分之一弦线分布 (包括上下反、前后掠等) 等主要参数，因此可将一个桨叶外形通过翼型和参数曲线进行描述。以图 3.24 所示 UH-60A 直升机桨叶为例，该桨叶由不同翼型分段配置

图 3.24　UH-60A 直升机主旋翼桨叶

而成, 并具有非线性负扭转及后掠新型桨尖等特点, 如图 3.25 所示, 该旋翼由四片桨叶组成, 桨叶的展弦比为 15.3, 最大负扭转为 13°, 后掠位置位于桨叶的 93% 处, 后掠角为 20°。桨叶由两种翼型构成, 中间部分为 SC1094 R8 翼型, 两端为 SC1095 翼型。UH-60A 直升机旋翼桨叶可由翼型分布、扭转分布、弦长分布、四分之一弦线分布等参数进行描述。

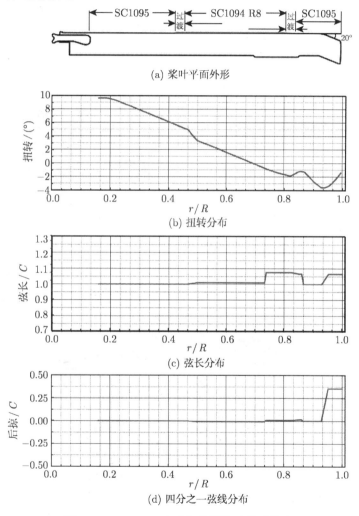

(a) 桨叶平面外形

(b) 扭转分布

(c) 弦长分布

(d) 四分之一弦线分布

图 3.25 UH-60A 直升机旋翼桨叶外形描述

在当前的旋翼 CFD 分析中, 由于计算精度要求较高, 采用求解三维控制方程的方法生成桨叶网格计算量巨大, 特别是在需要大批量 (优化桨叶外形时) 生成不同外形桨叶网格时, 网格生成所需计算资源不容忽视。基于此, 将桨叶三维贴体网格生成分解为能够反映桨叶不同外形参数配置的若干步骤, 进而建立基于桨叶气动外形参数的通用型旋翼贴体正交型网格自动化生成方法。

2. 参数化网格生成步骤

第 1 步，依据旋翼桨叶的剖面翼型分布，将桨叶划分为由多个特征剖面控制的多个桨叶段，设置初始剖面翼型弦长皆为 1，并且围绕各特征剖面翼型分别生成结构化贴体网格，如图 3.26 所示。为避免桨根部位不同桨叶网格之间的交叉，可将此处网格边界缩小。

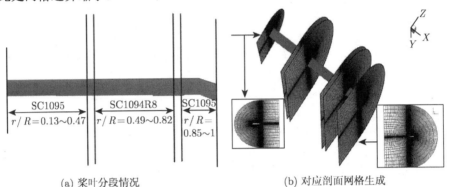

(a) 桨叶分段情况　　　　　　　　　　　　　(b) 对应剖面网格生成

图 3.26　UH-60A 直升机旋翼桨叶特征剖面划分示意图

第 2 步，建立沿桨叶展向的网格分布数组，针对每一桨叶分段，采用拉格朗日插值方法根据分布数组进行桨叶段网格插值，生成该段桨叶的网格，如图 3.27 所示。

图 3.27　桨叶段网格生成示意图

第 3 步，针对旋翼桨叶各剖面弦长分布，对弦长不为 1 的剖面翼型弦长进行变换。值得注意的是，这里只对翼型放大或者缩小，其余网格固定不变，此时的网格可能存在畸变，第 4 步将对网格进行迭代修正。

第 4 步，根据桨叶各剖面翼型的四分之一弦线位置分布，对翼型位置进行调整。同样地，只对翼型表面进行处理。针对此步骤及第 3 步变换可能造成的网格畸变，采用泊松方程迭代法对经过上述变换的剖面网格进行迭代，得到光滑、正交的贴体网格。需要指出的是，由于除翼型表面外，迭代修正前的内场网格质量已经满足要求，因而此时进行网格质量修正只需很少的计算步数，耗时极少。

第 5 步，在桨叶尖部和根部位置，考虑桨叶拓扑结构的需要，分别建立了一种旋翼桨叶展向 O 型网格的翻折方法和沿展向拉伸的 H 型网格方法，具体如下：

(1) 翻折法。将围绕翼型上下表面的网格分别绕翼型中弧线翻折，并令两部分网格对称点在翻折 90° 时重合，如图 3.28 所示。

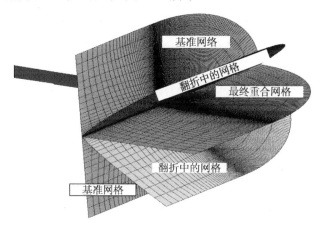

图 3.28 桨叶端部网格翻折生成 C-O 型网格示意图

(2) 拉伸法。将围绕桨叶端部翼型的网格沿桨叶展向拉伸的同时，捏合第一层翼型网格，如图 3.29 所示。C-H 型网格在桨叶端部的网格质量较差，很难直接用于黏性流场的数值模拟，可通过三维泊松方程迭代光顺的方法解决这一问题。该方法将在 3.6.2 节介绍。

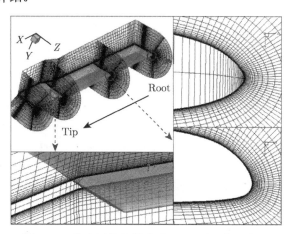

图 3.29 桨尖网格拉伸生成 C-H 型网格示意图

第 6 步，若桨叶存在扭转分布，针对各剖面翼型进行坐标变换，包括桨根和桨尖部位的网格翻折或拉伸。

经上述步骤即可快速得到满足要求的旋翼桨叶三维贴体网格，桨叶网格生成流程如图 3.30 所示，其中，Flag 为判断变量。

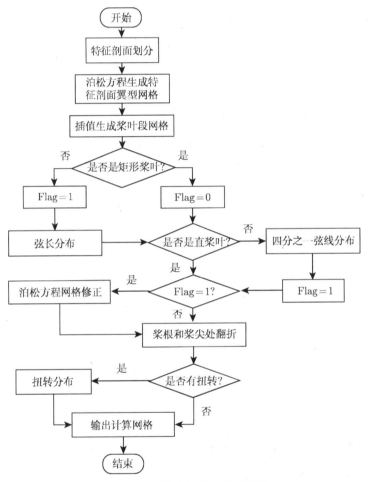

图 3.30 参数化网格生成流程图

采用参数化方法生成桨叶网格时，将特征剖面翼型网格、网格的展向分布数组、桨叶弦长分布和四分之一弦线位置分布以及桨叶扭转分布作为输入变量，实现了旋翼桨叶网格生成的自动化，具有很好的通用性。图 3.31 和图 3.32 分别为使用上述两种方法生成的 UH-60A 旋翼桨叶 C-O 型结构网格和 C-H 型结构网格。

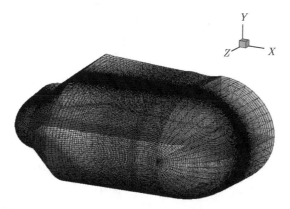

图 3.31 翻折法生成的 UH-60A 旋翼桨叶 C-O 型网格

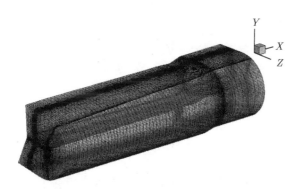

图 3.32 拉伸法生成的 UH-60A 旋翼桨叶 C-H 型网格

3.6.2 三维泊松方程法生成桨叶网格

3.6.1 节介绍的参数化网格生成方法仅对旋翼桨叶剖面二维网格进行迭代修正，网格可能存在扭曲较大等畸变，为此，这里进一步对三维泊松方程桨叶网格的修正方法进行阐述。

1. 控制方程

将前文中介绍的二维泊松方程推广到三维情况，物理空间的三维泊松方程为

$$\begin{cases} \xi_{xx} + \xi_{yy} + \xi_{zz} = P(x,y,z) \\ \eta_{xx} + \eta_{yy} + \eta_{zz} = Q(x,y,z) \\ \zeta_{xx} + \zeta_{yy} + \zeta_{zz} = R(x,y,z) \end{cases} \tag{3-37}$$

其中，(x,y,z) 为物理空间直角坐标，(ξ,η,ζ) 为计算空间曲线坐标，而 $P(x,y,z)$，$Q(x,y,z)$ 和 $R(x,y,z)$ 为三维泊松方程源项。

已知曲线坐标 (ξ, η, ζ) 求解直角坐标 (x, y, z) 的过程即是网格生成过程，故将以上方程变换到计算空间内。计算空间的三维泊松方程为

$$\alpha_1(\boldsymbol{r}_{\xi\xi}+\varphi_P\boldsymbol{r}_\xi)+\alpha_2(\boldsymbol{r}_{\eta\eta}+\varphi_Q\boldsymbol{r}_\eta)+\alpha_3(\boldsymbol{r}_{\zeta\zeta}+\varphi_R\boldsymbol{r}_\zeta)+2(\beta_{12}\boldsymbol{r}_{\xi\eta}+\beta_{23}\boldsymbol{r}_{\eta\zeta}+\beta_{31}\boldsymbol{r}_{\zeta\xi})=0 \tag{3-38}$$

其中，

$$
\begin{aligned}
\alpha_1 &= |\boldsymbol{r}_\eta|^2|\boldsymbol{r}_\zeta|^2-(\boldsymbol{r}_\eta\cdot\boldsymbol{r}_\zeta)^2, & \beta_{12} &= (\boldsymbol{r}_\xi\cdot\boldsymbol{r}_\zeta)(\boldsymbol{r}_\zeta\cdot\boldsymbol{r}_\eta)-(\boldsymbol{r}_\xi\cdot\boldsymbol{r}_\eta)|\boldsymbol{r}_\zeta|^2 \\
\alpha_2 &= |\boldsymbol{r}_\zeta|^2|\boldsymbol{r}_\xi|^2-(\boldsymbol{r}_\zeta\cdot\boldsymbol{r}_\xi)^2, & \beta_{23} &= (\boldsymbol{r}_\eta\cdot\boldsymbol{r}_\xi)(\boldsymbol{r}_\xi\cdot\boldsymbol{r}_\zeta)-(\boldsymbol{r}_\eta\cdot\boldsymbol{r}_\zeta)|\boldsymbol{r}_\xi|^2 \\
\alpha_3 &= |\boldsymbol{r}_\xi|^2|\boldsymbol{r}_\eta|^2-(\boldsymbol{r}_\xi\cdot\boldsymbol{r}_\eta)^2, & \beta_{31} &= (\boldsymbol{r}_\zeta\cdot\boldsymbol{r}_\eta)(\boldsymbol{r}_\eta\cdot\boldsymbol{r}_\xi)-(\boldsymbol{r}_\zeta\cdot\boldsymbol{r}_\xi)|\boldsymbol{r}_\eta|^2
\end{aligned} \tag{3-39}
$$

$$
\begin{gathered}
J = \partial(x, y, z)/\partial(\xi, \eta, \zeta) \\
\varphi_P = P/J^2, \ \varphi_Q = Q/J^2, \ \varphi_R = R/J^2
\end{gathered} \tag{3-40}
$$

其中，α_1、α_2、α_3、β_{12}、β_{23} 和 β_{31} 分别为坐标变换参数，J 为雅可比行列式，其对应的矩阵称为度量系数矩阵，φ_P、φ_Q 和 φ_R 分别为变换后的源项。

2. 源项的求解

源项对网格正交性及疏密程度起决定性作用，与二维泊松方程网格生成方法类似，这里采用了 Hilgenstock 源项求解方法，实现对边界处网格正交性和密度的控制。以物面法向对应 ζ 轴正方向为例，设 $\theta_{\xi r}$ 和 $\theta_{\eta r}$ 为穿出物面任意一点的 ζ 轴网格线分别与 $\zeta = \mathrm{Const.}$ 面内 ξ 网格线和 η 网格线的夹角期望值，完全正交时，其夹角为 $\pi/2$。θ_ξ 和 θ_η 分别为夹角的真实值，表达式为

$$
\begin{cases}
\theta_\xi = \arccos \dfrac{\boldsymbol{r}_\xi\cdot\boldsymbol{r}_\zeta}{|\boldsymbol{r}_\xi|\,|\boldsymbol{r}_\zeta|} \\
\theta_\eta = \arccos \dfrac{\boldsymbol{r}_\eta\cdot\boldsymbol{r}_\zeta}{|\boldsymbol{r}_\eta|\,|\boldsymbol{r}_\zeta|}
\end{cases} \tag{3-41}
$$

设 d_r 为离开物面的第一层网格点与物面距离的期望值，d 为物面第一层间距的真实值，其表达式为

$$d = |\boldsymbol{r}_{i,j,2}-\boldsymbol{r}_{i,j,1}| \tag{3-42}$$

通过比较期望值与真实值的差距，得出自动化控制源项的公式为

$$
\begin{cases}
\varphi_P^{n+1} = \varphi_P^n - \sigma\arctan(\theta_{\xi r}-\theta_\xi) \\
\varphi_Q^{n+1} = \varphi_Q^n - \sigma\arctan(\theta_{\eta r}-\theta_\eta) \\
\varphi_R^{n+1} = \varphi_R^n + \sigma\arctan(d_r-d)
\end{cases} \tag{3-43}
$$

其中，n 为迭代次数，σ 为阻尼系数，在外边界上源项迭代公式仍然成立。

利用以上公式可以计算得到边界处的源项值，内场源项通过指数插值方法获得

$$
\begin{cases}
\varphi_P(i,j,k) = \varphi_P(i,j,1)\mathrm{e}^{-a(k-1)} - \varphi_P(i,j,k_{\max})\mathrm{e}^{-b(k_{\max}-k)} \\
\varphi_Q(i,j,k) = \varphi_Q(i,j,1)\mathrm{e}^{-c(k-1)} - \varphi_Q(i,j,k_{\max})\mathrm{e}^{-d(k_{\max}-k)} \\
\varphi_R(i,j,k) = \varphi_R(i,j,1)\mathrm{e}^{-e(k-1)} - \varphi_R(i,j,k_{\max})\mathrm{e}^{-f(k_{\max}-k)}
\end{cases}
\tag{3-44}
$$

其中，$k=1$ 代表物面边界，$k=k_{\max}$ 代表外边界；a、b、c、d、e 和 f 为正常数，作用为控制内场网格点分布。

3. 桨叶的三维网格生成

以具有负扭转、后掠特征的直升机旋翼桨叶为例，采用三维泊松方程法生成 C-H 型结构网格。

初始网格为 3.6.1 节中所介绍的拉伸法生成的 C-H 型网格，如图 3.29 所示。使用三维泊松方程迭代求解生成桨叶网格，源项由 Hilgenstock 求解法获得，如图 3.33 所示。

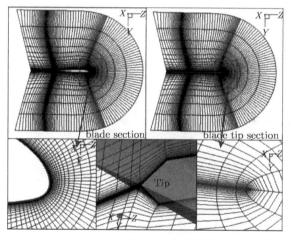

图 3.33　使用三维泊松方程方法生成的桨叶 C-H 型网格

对比初始网格和迭代后网格可以看出，初始桨叶网格尖部尺寸跨度较大，质量较差，难以精确模拟此处附面层流动及桨叶尖部流动的三维效应。经三维泊松方程迭代后的网格正交性得到进一步提升，桨叶尖部网格质量提升明显。

3.7　围绕复杂外形的三维结构网格生成

直升机机身具有较为复杂的几何外形，使用前文介绍的参数化网格生成方法生成围绕直升机机身的三维结构化网格较为困难。因为这种几何方法对凸角等复

杂几何外形适应度有限，网格的正交性较差，会直接导致计算精度的损失甚至影响计算的正确性。泊松方程法对直升机机身三维初始网格进行迭代求解时，受到初始网格质量的影响，其中，三维初始网格的内外边界点分布不合理对泊松方程法生成网格质量的影响较为显著。因此，有必要发展一种从物面网格点出发的法向外推法，降低由于人工布置外边界点导致网格生成失败的风险。这里介绍一种抛物型的法向外推方法 (Thompson and Soni, 2002)。

3.7.1   抛物型法向外推法

1. 抛物型法向外推法的步骤

以推进方向为 ζ 轴正方向，说明这种法向外推方法，流程图如图 3.34 所示。具体流程为：由 $k = 1(\zeta = 0)$ 的表面网格作为已知条件，使用代数法按照预设步长沿表面外法向推进得到第 $(k+1)$ 层和第 $(k+2)$ 层网格，对第 $(k+1)$ 层网格使用修正的

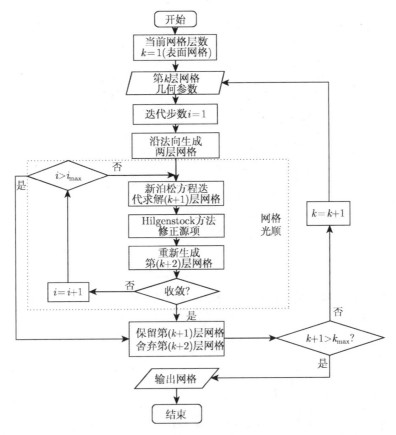

图 3.34   抛物型法向外推法生成三维网格的流程图

新泊松方程 (式 (3-45)) 进行优化,并在每次迭代后重新生成第 $(k+2)$ 层网格。迭代收敛后保留第 $(k+1)$ 层网格,舍弃第 $(k+2)$ 层网格,并以第 $(k+1)$ 层网格做为新的已知条件,重复以上步骤推进至 $k_{\max}(\zeta = 1)$ 最外层网格,完成整个计算空间内三维结构网格的生成。

2. 推进步长的代数处理

推进时预设步长可根据需要选择。根据边界层流动模拟的需要,如预设第一层网格间距为特征长度的 10^{-5} 量级。网格间距随网格层数单调增长,设置最大网格间距以防止网格间距过大导致新生成的两层网格出现交叉。其中,外法向矢量近似取为 $(\boldsymbol{r}_{i+1,j,k} - \boldsymbol{r}_{i-1,j,k}) \times (\boldsymbol{r}_{i,j+1,k} - \boldsymbol{r}_{i,j-1,k})$。在凹凸角处的推进距离可根据该处角度大小调整推进步长,避免凹角处推进出现网格线交叉和凸角处推进出现网格线发散的非理想状况,调整后外推法对复杂外形几何体的网格生成有较好的适应性。

3. 泊松方程抛物化及求解

由于使用代数方法保证了 ζ 轴与 $\zeta = \text{Const.}$ 网格面的正交性,可得 $\boldsymbol{r}_\xi \cdot \boldsymbol{r}_\zeta = 0$ 且 $\boldsymbol{r}_\eta \cdot \boldsymbol{r}_\zeta = 0$,简化了泊松方程中坐标变换参数。对泊松方程进行抛物化处理,引入修正因子后,则有

$$\alpha_1 \Big[(1+\lambda_\xi)\boldsymbol{r}_{\xi\xi} + \varphi_P \boldsymbol{r}_\xi\Big] + \alpha_2 \Big[(1+\lambda_\eta)\boldsymbol{r}_{\eta\eta} + \varphi_Q \boldsymbol{r}_\eta\Big] + \alpha_3(\boldsymbol{r}_{\zeta\zeta} + \varphi_R \boldsymbol{r}_\zeta) + 2\beta_{12}\boldsymbol{r}_{\xi\eta} = 0$$
$$(3\text{-}45)$$

其中,

$$\begin{cases} \alpha_1 = |\boldsymbol{r}_\eta|^2 |\boldsymbol{r}_\zeta|^2 \\ \alpha_2 = |\boldsymbol{r}_\zeta|^2 |\boldsymbol{r}_\xi|^2 \\ \alpha_3 = |\boldsymbol{r}_\zeta|^2 |\boldsymbol{r}_\eta|^2 - (\boldsymbol{r}_\xi \cdot \boldsymbol{r}_\eta)^2 \\ \beta_{12} = -(\boldsymbol{r}_\xi \cdot \boldsymbol{r}_\eta)|\boldsymbol{r}_\zeta|^2 \\ \beta_{23} = 0 \\ \beta_{31} = 0 \end{cases} \tag{3-46}$$

λ_ξ 和 λ_η 为修正因子。以 λ_ξ 为例,定义为

$$\lambda_\xi = \sqrt{\frac{\max(|\boldsymbol{r}_\xi|^2, |\boldsymbol{r}_\zeta|^2)}{|\boldsymbol{r}_\zeta|^2} \times f(\psi_\xi)} \tag{3-47}$$

而 $f(\psi_\xi)$ 表示为

$$f(\psi_\xi) = \begin{cases} 1, & 0 \leqslant \psi_\xi < \pi/2 \\ \sin(\psi_\xi)^m, & \pi/2 \leqslant \psi_\xi < \pi \\ 0, & \pi \leqslant \psi_\xi < 2\pi \end{cases} \tag{3-48}$$

其中，m 为正常数，取值为 $0\sim1$；ψ_ξ 为第 k 层网格面上 ξ 轴线在凹角处形成的夹角。同样地，λ_η 具有相同的形式。

新泊松方程中，源项求解方法采用 Hilgenstock 方法。迭代收敛的结果表明：使用该新方程作为控制方程的法向外推法能在近似保证各层网格间距要求的前提下对网格起到光顺作用，且效率较高。

3.7.2   三维网格生成结果

选取 ROBIN 机身和倾转旋翼机机身作为网格生成的对象。这两种机身有明显的凹角，在三维网格生成时容易出现网格交叉的情况。先对机身划分表面网格，然后基于表面网格使用抛物型法向外推法，机身网格生成结果如图 3.35 所示。由图 3.35 中可以看出，该方法能有效地避免凸角处网格线的发散和凹角处网格线的交叉，而且能够较为有效地满足各层网格间距和正交性条件。研究对象的几何外形较为复杂时，该方法也能够生成外边界与物面形状相似且贴体性良好的三维结构网格，这对嵌套网格技术的应用具有十分重要的意义。

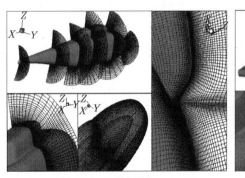 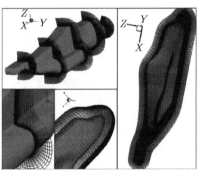

(a) ROBIN 机身网格   (b) 倾转旋翼机身网格

图 3.35   抛物型法向外推法生成的机身网格

使用该方法围绕倾转旋翼机发动机短舱生成三维 O-O 型结构网格，如图 3.36 所示。

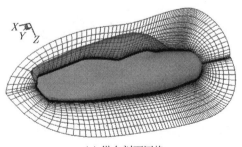

(a) 纵向剖面网格

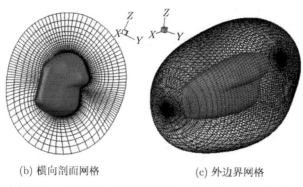

(b) 横向剖面网格　　　　　　(c) 外边界网格

图 3.36　倾转旋翼机发动机短舱生成三维 O-O 型网格

参 考 文 献

李广宁, 李凤蔚, 周志宏, 等. 2008. 基于椭圆光顺的推进格式结构化网格生成技术. 西北工业大学学报, 26(5): 545-549.

陆志良, 等. 2009. 空气动力学. 北京: 北京航空航天大学出版社.

马铁犹. 1986. 计算流体动力学. 北京: 北京航空学院出版社.

苏彬, 王大海. 2002. 基于泊松方程的二元翼型网格生成技术. 中国民航飞行学院学报, 13(4): 31-33.

阎超. 2006. 计算流体力学方法及应用. 北京: 北京航空航天大学出版社.

尹江离, 招启军, 李鹏, 等. 2015. 围绕旋翼飞行器的三维结构化运动嵌套网格生成方法. 南京航空航天大学学报, 47(2): 228-234.

张正科, 朱自强, 庄逢甘. 1998. 复杂外形网格生成技术及应用. 北京航空航天大学学报, 24(6): 642-645.

招启军, 徐国华. 2004. 计入桨叶运动的旋翼 CFD 网格设计技术. 南京航空航天大学学报, 36(3): 288-293.

招启军. 2005. 新型桨尖旋翼流场及噪声的数值模拟研究. 南京: 南京航空航天大学.

Anderson J D. 2010. 计算流体力学入门. 姚朝晖, 周强, 译. 北京: 清华大学出版社.

Blazek J. 2001. Computational fluid dynamics: principles and applications. UK: Elsevier.

Hilgenstock A. 1988. A fast method for the elliptic generation of three-dimensional grids with full boundary control. Numerical Grid Generation in Computational Fluid Mechanics'88, 1: 137-146.

Nakamura S. 1982. Marching grid generation using parabolic partial differential equation. Applied Mathematics and Computation, 10: 775-786.

Sorenson R L. 1980. A computer program to generate two-dimensional grids about airfoils and other shapes by the use of Poisson's equation. NASA Technical Memorandum, 81198: 1-58.

Sorenson R L, Steger J L. 1980. Numerical generation of two-dimensional grids by the use of Poisson equations with grid control at boundaries. NASA Langley Research Center Numerical Grid Generation Tech, 81-14690 05-64: 449-462.

Steger J L, Chaussee D S. 1980. Generation of body-fitted coordinates using hyperbolic partial differential equations. SIAM Journal on Scientific and Statistical Computing, 1(4): 431-437.

Thomas P D, Middlecoff J F. 1980. Direct control of the grid point distribution in meshes generated by elliptic equations. AIAA Journal, 18(6): 652-656.

Thompson D S, Soni B K. 2002. Semistructured grid generation in three dimensions using a parabolic marching scheme. AIAA Journal, 40(2): 391-393.

Thompson J F. 1983. A survey of grid generation techniques in computational fluid dynamics. AIAA Paper, 1983-0447.

Thompson J F, Thames F C, Mastin C W. 1974. Automatic numerical generation of body-fitted curvilinear coordinate system for field containing any number of arbitrary two-dimensional bodies. Journal of Computational Physics, 15(3): 299-319.

Zhao Q J, Xu G H, Zhao J G. 2005. Numerical simulations of the unsteady flowfield of helicopter rotors on moving embedded grids. Aerospace Science and Technology, 9(2): 117-124.

第 4 章　运动嵌套网格技术

第 3 章介绍了单连通域内二维和三维结构网格的划分方式。针对实际中大多数计算问题，随着研究问题复杂程度的提高，生成单连通域贴体结构网格变得越来越困难，有时甚至无法完成网格生成。而使用多块单连通域的对接网格技术填充整个计算域则是一个可行的方法。该方法通过划分拓扑块，将整个计算域分区，各拓扑块单独生成网格，并且相邻拓扑块的交界面共享同一种网格点分布。这种方法的难点为：拓扑块的划分受研究者经验限制，容易导致块与块网格单元的过渡不自然，引起较大的计算误差。基于此，嵌套网格 (embedded grid/overlap grid/chimera grid/overset grid) 技术 (Benek and Steger, 1985)，也称重叠网格技术，因其独特的优势备受关注。该技术允许网格区块之间的重叠、嵌套或覆盖，无需进行繁杂的拓扑分区，从而降低了网格生成难度，弥补了结构网格对外形适应能力差的缺点，其核心技术主要是通过彼此 "挖洞" 的方式建立起各块网格间的连接关系。当涉及多体相对运动的流动问题，网格存在相对运动，需要在每个时间站位上运用嵌套网格技术，建立网格之间的连接关系，用于传递各区域流场计算所需的交界面边界信息，以上称为运动嵌套网格 (moving-embedded grid) 技术。

4.1　嵌套网格技术概述

传统嵌套网格技术的核心内容包括三部分：挖洞、贡献单元搜索和插值。在运用运动嵌套网格技术时，注重如何高效准确地完成上述三个步骤。

(1) 挖洞(hole cutting)。若两网格相互嵌套，则需要将不参与计算的网格单元 (如物面内部网格点) 标记出来，这一过程被形象地称为 "挖洞"，被标记的网格单元称为洞点，围绕在洞点周围的网格边界称为洞边界。图 4.1 给出了洞与洞边界的示意图。

(2) 贡献单元搜索(donor cells searching)。在分区进行计算时，翼型网格的外边界的流场信息值应由背景网格 (background grid) 相应重叠位置单元的流场信息值给出。同样，背景网格的内边界，即洞边界单元的流场信息值，应由相应重叠位置翼型网格单元的流场信息值给出。这些重叠位置上给出流场边界信息的单元称为贡献单元，寻找这些单元的过程称为贡献单元搜索。

(3) 插值(interpolation)。制定某种信息传递策略，完成从贡献单元中获取网格边界单元的信息过程。

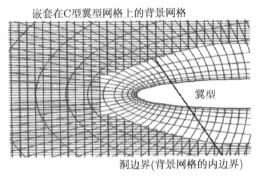

图 4.1   洞与洞边界的示意图

4.2   直升机常用运动嵌套网格系统

4.2.1   二维翼型动态失速运动嵌套网格系统

图 4.2 所示为二维翼型动态失速运动嵌套网格系统示意图。翼型的二维结构化 C 型网格置于笛卡儿背景网格中。翼型网格随翼型做俯仰运动，每一个时间站位都需要重新挖洞并搜索贡献单元，完成信息传递。图 4.2 中还给出了在某个时刻洞边界和贡献单元的示意图。

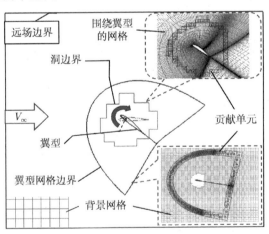

图 4.2   二维翼型动态失速运动嵌套网格洞边界与贡献单元示意图

以图 4.2 举例说明几个重要概念。

(1) 参与计算的网格分为两个部分：笛卡儿背景网格和围绕翼型的 C 型结构网格。

(2) 如图 4.2 右下角所示翼型周围的空白部分，围绕翼型物面的部分笛卡儿网格单元被挖去，不参与计算，这些单元称为洞单元。洞单元形成的边界线称为洞边界，由洞边界的定义可知，最小的洞边界应刚好围绕翼型，最大的洞边界不应超过翼型 C 型网格的外边界。围绕洞边界的笛卡儿网格单元 (笛卡儿网格的内边界单元) 称为洞边界单元。

(3) 能够进行嵌套网格计算的关键是完成嵌套网格之间的信息交换。以格心格式的有限体积法为例，此时流场信息存储在单元格心。若背景网格洞边界单元格心点落在某个翼型网格单元内部，则该洞边界单元的信息与该翼型网格单元的信息关系密切，称该翼型网格单元是该洞边界单元在翼型网格上的贡献单元。同理，若翼型外边界单元格心点落在某背景网格单元内部，则称该背景网格单元是翼型外边界单元在背景网格上的贡献单元。

(4) 为了较准确地确定存储在格心的流场信息，应通过合理的插值方法 (如双线性插值等) 从其贡献单元和贡献单元相邻的单元中提取。

4.2.2 三维旋翼运动嵌套网格系统

旋翼运动嵌套网格系统由两部分组成：围绕旋翼桨叶的贴体运动结构网格和包围桨叶贴体网格区域的背景网格。旋翼桨叶网格生成方法采用第 3 章介绍的参数化网格生成方法。考虑到旋翼桨尖涡的运动特点，垂直飞行时，背景网格可以选择圆柱状的三维结构化网格，图 4.3 给出了直升机悬停状态下旋翼运动嵌套网格系统。前飞时，背景网格可以选择笛卡儿网格，以方便将自适应技术应用到旋翼桨尖涡的捕捉上，背景网格应在旋翼桨叶运动范围内局部加密，以较好捕捉流动特性，提高桨尖涡模拟的精度，图 4.4 给出了直升机前飞状态下旋翼运动嵌套网格系统。为方便读者观察三维情况下洞边界及贡献单元的特征，图 4.5 给出了背景网格洞边界单元及其边界贡献单元的示意图。

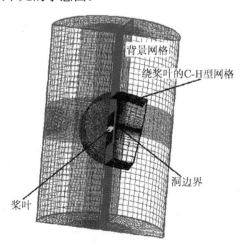

图 4.3 悬停状态下旋翼运动嵌套网格系统

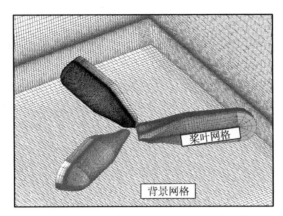

图 4.4   前飞状态下旋翼运动嵌套网格系统

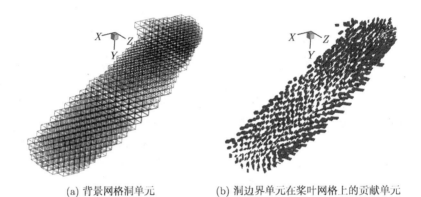

(a) 背景网格洞单元　　　　(b) 洞边界单元在桨叶网格上的贡献单元

图 4.5   背景网格洞单元及洞边界单元在桨叶网格上的贡献单元示意图

4.2.3   倾转旋翼机全机贴体嵌套网格系统

倾转旋翼机外形复杂, 且发动机短舱、旋翼处在不断的运动中, 运动嵌套网格方法十分适合倾转旋翼机的网格生成。将倾转旋翼机机体分解为机身、机翼、短舱、平尾和垂尾, 分别使用抛物型法向外推方法生成三维结构化网格, 再结合实际情况和计算要求对网格进行组合。围绕桨叶的三维结构网格可使用参数化桨叶结构网格生成方法生成, 为提高计算效率, 也可使用动量源模型添加旋翼对流场的作用。背景网格使用笛卡儿网格, 在倾转旋翼桨叶可能运动到的区域和倾转旋翼机机身附近位置均需要加密, 以捕捉桨尖涡及物面附近的流动细节特征, 并降低在不同网格间数据传递的精度损失。在倾转旋翼机全机贴体嵌套结构网格系统中, 不仅存在各静部件网格之间相互切割嵌套, 还存在静部件网格与动部件网格的运动嵌套及它们与背景网格的运动嵌套关系。图 4.6 为以此方法生成的倾转旋翼机全机贴体嵌套网格系统。

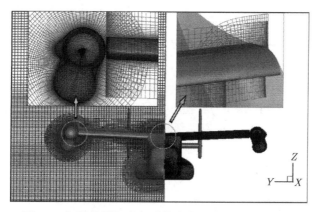

图 4.6　倾转旋翼机全机贴体嵌套网格系统 (见图版)

4.3　点和单元的位置关系判别方法

挖洞和贡献单元搜索的本质上都是寻找某个给定的网格点与另一个已知网格 (单元) 的关系。其中, 最基本的是点和单元的位置关系问题。这里给出两种判断方法。

4.3.1　角度求和法

如图 4.7 所示, 判断一点 P 是否落在任意多边形内, 则从 P 点依次向多边形各顶点引线段。若 P 点在多边形内 (或在多边形边上), 则各线段依次所成夹角之和为 $360°$；反之, 则各线段依次所成夹角之和小于 $360°$。值得注意的是, 这种方法主要适用于二维情况；对于前文所述的三维结构化桨叶网格也有一定的适用性 (此时, 在桨叶展向利用一维搜索, 然后将该点向所在桨叶剖面网格投影后, 再采用该方法判断点与单元的位置关系)。

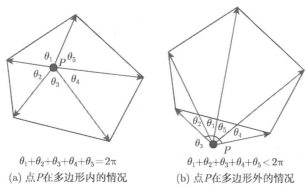

$\theta_1 + \theta_2 + \theta_3 + \theta_4 + \theta_5 = 2\pi$　　　　$\theta_1 + \theta_2 + \theta_3 + \theta_4 + \theta_5 < 2\pi$

(a) 点P在多边形内的情况　　　　(b) 点P在多边形外的情况

图 4.7　角度求和法判断点与多边形位置关系示意图

4.3.2   表面矢量法

如图 4.8 所示，该方法通过判断点 P 指向多边形各边中点的矢量与其外法向矢量的夹角来判断点 P 是否落在多边形内。若夹角均小于 90°(矢量点乘大于 0)，则点 P 落在多边形内部；若某个夹角大于 90°(矢量点乘小于 0)，则点 P 落在多边形外部；若某个夹角等于 90°(矢量点乘等于 0)，则点 P 落在多边形的边上或该边的延长线上 (此时根据其他夹角情况判断是否落在边上)。

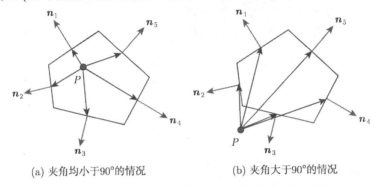

(a) 夹角均小于90°的情况   (b) 夹角大于90°的情况

图 4.8   表面矢量法判断点与多边形位置关系示意图

相比角度求和法，这种方法适合于三维情况，更具有通用性，并且网格单元各面外法向矢量是流场求解器的已知条件，一般以数组形式预先存储，因此这种方法更加高效。对结构网格而言，使用该方法不仅能够判断 P 点是否落在网格单元中，还能通过法向矢量夹角的大小，判断 P 点在当前网格单元的哪一个方向 (I 增大/减小方向，J 增大/减小方向)，若 P 点已在给定单元的附近，通过判断的方向扩大搜索范围，可以较为轻松地找到包含 P 点的网格单元。

4.4   挖 洞 方 法

4.4.1   "Hole-map" 方法

对于某一给定的嵌套网格系统，若已知其拓扑结构和流动边界条件，就能够用均匀的笛卡儿网格单元去近似每个网格的挖洞曲面，从而得到该曲面的笛卡儿近似，称为 "Hole-map" 方法 (Chiu and Meakin, 1995)。在判断背景网格点与挖洞面的位置关系时，使用近似面比真实曲面更快捷。在一般情况下，"Hole-map" 方法将物面作为初始挖洞曲面。

对于某一封闭曲面，如图 4.9 所示，"Hole-map" 方法一般分为以下三个步骤：

(1) 将该包络面生成笛卡儿网格，对其内部的单元赋初值为 0，在笛卡儿网格中寻找初始洞边界曲面的轨迹，赋值为 1。

(2) 标记洞外单元。由于洞边界具有封闭性，若某单元在洞外，则与它相邻的状态值为 0 的单元一定位于洞外，将洞外单元赋值为 −1。

(3) 通过计算笛卡儿网格标识来判断网格点与挖洞曲面的位置关系，对于背景网格点 (x, y, z)，其笛卡儿网格标识的计算公式为

$$i = \text{int}\left[(x - x_{\min})\frac{i_{\max} - 1}{x_{\max} - x_{\min}}\right] + 1$$
$$j = \text{int}\left[(y - y_{\min})\frac{j_{\max} - 1}{y_{\max} - y_{\min}}\right] + 1 \qquad (4\text{-}1)$$
$$k = \text{int}\left[(z - z_{\min})\frac{k_{\max} - 1}{z_{\max} - z_{\min}}\right] + 1$$

若该处笛卡儿单元的值为 0，则该网格点为洞点。

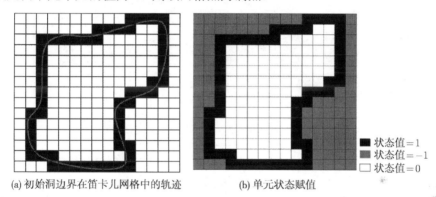

(a) 初始洞边界在笛卡儿网格中的轨迹　　(b) 单元状态赋值

■ 状态值=1
■ 状态值=−1
□ 状态值=0

图 4.9　"Hole-map" 方法挖洞示意图 (见图版)

4.4.2 "透视图" 方法

"透视图" 方法 (王博等，2012) 的基本原理是将桨叶网格的某一包络面上的所有网格点投影到背景网格上，标识桨叶网格点落入的背景网格单元，并通过循环判断识别背景网格一列 (行) 网格中被识别单元的两极点，这一列 (行) 网格中位于这两个极点之间的背景网格即划分为洞单元。

采用 "透视图" 方法进行背景网格洞单元识别的具体步骤为：

(1) 选取桨叶网格的一个封闭的包络面。

(2) 建立 "透视图" 数组，以背景网格 I 方向网格数 $i_{\max}$ 为基准，建立一个大小为 $i_{\max} \times 2$ 的二维数组 T，三维情况下为三维数组，其大小为 $i_{\max} \times 2 \times k_{\max}$。其中，数组的第二维分别存储背景网格两极点的标识。

(3) 以二维情况为例，循环包络面上各网格点，判断其落于背景网格单元的标识为 (i, j)，并将 j 与数组中的 $T(i, 1)$ 和 $T(i, 2)$ 比较，按式 (4-2) 更新数组 T 中

存储的两极点的标识。

$$\begin{cases} T(i,1) = j, & T(i,1) = 0 \text{ 或 } T(i,1) < j \\ T(i,2) = j, & T(i,2) = 0 \text{ 或 } T(i,2) > j \end{cases} \tag{4-2}$$

(4) 遍历背景网格的各列, 将各列网格在两极点标识 $T(i,1)$ 和 $T(i,2)$ 及其之间的网格设置为洞单元, 挖洞结束。

以二维翼型 C 型网格为例, 在笛卡儿背景网格上 (尺寸为 32×32) 进行 "透视图" 方法挖洞测试, 洞单元识别结果如图 4.10 所示。

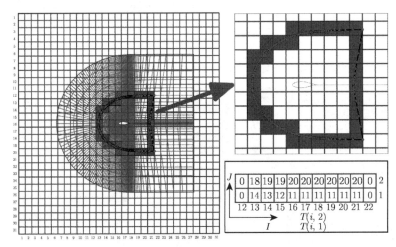

图 4.10   翼型嵌套网格挖洞示意图 (见图版)

具体计算过程为:

(1) 建立背景网格上的透视图二维数组 $T(32 \times 2)$。其中, $T(i,1)\,(i = 1, \cdots, 32)$ 存储第 i 列网格透视图极小值点在 J 方向的标识, $T(i,2)\,(i = 1, \cdots, 32)$ 存储第 i 列网格透视图极大值点在 J 方向的标识。初始值均设置为 0。

(2) 遍历翼型网格给定包络面上的网格点, 判断出其所在背景单元 (i,j), 并更新数组的值。图 4.11 以图 4.10 中的第 14 列数组为例给出了该列数组 T 的变化历程。

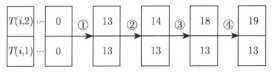

图 4.11   挖洞过程中数组存储信息的演化图

(3) 最终确定数组 T 的取值后, 若背景网格第 i 列的极大、极小值仍为 0, 则该列为无洞单元; 否则, 令该列网格介于 $T(i,1)$ 和 $T(i,2)$ 之间的单元为洞单元, 如图 4.10 中阴影单元及其所包围的背景网格单元。

在进行洞单元识别时, 如果指定的初始包络面上的网格点比较稀疏 (尤其是局部网格比背景网格更为稀疏), 会导致背景网格出现局部洞单元漏挖问题, 此时洞包络面不封闭, 如图 4.12 所示。

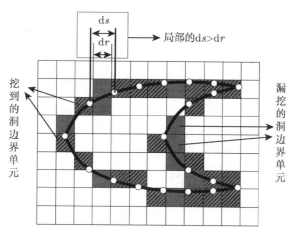

图 4.12 洞单元漏挖现象示意图

为克服这一问题, 确保洞包络面的封闭并完善挖洞方法的通用性, 我们采用一种翼型网格初始包络面局部网格点加密的方法。在挖洞时, 将当地初始包络面上的翼型 (桨叶) 网格尺寸与背景网格最小尺寸进行对比, 若当地网格尺寸大于背景网格最小尺寸, 则对该处网格进行加密, 加密数目为

$$N = \max\left(\frac{\Delta x}{\mathrm{d}x_{\min}}, \frac{\Delta y}{\mathrm{d}y_{\min}}, \frac{\Delta z}{\mathrm{d}z_{\min}}\right) \tag{4-3}$$

其中, $\Delta x, \Delta y, \Delta z$ 为初始包络面上网格边的尺寸, $\mathrm{d}x_{\min}, \mathrm{d}y_{\min}, \mathrm{d}z_{\min}$ 分别为背景网格边在 x, y, z 方向的最小尺寸。图 4.13 分别给出了二维、三维情况下初始包络面上的网格线和网格面上的加密示意图。

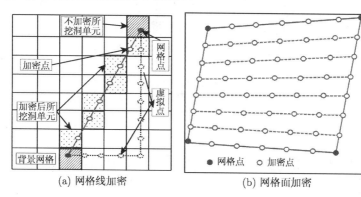

(a) 网格线加密   (b) 网格面加密

图 4.13 初始包络面加密示意图

4.4.3 "扰动衍射" 方法

"扰动衍射"(disturbance diffraction method，DDM) 挖洞方法的基本思想是以一个非洞单元为扰动起点，并向网格空间内传播，若背景网格的洞包络面封闭，则不受扰动影响的洞包络面内部的单元即为洞单元；否则，扰动作用会传播到包络面内部，使得洞单元数目为零。该挖洞方法类似于水波的衍射效应，因而取名 "扰动衍射" 方法 (赵国庆等，2015)。值得注意的是，如果发生衍射效应，则表明洞包络面不封闭，需对背景网格洞包络面进行修补。

"扰动衍射" 挖洞方法的第一步是确定背景网格上的封闭的洞包络面，并在此基础上进行洞单元的确定。"扰动衍射" 挖洞过程具体如下：

(1) 确定桨叶网格挖洞初始包络面。以下均以常用的二维翼型 C 型网格为例说明过程，根据二维情况可类比得到三维情况下挖洞过程，读者可自行思考。以 $i = i\_mark, j = j\_mark, i = i_{\max} - i\_mark + 1$ 封闭网格线为初始包络面。其中，$i_{\max}$ 为 I 方向的网格数，i_mark, j_mark 分别为桨叶网格中 I 和 J 方向某层网格编号。

(2) 搜索翼型网格中的初始包络面上的网格点所在的背景网格单元，并将这些单元标记为洞包络面单元，记为 B，如图 4.14 所示。为保证洞包络面的封闭性，采用上述网格局部加密策略 (式 (4-3))。

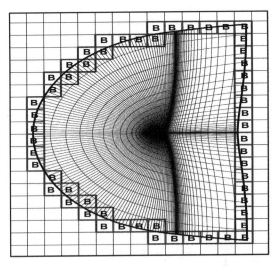

图 4.14　初始包络面和洞包络面示意图

(3) 在背景网格上确定洞包络面的范围 $(IB_{\min}, JB_{\min}), (IB_{\max}, JB_{\max})$，将沿 I 和 J 方向同时向外扩展一层网格，并将该范围内所有非包络面单元标号置 0，该范围外的背景网格单元标号置 1。

(4) 选择 $(IB_{\min} - 1, JB_{\min} - 1)$ 单元为起始单元 S(图 4.15 中的标记为 1 的点)。

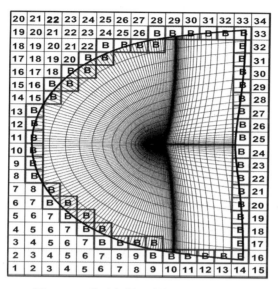

图 4.15 "扰动衍射"法挖洞过程示意图

(5) 以单元 S 为扰动中心,将扰动单元 $cell^n$ 初始值 (当前值) 设为 1,采用"扰动衍射"方法进行洞单元的判断。具体方法是:

第 1 步,将下一步扰动单元数目 $cell^{n+1}$ 设为 0,对所有扰动单元的相邻各网格单元进行判断,可分为如下 3 种情形:

① 若相邻单元标号为 0,将该相邻单元标号变为 1,即该单元作为下一步的新的扰动单元之一,并有 $cell^{n+1} = cell^{n+1} + 1$;② 若相邻单元标号为 1,表明扰动已从该单元传播过,不作处理;③ 若相邻单元标号为 B,即扰动遇到洞包络面,不作处理。

第 2 步,若 $cell^{n+1} = 0$,表明扰动传播结束,进入下一步 (6);若 $cell^{n+1} > 0$,则令 $n = n + 1$,以最新的扰动单元返回 (5) 中第 1 步进行扰动传播。

(6) 将所有标记为 0 和 B 的单元作为洞单元,挖洞结束。

图 4.15 为采用"扰动衍射"方法对旋翼翼型嵌套网格进行洞单元识别的进程示意图,图中的背景网格单元的数字表示第 $n(n = 1, 2, \cdots)$ 次判断。

为表明"扰动衍射"方法在洞单元识别中的通用性,即对任意给定初始洞包络面"扰动衍射"方法均能沿该初始包络面进行快速有效地洞点识别,针对一复杂初始包络面进行了挖洞测试,并与"透视图"法进行了对比,挖洞结果如图 4.16 所示。从图 4.16 中可以看出,针对复杂外形,相对于"透视图"方法,"扰动衍射"方法能够准确地识别出洞单元。

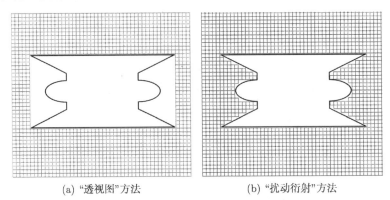

(a) "透视图"方法   (b) "扰动衍射"方法

图 4.16   针对复杂外形不同挖洞方法的挖洞结果

为验证"扰动衍射"洞单元识别方法在曲线嵌套网格系统挖洞中的有效性,以 XV-15 倾转旋翼机悬停状态为例,进行机翼 (NACA64A223 翼型)、旋翼 (NACA 64118 翼型) 嵌套网格间的挖洞测试。图 4.17 给出了在二维情况下旋翼、机翼翼型的挖洞结果,其中旋翼网格嵌套于机翼网格内部。由图 4.17 可以看出,针对复杂嵌套网格系统,"扰动衍射"方法可以准确地进行洞单元的识别。

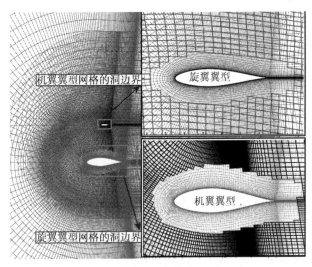

图 4.17   倾转旋翼机旋翼/机翼翼型嵌套网格洞边界示意图

图 4.18 为旋翼前飞情况下不同方位角处背景网格的洞单元示意图,图 4.19 为某一方位角处背景网格洞边界单元示意图。

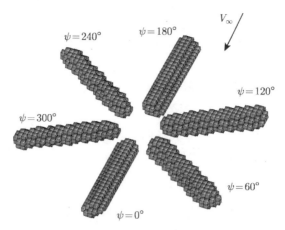

图 4.18 不同方位角背景网格洞单元示意图

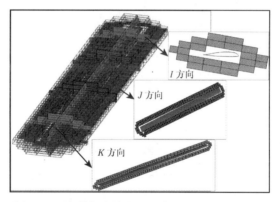

图 4.19 旋翼桨叶的背景网格洞边界单元示意图

4.4.4 挖洞方法的对比

"Hole-map" 方法的效率和自动化程度都很高, 比较适合于需要反复进行挖洞、找点操作的运动嵌套网格方法。同时, 由于笛卡儿网格的 (x, y, z) 坐标无需存储, 而 "Hole-map" 方法本身是一整型数组, 因此, "Hole-map" 方法对内存需求较低。

与 "Hole-map" 方法不同, "透视图" 方法和 "扰动衍射" 方法直接规定初始洞边界, 未作初始洞边界的笛卡儿近似, 挖洞思路更加直接, 效率更高, 在旋翼悬停和前飞的计算中得到了有效的运用。

"透视图" 方法对初始洞边界的形状与背景网络类型有一定的要求, 当背景网格不是笛卡儿网络时, 比如围绕翼型的 C 型网格, 其中 I 正方向为围绕翼型方向, 此时可能出现有效单元被误作为洞单元挖去的情况, 需要特别处理, 如图 4.20 所示。

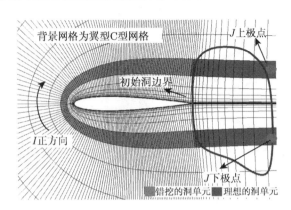

图 4.20　"透视图" 方法可能出错的情况示意图 (见图版)

除以上方法外，还有其他挖洞方法，如表面矢量法 (surface normal method)、射线法 (ray casting method)、目标 X 射线法 (object X-ray method) 等多种有效方法 (Steger, 1992; Suhs, et al., 2002; Meakin, 2001)。

4.5　插值方法与贡献单元搜索方法

4.5.1　线性插值

在背景网格上挖洞，定义了背景网格中参与计算的网格范围。接下来通过贡献单元搜索和插值完成网格之间的信息交换。

贡献单元搜索和插值两者之间密不可分。因此，首先介绍插值方法，以线性插值方法为主。并以三维情况为例，对三线性插值算法进行详细阐述。

三线性插值只能在立方块中使用，结构网格曲线坐标中生成的网格单元是曲六面体，因此为了插值获得单元内一点 P 的流场参数，需要将曲六面体转换成一个立方体，通常的做法是使用等参单元变换 (式 (4-4)) 将曲坐标系下的六面体映射到计算空间内的立方体，如图 4.21 所示。

$$\begin{cases} x = a_1 + a_2\xi + a_3\eta + a_4\zeta + a_5\xi\eta + a_6\zeta\xi + a_7\eta\zeta + a_8\xi\eta\zeta \\ y = b_1 + b_2\xi + b_3\eta + b_4\zeta + b_5\xi\eta + b_6\zeta\xi + b_7\eta\zeta + b_8\xi\eta\zeta \\ z = c_1 + c_2\xi + c_3\eta + c_4\zeta + c_5\xi\eta + c_6\zeta\xi + c_7\eta\zeta + c_8\xi\eta\zeta \end{cases} \tag{4-4}$$

其中，(x, y, z) 是曲线坐标下 P 的坐标值，$a_i, b_i, c_i (i = 1, 2, \cdots, 8)$ 则是图中包含点 P 的六面体的 8 个顶点坐标。因此，可以利用牛顿迭代法求出式 (4-4) 中的相应的计算空间坐标 (ξ, η, ζ)。

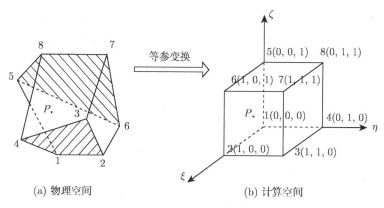

(a) 物理空间　　　　　　　(b) 计算空间

图 4.21   等参变换示意图

再通过式 (4-5) 可以求出点 P 的流场变量值 $\phi(p)$

$$\phi(p) = \alpha_1 + \alpha_2\xi + \alpha_3\eta + \alpha_4\zeta + \alpha_5\xi\eta + \alpha_6\zeta\xi + \alpha_7\eta\zeta + \alpha_8\xi\eta\zeta \tag{4-5}$$

其中，系数 $\alpha_i\,(i=1,2,\cdots,8)$ 分别为

$$
\begin{cases}
\alpha_1 = \phi(i,j,k) \\
\alpha_2 = \phi(i+1,j,k) - \phi(i,j,k) \\
\alpha_3 = \phi(i,j+1,k) - \phi(i,j,k) \\
\alpha_4 = \phi(i,j,k+1) - \phi(i,j,k) \\
\alpha_5 = \phi(i,j,k) - \phi(i+1,j,k) + \phi(i+1,j+1,k) - \phi(i,j+1,k) \\
\alpha_6 = \phi(i,j,k) - \phi(i+1,j,k) - \phi(i,j,k+1) + \phi(i+1,j,k+1) \\
\alpha_7 = \phi(i,j,k) - \phi(i,j+1,k) + \phi(i,j,k+1) + \phi(i,j+1,k+1) \\
\alpha_8 = -\phi(i,j,k) + \phi(i+1,j,k) - \phi(i+1,j+1,k) + \phi(i,j+1,k) \\
\qquad +\phi(i,j,k+1) - \phi(i+1,j,k+1) + \phi(i+1,j+1,k+1) - \phi(i,j+1,k+1)
\end{cases}
$$
$$\tag{4-6}$$

在格心格式的有限体积法中，流场信息存储在格心上。可以通过对周围网格单元格心上的流场信息进行三线性插值获得格点上的流场信息。

4.5.2 "Inverse-map" 方法

1. "Inverse-map" 思想

在传统的静态嵌套网格方法中，贡献单元的搜寻十分耗时。其根本原因就是嵌套网格生成过程中需要对每一个可能的贡献单元进行测试，而相关单元的数目十分庞大。以旋翼前飞非定常流场的计算为例，旋翼桨叶旋转到每一个时间站位都要进行一次嵌套关系判断，传统的静态嵌套网格贡献单元搜索方法 (枚举法) 显然是不能胜任的。针对这一问题，通常采用一种 Inverse-map 方法 (Meakin, 1991) 对贡献单元进行定位，能够将每一个点可能的贡献单元数目减少至几个，甚至是一个。本节将对 Inverse-map 方法进行详细介绍。

在旋翼 CFD 计算中，背景网格通常是规则的 (直角网格或圆柱网格)，寻找桨叶网格点在背景网格上的贡献单元较简单，可直接根据桨叶网格点坐标求得其所在的背景网格单元，或通过二分法查找。而寻找背景网格点在桨叶网格上的贡献单元难度较大，难以直接通过坐标值确定。因此，可以构建一个固连于桨叶网格上的规则的 Inverse-map，寻找背景网格在 Inverse-map 中的位置，再根据事先确定的 Inverse-map 与桨叶网格的关系，进一步缩小潜在的贡献单元搜索范围。显然，Inverse-map 分辨率越高，越容易找到背景网格点在桨叶上的贡献单元，其代价是占用了更多的计算资源。

2. 具体步骤

以二维情况为例，说明这种方法的具体步骤如下：

如图 4.22 所示，G_C 为曲线网格，P 为需要在 G_C 中确定其贡献单元的点，构建 G_M，其为覆盖于 G_C 上的 Inverse-map，一般为均匀笛卡儿网格，各网格点坐标已知。在非定常计算中，G_C 的位置不断变化，但 G_M 和 G_C 的相对位置关系却永远不变，即 G_M 固连于 G_C。

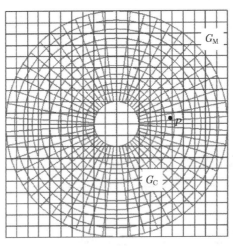

图 4.22   Inverse-map 网格示意图

第 1 步，求出 G_M 中的每一个网格点在曲线坐标系中的位置。首先，寻找包含 G_M 上任一网格点 $Q(x_Q, y_Q)$ 的 G_C 网格单元，记为 (i, j)；然后，再确定点 Q 在该网格单元中的相对位置，可通过线性插值获得，记点 Q 在该网格单元中的相对

位置为 (e, f); 最后, 我们可以得到点 Q 在曲线坐标系中的位置为 $(i+e, j+f)$。

第 2 步, 求出点 P 在 G_M 中的位置 (以下坐标值均在 G_C 所在的当地坐标系下表达)。包含点 P 的 G_M 网格单元可通过两个一维搜索简单地得到, 记该单元为 $ABCD$(图 4.23)。点 P 在该单元中的相对位置 (α, β) 为

$$\alpha = \frac{x_P - x_A}{x_B - x_A}, \quad \beta = \frac{y_P - y_A}{y_D - y_A} \tag{4-7}$$

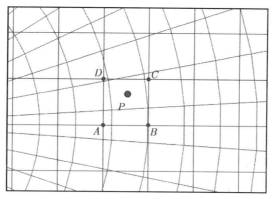

图 4.23 点 P 所在的 Inverse-map 网格单元

第 3 步, 求出点 P 在 G_C 中的位置。包含点 P 的 G_M 网格单元 $ABCD$ 的 4 个顶点在 G_C 中的位置记为 (XM_i, YM_i) $(i=1,2,3,4$分别代表 $ABCD$4 个点), 点 P 在 G_C 中的位置 (a, b) 可通过双线性插值获得, 即

$$\begin{cases} a = a_0 + a_1\alpha + a_2\beta + a_3\alpha\beta \\ b = b_0 + b_1\alpha + b_2\beta + b_3\alpha\beta \end{cases} \tag{4-8}$$

其中, a_m, b_m $(m = 0, 1, 2, 3)$ 可由 XM_i, YM_i 表达。根据以上计算, G_C 中包含点 P 的网格单元为 $[\mathrm{int}(a), \mathrm{int}(b)]$。

第 4 步, 如果 G_M 足够密, 则点 P 的贡献单元可以通过上述代数计算一次确定。由于实际计算过程中存在误差以及线性插值带来的误差, 在实际搜寻过程中, 并不都是一次定位, 因而需要给出一个搜寻范围。定义

$$XM_{\min} = \underset{i=1,\cdots,4}{\mathrm{Min}}(XM_i), \ XM_{\max} = \underset{i=1,\cdots,4}{\mathrm{Max}}(XM_i)$$
$$YM_{\min} = \underset{i=1,\cdots,4}{\mathrm{Min}}(YM_i), \ YM_{\max} = \underset{i=1,\cdots,4}{\mathrm{Max}}(YM_i) \tag{4-9}$$

那么, (a, b) 的范围可表示为

$$\mathrm{int}\,(XM_{\min} - 0.5) \leqslant a \leqslant \mathrm{int}\,(XM_{\max} + 0.5)$$
$$\mathrm{int}\,(YM_{\min} - 0.5) \leqslant b \leqslant \mathrm{int}\,(YM_{\max} + 0.5) \tag{4-10}$$

计算实践表明, 任意点 P 的贡献单元的搜寻次数为 $O(1)$。

3. 奇异线 (面) 处理

当 Inverse-map 跨过奇异线 (面) 时, 按照上面的方法搜寻贡献单元将会遇到困难。下面以二维翼型的 C 型结构网格为例说明此问题。如图 4.24 所示, 点 P 在 Inverse-map 中的贡献单元为 $ABCD$, AB 在尾迹线的下方, CD 在尾迹线上方。此处尾迹线是一条奇异线。

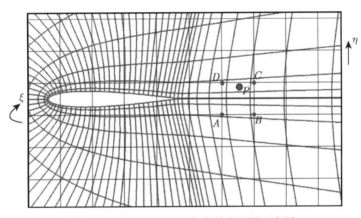

图 4.24   Inverse-map 中奇异线问题示意图

显然, A、B 和 C、D 所在的翼型网格节点序号并不连续, 按照前文介绍的插值方法, 在围绕翼型的方向上, P 点的曲线坐标是错误的, 导致无法找到 P 所在的翼型网格。因此, 当遇到上述情况时, 不能使用双线性插值方法确定 P 点所在翼型网格单元坐标。

曲线坐标系 (ξ, η) 的正方向定义如图 4.24 所示, 则当 $ABCD$ 跨过奇异线时, P 在曲线坐标系下的坐标 (ξ_P, η_P) 应在以下范围内:

$$\mathrm{int}\,[\min\,(\xi_A, \xi_B) - 0.5] \leqslant \xi_P \leqslant \mathrm{int}\,[\max\,(\xi_A, \xi_B) + 0.5]$$
$$1 \leqslant \eta_P \leqslant \mathrm{int}\,[\max\,(\eta_A, \eta_B) + 0.5] \tag{4-11}$$

或

$$\mathrm{int}\,[\min\,(\xi_C, \xi_D) - 0.5] \leqslant \xi_P \leqslant \mathrm{int}\,[\max\,(\xi_C, \xi_D) + 0.5]$$
$$1 \leqslant \eta_P \leqslant \mathrm{int}\,[\max\,(\eta_C, \eta_D) + 0.5] \tag{4-12}$$

4. 改进型 Inverse-map 方法

在非定常计算中，虽然 G_C 与背景网格之间的相对位置关系在不断变化，但是由于规则的笛卡儿网格 G_M 固连于 G_C，寻找背景网格点在 G_M 上的贡献单元较为容易，而 G_M 中的每一个网格点在曲线坐标系 G_C 中的位置仅仅需要确定一次，因此显著提高了贡献单元的搜索效率。

虽然 G_M 中的每一个网格点在曲线坐标系 G_C 中的位置只需要确定一次，但是若采用遍历的方法，依旧会消耗很长的计算时间。另外，在考虑桨叶的弹性变形时，通常会使用变形网格方法，在弹性网格计算过程中伴随着 Inverse-map 的反复建立。因此如何高效地构建 Inverse-map 至关重要。

基于此，我们提出了一种改进型的逆向 Inverse-map 构建思路，即先找到所有桨叶网格点在 Inverse-map 中的位置，并将该网格点的标识 (i, j, k) 存储在其所在的 Inverse-map 单元内。遍历所有 Inverse-map 单元，获得每个单元中存储的 (i, j, k) 标识的三个方向的最小值和最大值 $(i_{min}, j_{min}, k_{min}, i_{max}, j_{max}, k_{max})$。搜索背景网格点在桨叶网格上的贡献单元时，首先寻找该点在 Inverse-map 上所在的单元，得到对应的可能成为贡献单元的桨叶网格标识的极值 $(i_{min}, j_{min}, k_{min}, i_{max}, j_{max}, k_{max})$，通过对三个方向简单的一维判断，即可得到所要寻找的几个潜在贡献单元，再进一步判断获得贡献单元，搜索时间可以忽略不计，该方法有利于 Inverse-map 方法的快速建立和应用。

4.5.3 最小距离方法

最小距离方法 (minimum distance scheme of donor elements, MDSDE)(赵国庆等, 2015) 是一套同时适用于刚性桨叶和弹性桨叶旋翼流场计算的贡献单元搜索方法。应用最小距离方法，进行背景网格人工内边界的贡献单元的搜索，进而完成旋翼网格与背景网格之间的流场信息传递。

最小距离方法的基本原理是：任意一点 P 在桨叶网格上的贡献单元一定在距离点 P 最近的网格点 O 附近。为保证贡献单元搜索的效率，在判断洞包络面边界的同时，记录洞包络面单元内含有的桨叶网格单元范围，并以此范围内的中间点 S 为起点，进行最小距离判断，找到距离点 P 最近的网格点 O。采用该方法对背景网格上的点 P 进行贡献单元的具体搜索过程如图 4.25 所示，以此方法寻找点 P 在翼型网格上的贡献单元 (考虑了奇异线问题) 的具体过程如下：

第 1 步，初始化所有翼型网格点标记为 0，并选取翼型网格点 $S(II, JJ)$ 为起始点，其中 II 和 JJ 分别为沿翼型弦向和法向的网格点标识。

第 2 步，以点 S 为中心，判断点 S 的 4 个相邻网格点到点 P 的距离与 $|SP|$ 的大小关系。跳过标记为 1 的点，若存在标记为 0 的网格点距离点 P 最近且小于 $|SP|$，则令该点为新的点 S，并将判断过的网格点标记为 1；若不存在这样的点，将

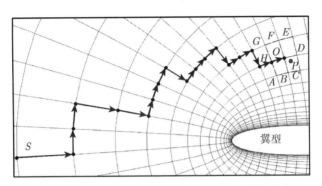

图 4.25   基于 MDSDE 方法的贡献单元搜索过程

点 S 记为 O, 转到第 4 步。

第 3 步, 重复第 2 步, 直到找到点 O 为止。

第 4 步, 找出与点 O 有关的尾迹奇异面对称的网格点 $\tilde{o}$, 若 $|OP| < |\tilde{o}P|$, 则进入第 5 步; 反之则将点 $\tilde{o}$ 记为 S, 释放点 O, 并返回第 2 步继续搜寻。

第 5 步, 通过矢量法判断点 P 在哪一包含点 O 的网格单元中, 若不在这些单元中, 则扩大网格范围判断, 一般寻找这些网格的相邻单元即可, 直到找到点 P 的贡献单元为止。

最小距离方法搜索点是在一条曲线上进行的, 类似于一维搜索; 此外, 在洞单元识别过程中搜索范围缩小了, 搜索次数仅为 $O(1)$, 因而可以有效地节省贡献单元搜索时间。与此同时, 当运动嵌套网格系统均为曲线网格时, 可采用最小距离法进行洞边界包络面的判断。

图 4.26 给出了采用最小距离方法对前飞状态旋翼流场贡献单元搜寻的结果。图 4.27 则给出了在旋翼旋转一个周期内不同方位角处挖洞、贡献单元搜索以及流场信息交换所用时间, 其中, 挖洞方法使用的是 "扰动衍射" 方法, 由图 4.27 可知, "扰动衍射" 方法和最小距离方法相结合具有很高的效率。

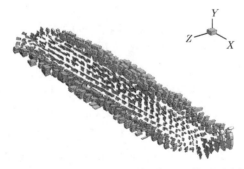

图 4.26   背景网格洞边界单元的贡献单元示意图

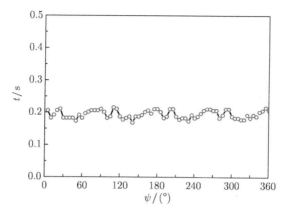

图 4.27 不同方位角处挖洞与信息插值时间 ("扰动衍射"方法 + 最小距离方法)

4.5.4 伪贡献单元搜寻法

Inverse-map 方法提供了一种在结构网格上快速搜索贡献单元的途径, 然而这种方法不能直接应用在非结构网格上。为了增加 Inverse-map 方法的通用性, 出现了一种 "伪贡献单元搜寻法"(pseudo-searching scheme of donor elements,PSSDE)(Zhao, et al., 2005), 其不依赖于网格节点标识, 可直接用于非结构网格的贡献单元搜索, 并能够避开奇异线 (面) 的问题。

贡献单元搜索和插值的最终目标是完成不同网格之间的信息传递。伪贡献单元搜寻法的实质是跳过贡献单元搜索时单元与其贡献单元之间索引的建立, 通过线性插值直接完成网格间的信息传递。

下面以二维三角形非结构网格为例说明该方法的基本步骤。

与 Inverse-map 方法类似, 如图 4.28 所示, 定义 G_C 为二维翼型的三角形非结构

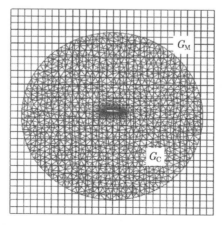

图 4.28 伪贡献单元搜寻法中的网格定义

网格, P 为需要在 G_C 中确定其贡献单元的点, G_M 为覆盖于 G_C 上的 Inverse-map, 一般为笛卡儿网格。在非定常计算中, G_C 的位置不断变化, 但 G_M 和 G_C 的相对位置关系却永远不变, 即 G_M 固连于 G_C。

第 1 步, 求出 G_M 中的每一个网格点在曲线坐标系中的位置, 根据相对位置插值得到每一个网格点的函数值。首先寻找 G_M 上任一网格点 $Q(x_Q, y_Q)$ 的 G_C 网格单元, 记为 I; 然后再确定点 Q 在该网格单元中的相对位置, 记点 Q 在该网格单元中的相对位置为 (ξ_1, ξ_2), $\xi_i = \dfrac{A_i}{A}$ $(i = 1, 2)$。其中, A_i 为点 Q 与三角形非结构单元 I 所有顶点连线后, 第 i 个顶点所对应的三角形面积, A 为 I 单元的总面积, 如图 4.29 所示。根据相对位置插值得到点 Q 处的函数值为

$$u_Q = \phi_1 u_1 + \phi_2 u_2 + \phi_3 u_3$$
$$\phi_1 = \xi_1, \ \phi_2 = \xi_2, \ \phi_3 = 1 - \xi_1 - \xi_2 \tag{4-13}$$

其中, $u_i \, (i = 1, 2, 3)$ 为三角形 3 个顶点的函数值。

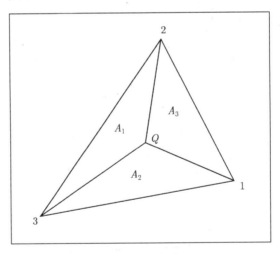

图 4.29　三角形单元中插值方法示意图

第 2 步, 求出点 P 在 G_M 中的位置 (以下坐标值均在 G_C 所在的当地坐标系下表达)。包含点 P 的 G_M 网格单元可通过两个一维搜索很简单地得到, 记该单元为 $ABCD$(图 4.30), 点 P 在该单元中的相对位置 (α, β) 为

$$\alpha = \frac{x_P - x_A}{x_B - x_A}, \quad \beta = \frac{y_P - y_A}{y_D - y_A} \tag{4-14}$$

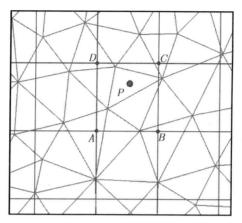

图 4.30　伪贡献单元搜寻法由 Inverse-map 向背景网格点插值过程

第 3 步，根据点 P 与其伪贡献单元的相对位置关系，求出点 P 的函数值。由于 $ABCD$ 4 个点的函数值由第 1 步给出，故点 P 的函数值可由双线性插值给出

$$u = u_0 + u_1\alpha + u_2\beta + u_3\alpha\beta \tag{4-15}$$

其中，u_i 可由 $ABCD$ 4 个点函数值获得。

这样，经过以上三个步骤，就完成了贡献单元搜寻及流场信息传递。

该方法中，单元 $ABCD$ 是点 P 在 G_M 上的贡献单元，而不是点 P 在 G_C 上的贡献单元，又因为流场信息交换是在该单元中完成，故称之为伪贡献单元。

参 考 文 献

王博, 招启军, 徐广, 等. 2012. 一种适合于旋翼前飞非定常流场计算的新型运动嵌套网格方法. 空气动力学学报, 30(1): 14-21.

阎超. 2006. 计算流体力学方法及应用. 北京: 北京航空航天大学出版社.

杨爱明. 2000. 基于嵌套网格的直升机旋翼流场雷诺平均 Navier-Stokes 方程的数值模拟. 西安: 西北工业大学.

杨文青, 宋笔锋, 宋文萍. 2009. 高效确定重叠网格对应关系的距离减缩法及其应用. 航空学报, 30(2): 205-212.

招启军, 徐国华. 2004. 计入桨叶运动的旋翼 CFD 网格设计技术. 南京航空航天大学学报, 36(3): 288-293.

招启军. 2005. 新型桨尖旋翼流场及噪声的数值模拟研究. 南京: 南京航空航天大学.

赵国庆, 招启军, 王清. 2015. 旋翼翼型非定常动态失速特性的 CFD 模拟及参数分析. 空气动力学学报, (1): 72-81.

赵国庆, 招启军, 吴琪. 2015. 旋翼非定常气动特性 CFD 模拟的通用运动嵌套网格方法. 航空动力学报, (3): 546-554.

Benek J A, Steger H. 1985. Chimera: a grid-embedding technique. AEDC-TR-85-64.

Chiu I T, Meakin R L. 1995. On automating domain connectivity for overset grids. AIAA Paper, 1995-0854.

Meakin R L. 1991. A new method for establishing intergrid communication among systems of overset grids. AIAA Paper, 1991-1586.

Meakin R L. 1993. Domain connectivity among systems of overset grids. NASA-CR-193390

Meakin R L. 2001. Object X-rays for cutting holes in composite overset structured grids. AIAA Paper, 2001-2537.

Potsdam M A, Strawn R C. 2005. CFD simulations of tiltrotor configurations in hover. Journal of the American Helicopter Society, 50(13): 82-94.

Steger J. 1992. Notes on composite overset grid schemes–chimera. Dept Mech., Aero. And Mat. Eng. University of California.

Suhs N E, Rogers S E, Dietz W E. 2002. Pegasus 5: An automated pre-processor for overset-grid CFD. RECON, (20020063496).

Zhao Q J, Xu G H, Zhao J G. 2005. Numerical simulations of the unsteady flowfield of helicopter rotors on moving embedded grids. Aerospace Science and Technology, 9(2): 117-124.

第5章　其他网格技术

在已发展的直升机及旋翼流场的计算网格中，我们可以按照网格节点和单元拓扑结构来区分计算网格类型，可以分为结构网格、非结构网格和多种网格单元的混合等形式。在早期的旋翼流场计算中，研究者大多使用结构网格，这种网格的生成及相应的计算技术发展的比较成熟。随着计算的对象越来越复杂，非结构网格等其他网格技术也越来越受到研究者的重视。在旋翼 CFD 方法中，尽管基于结构网格的运动嵌套网格系统为主流方法，但是其他的方法也有各自的适用范围，如旋翼/机身干扰的研究中围绕机身复杂外形的网格生成。在第 3、4 章中具体介绍了旋翼 CFD 的结构网格生成方法，本章将介绍非结构网格以及其他一些网格技术。

5.1　非结构网格

为了适应计算流体动力学发展的需求，一种适合于任意形状的自动网格生成技术 —— 非结构网格技术应运而生。非结构化网格的生成来源于结构模型的有限元法，它最初是由 Baker、Weatherill 等在 20 世纪 80 年代提出的，并在之后的 10 年内得到了迅猛发展。

随着计算流体动力学技术的不断发展和旋翼桨叶外形的复杂化，以及直升机全机模拟要求的提出，形状适应性好的非结构网格逐渐成为研究的热点。与结构网格不同，非结构网格没有固定节点的排列顺序，网格点的布置是任意的，网格的几何形状不受限制。因此非结构网格随意性较高，空间填充能力较强，适合于处理复杂的几何形状；并且非结构网格可以在流场物理量梯度大的区域方便地进行自适应来提高计算精度。对于二维的非结构网格，其单元可以是三角形或者四边形；对于三维的非结构网格，其单元的几何形状则可以是四面体、金字塔和六面体等。

5.1.1　生成方法

目前，常用的非结构网格生成方法主要有 Delaunay 三角化方法 (Friedrich, 1993)、阵面推进法(advancing front method)(Löhner and Parikh，1988) 以及直角网格法 (Shephard and Georges，1991)。

1. Delaunay 三角化方法

Delaunay 的基本原理源于 19 世纪 50 年代 Dirichlet 提出的 Voronoi 图。这是一种利用已知点集将平面划分为凸多边形的理论。其基本思想是给定平面上的点集 P，则平面上存在一系列互不重合的 Voronoi 区域 V，任意一个 Voronoi 区域 V_i 包含一个给定点 P_i，并且 V_i 内任意一点与点 P_i 的距离都比与点集 P 中其他点的距离小。这些凸多边形的每一条边都对应点集 P 中的两个点 (即点偶)，将所有的点偶连线就将平面唯一三角化，即生成了三角形网格，我们也称之为点集 P 的三角化。每一个三角形都对应一个外接圆，三角形对应的三个点位于外接圆上，而且每一个三角形对应的外接圆内不存在其他的点，这样的三角形可以称为 Delaunay 三角形，如图 5.1 所示。而对于图 5.2，在外接圆内存在另外的点，这样的情况便不是 Delaunay 三角形。

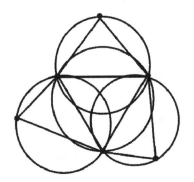
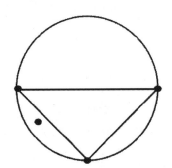

图 5.1   Delaunay 三角形   图 5.2   非 Delaunay 三角形

Delaunay 三角化方法是目前生成非结构网格应用最广泛的方法。其生成效率很高，能够节省大量的计算资源；而且不易引起网格空间穿透，数据结构相对简单。但是 Delaunay 三角化方法需要在物面处进行布点控制，以避免穿透物面，保证物面的完整性。

Delaunay 三角化是计算几何的重要研究领域，将 Delaunay 三角化应用到网格生成领域时需要处理一些特殊的问题，如边界恢复、点的自动插入等。目前，Delaunay 三角化网格生成的主流算法有 Bowyer-Watson 算法 (B-W 算法)(Bowyer，1981)、边/面交换算法和其他算法，如 Tanemura-Ogawa-Ogita 法 (Tanemura, et al.，1983) 和凸包法 (Zheng and Liou，2003) 等。

以 B-W 算法为例，具体说明非结构网格生成过程。

B-W 算法是 Delaunay 三角化方法生成非结构网格方法的重要组成部分，属于增量算法，网格生成的增量插点过程如图 5.3 所示。具体分为三步进行：①在非结构网格中插入新点 P，找出包围该点的所有三角形外接圆；②添加新点后，这些三

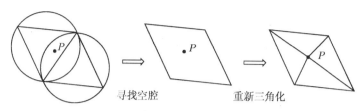

图 5.3　二维 Bowyer-Watson 算法增量插点过程

角形变为非 Delaunay 三角形,将这些三角形删除,形成封闭的空腔;③重新连接顶点生成三角形网格单元,可以证明新的三角形均为 Delaunay 三角形。

对一个特定的网格生成问题,结合 B-W 算法进行点的插入,进行 Delaunay 三角化网格生成的步骤为:①用一个矩形域覆盖整个计算域,把该矩形域分为 2 个三角形,形成初始 Delaunay 三角化单元;②用 B-W 算法分别反复插入边界节点和内部节点;③排除计算域外的三角形单元;④对所生成的非结构网格进行光顺,即完成了非结构网格生成。

2. 阵面推进方法

阵面推进法对几何边界的适应能力强,且最终网格质量较好,因而受到很多研究者的青睐,并被迅速推广到网格生成的其他重要领域,如曲面网格生成、自适应网格生成、各项异性网格生成及并行网格生成等。

阵面推进方法生成非结构网格的步骤为:

第 1 步,离散物理空间的边界 (生成表面网格)。

第 2 步,生成存储阵元边 (作为网格生成起点的边,三维情况下为阵元面) 的链表,初始阵元为各条边界网格边。以阵元边 (面) 的尺寸对链表单元进行排序,能有助于生成尺寸过渡自然的网格。

第 3 步,选取链表的第一个阵元边 (面),并在该阵元中心外法向上放置一个点 P_0,如图 5.4 所示。其中,点 P_0 距阵元中心的距离 d 是由当地的距离分布函数控制。

第 4 步,以点 P_0 为圆心,作半径为 r 的圆 (球),r 为当地网格疏密度的函数,并寻找所有落在圆 (球) 内的网格点。

第 5 步,如果不存在落在圆 (球) 内的网格点,使用点 P_0 与阵元上网格点生成一个新的网格单元;若存在这样的点,则根据它们到点 P_0 的直线距离从小到大进行排序 (图 5.4 中的点 P_1、P_2 和 P_3),依次尝试将这些网格点与阵元上网格点形成候选单元,仅选取第一个不与其他单元相交且质量满足给定要求的候选单元作为新生成的网格单元。

第 6 步,删除当前的阵元边 (面),在链表中添加新生成的阵元边 (面) 并重新排序。

第 7 步，重复第 3 步至第 6 步，直至阵元链表中没有阵元存在。

第 8 步，检查所生成非结构网格的质量，适当对网格进行光顺，即完成了非结构网格的生成。

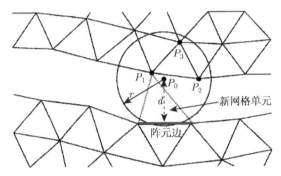

图 5.4   二维阵面推进法中插入新网格点 P_0 的示意图

与 Delaunay 三角化方法相比，阵面推进方法具有如下优点：

(1) 初始阵面即为物面，能够严格保证边界的完整性；

(2) 计算截断误差小，容易生成网格；

(3) 引入新点后易于控制网格步长分布，且在流场的大部分区域也能得到高质量的网格。

但阵面推进方法最大的缺点是：网格生成的效率较低，针对三维情况时需要预先生成表面网格，影响网格质量的因素较多，较易引起网格空间穿透和流场空腔。

3. 笛卡儿网格法

笛卡儿网格，也称直角网格或矩形网格，是一种比较特殊的非结构网格，也是 CFD 计算中最早使用、最易生成的一种网格，但因其较难处理好物面边界，因而不易较准确地满足边界条件。近年来研究者开始采用自适应的笛卡儿网格来计算复杂几何外形的流场，即在原始的均匀笛卡儿网格基础上根据物面特点或者流场特点在局部区域内不断进行网格细化，实现精度符合要求、分布最合理的非均匀的笛卡儿网格，如图 5.5 所示。与结构和非结构网格相比，笛卡儿网格实现自适应具有 3 个优点：

(1) 不必预先生成表面网格，再生成空间网格，可以一次性生成计算所需的网格，使网格生成过程简单、省时；

(2) 相比贴体结构网格，笛卡儿网格无需计算雅可比度量系数矩阵，使通量计算简单，节约计算时间，流场计算中实现自适应也较容易、简单；

(3) 相比一般非结构网格，笛卡儿网格数据结构和网格生成简单，网格容易加密且可提高计算精度。

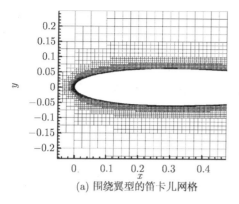

(a) 围绕翼型的笛卡儿网格　　　　　(b) 围绕直升机的笛卡儿网格

图 5.5　笛卡儿网格示意图

通过几何自适应生成围绕物体的笛卡儿网格主要分为 4 个步骤：

第 1 步，寻找与描述物面边界的封闭曲线 (面) 相交的笛卡儿网格单元。落在封闭曲线 (面) 内部的网格点不参与流场计算，应删除。

第 2 步，对与封闭曲线 (面) 相交的网格单元进行多次剖分，即细化当地笛卡儿网格单元，用以提高流场求解时物面流动特征的捕捉精度。为避免远离物面与物面附近处网格大小的剧烈过渡，应添加网格缓冲区，具体做法为对某一网格单元进行剖分时，同时对在各方向上与其相邻的几个网格也进行剖分。

第 3 步，对前两步可能带来的网格单元不理想的情况进行反复光顺处理，直至不再出现如图 5.6 中列举的常见的不理想网格情况为止。

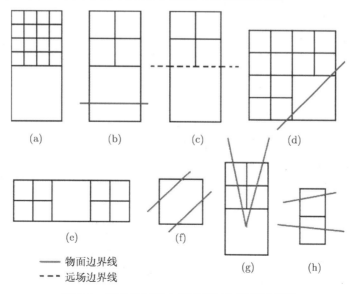

(a)　　　(b)　　　(c)　　　(d)

(e)　　　(f)

(g)　　(h)

——— 物面边界线

‑ ‑ ‑ 远场边界线

图 5.6　笛卡儿网格中不理想网格情况示意图

第 4 步，将与物面封闭曲线 (面) 相交的网格单元进行三角化处理，形成物面附近的三角形 (四面体) 非结构网格，如图 5.7 所示。

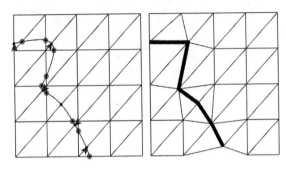

• 笛卡儿网格节点移动位置/新增节点

⊙ 未被保留的物面网格与三角形交点

图 5.7　笛卡儿网格物面附近单元三角化处理示意图

此时，所生成的笛卡儿网格能够作为良好的初始网格运用到流场求解中。后续还应根据流场自适应计算的需要，进一步对笛卡儿网格单元疏密分布进行调整。

5.1.2　非结构网格在直升机 CFD 中的应用

由于非结构网格的空间适应性较强，生成复杂外形的网格质量较高，目前，越来越多的研究者将其应用到直升机 CFD 之中，这里给出非结构网格在直升机流场模拟中的一些应用实例。

图 5.8~图 5.11 分别给出了围绕旋翼悬停流场、围绕桨叶及旋翼/机身干扰的非结构网格示意图。

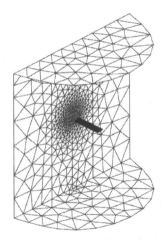

图 5.8　旋翼悬停流场的非结构网格

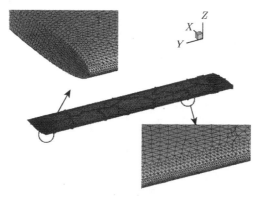

图 5.9 围绕桨叶的非结构网格及细节放大图

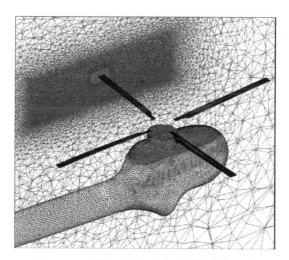

图 5.10 围绕旋翼/机身的非结构嵌套网格

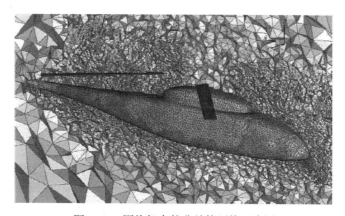

图 5.11 围绕机身的非结构网格示意图

图 5.12~图 5.14 给出了围绕纵列式双旋翼直升机和倾转旋翼机生成的非结构网格示意图。

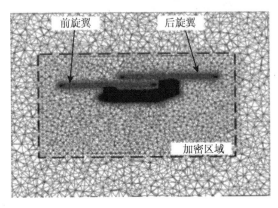

图 5.12   生成的纵列式直升机流场网格剖面效果图

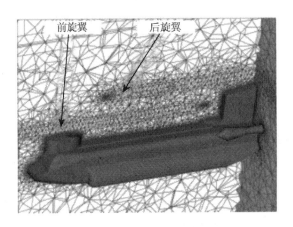

图 5.13   生成的纵列式直升机流场网格三维显示图

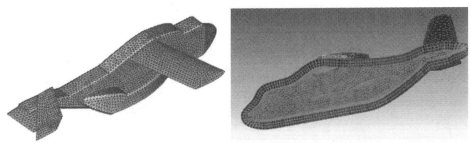

(a) 半展机身表面网格   (b) 机身附近网格

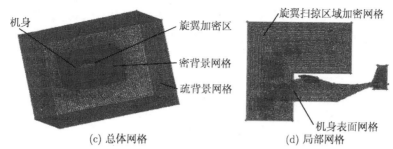

图 5.14 倾转旋翼非结构网格系统示意图 (见图版)

5.1.3 混合网格

随着计算机的飞速发展,求解黏性 N-S 方程逐渐成为计算流体动力学的主流方法。但随着计算的对象越来越复杂,单纯的结构网格和非结构网格有时并不能很好的适用。因此,用混合网格求解 N-S 方程越来越受到人们的重视。

在工程中,常常会遇到复杂外形的流场模拟,此时仍然使用单种网格类型就无法划分出高质量的计算网格。由此,催生了混合网格的发展。所谓的混合网格,指的是在模型中能够存在结构和非结构等不同类型网格的情况。在物面附近通常采用结构化或者半结构化的网格,而其他区域则采用非结构网格。

在直升机流场模拟或者倾转旋翼流场模拟中,混合网格的使用策略多种多样。在机身或者旋翼附近布置结构网格,有利于沿用结构化网格在计算黏性流动方面的成熟方法与经验,可以比较容易地计算近壁面处的黏性影响。而在远离机身或者旋翼的区域布置非结构网格,可以方便网格的生成、网格之间的搭接和网格自适应的处理。

采用混合网格的主要优势在于:对于复杂的几何外形,可以将其分解为多个几何块,对于适合划分结构网格的采用结构网格划分方式,而对于非常复杂的部分,可以使用非结构方式划分。但是混合网格也有缺点:在交界面位置处的网格质量可能较差,需要采用特殊方式对网格质量进行改善。

NASA 于 2005 年提出了 Helios (Helicopter Overset Simulations) 计划,主要用于直升机非定常流场的数值模拟,采用了混合网格技术。

图 5.15～图 5.17 给出了该计划的网格示意图,在靠近机身和旋翼附近,Helios代码采用了非结构网格来覆盖物面附近的黏性作用区,网格区域主要由四面体、三棱柱和四棱锥等非结构元素组成。在远离机身与旋翼的远场,Helios 代码采用了笛卡儿网格来包围整个机身与旋翼。使用笛卡儿网格主要是为了根据流场解的特性参数进行自适应,以获得高精度的流场特征。在 NASA 的研究之中,采用笛卡儿自适应网格使得流场中涡系的耗散降低,有利于准确捕捉涡系的发展。

Helios 计划对不同的网格区域使用了不同的求解器。该计划对物面附近的非结构网格区使用了 NSU3D 求解器。该求解器是由怀俄明 (Wyoming) 大学的 Mavriplis 发展而来。而对于笛卡儿网格体系采用了 SAMARC 求解器。对于这两种网格之间的数据交换，则采用了 PUNDIT 数据交换模块。

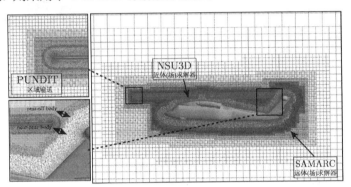

图 5.15　Helios 计划全机网格策略示意图 (见图版)

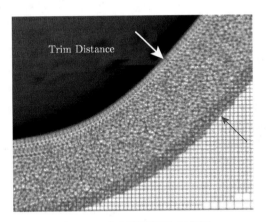

图 5.16　物面附近网格细节图

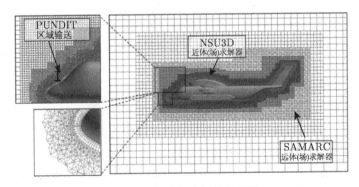

图 5.17　机身混合网格示例图

5.2　滑　移　网　格

5.2.1　基本概念

在旋翼 CFD 计算中，一般都会遇到具有旋转周期性的流场数值模拟。为了描述计算区域内的运动情况，除了运动嵌套网格外还有一种方法 —— 滑移网格，常用于 Fluent 等软件中。

滑移网格方法允许相邻网格之间的相对滑动，因而网格面不需要在分界面上排列。滑移网格方法具有快速高效的特点，在进行不同网格间相对移动过程中不必对网格进行变形、重新生成或是网格挖洞处理。目前，滑移网格方法主要用于悬停旋翼、固定翼螺旋桨、风力机和发动机叶片等流场数值模拟。

滑移网格原理：为了计算界面流动，在每个新的时间步长确定分界面区域的交界面，在该交界面产生了内部区域 (在两边都有流体单元的区域) 和一个或多个周期区域。如果不是周期性的问题，那么在交界面产生一个内部区域和两个壁面区。如图 5.18 所示，壁面需采用一些适当的边界近似。在这些交界面区域的面的网格数目因分界面相对移动而不同。理论上，网格分界面的流量应该根据两分界面的交叉处所产生的面来计算，而不是根据它们各自的分界面的面。

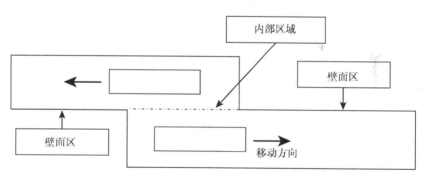

图 5.18　非周期性分界面相交区域

以图 5.19 为例，分界面区域由 A-B 面和 B-C 面以及 D-E 面和 E-F 面组成，交叉处产生 a-d 面、d-b 面和 b-e 面等。在两个单元区域重叠处产生 d-b 面、b-e 面和 e-c 面而组成内部区域，剩余的 a-d 面和 c-f 面形成周期性区域。例如，计算分界面流入Ⅳ单元的流量时，用 d-b 面和 b-e 面代替 D-E 面，并从Ⅰ单元和Ⅲ单元各自传递信息到Ⅳ单元。

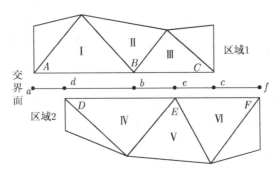

图 5.19　二维滑移网格边界示意图

5.2.2　主要难点

　　旋翼悬停、固定翼的螺旋桨和风力机等数值模拟计算中一般存在一组或多组滑移边界。图 5.20 所示为两组平等滑移边界，其包含三块子网格和两组滑移边界，可用于处理内部两块子网格以不同角速度旋转的流场数值模拟，如共轴双旋翼。图 5.21 为两组嵌套滑移边界示意图，可以以不同角速度旋转内部两块子网格，适用于同时包含定子和转子发动机的流场数值模拟等。

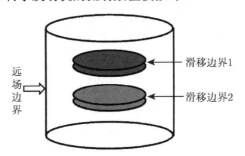

图 5.20　两组平等滑移边界示意图

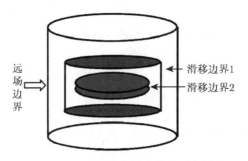

图 5.21　两组嵌套滑移边界示意图

　　在使用滑移网格时主要会遇到两个问题：构造滑移边界、搜索和插值方法。

1. 构造滑移边界

网格的滑移边界条件是将不同网格区域的滑移交界面分别向外延伸得到的,延伸后的滑移边界与相邻网格重叠。以三维网格为例,三角形边界单元延伸成棱柱体,四边形边界单元延伸成六面体。如图 5.22 所示,二维滑移边界的交界面全部延伸成为四边形单元。通过延伸得到的点和单元这里称为滑移点和滑移单元。每个网格区域的滑移点和滑移单元在自身的网格空间外,与相邻的网格区域重叠。这样就可以通过滑移单元封闭网格点的控制体,进而可以进行滑移边界通量的计算。滑移点延伸的距离可以使用当地单元的尺度,可以定义

$$d = \frac{\beta}{m} \sum_{i \in F} |x_{\text{cell}} - x_{\text{face}}| \tag{5-1}$$

其中, F 表示所有与该边界点相邻的边界的集合, x_{face} 表示边界面的中点, x_{cell} 为该边界面所在单元的中点, m 表示与该边界点相邻的边界面的个数。系数 β 的选取对计算精度有一定的影响,原则上 β 取值越小越好,一般可取为 0.05。在进行非定常计算时,滑移边界并不需要对每个时间步都重新构造,仅需要根据滑移边界的运动规律,对其进行相应移动。

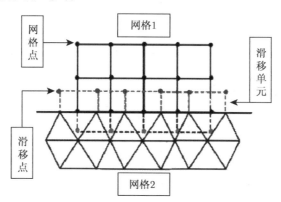

图 5.22　二维滑移网格边界示意图

2. 搜索和插值方法

类似于嵌套网格方法,滑移网格方法也需要边界点在相邻网格区域中搜索贡献单元。由于滑移网格贡献单元一般均处于滑移边界上,这样滑移网格贡献单元搜索时仅仅需要对边界几层单元进行搜索,计算量得以大幅的减少。在进行非定常数值模拟过程中,滑移点的贡献单元需要在每个非定常时间步重新搜索,这并不会显著增加计算量。因为使用上一个非定常时间步的贡献单元为起点仅仅需要几个相邻单元的搜索就可以得到新的非定常时间贡献单元。

当得到滑移点的贡献单元后，需要根据贡献单元网格点上的流场参数和一定的插值型函数得到滑移点上的流场参数，其表达式为

$$U = \sum_{i=1}^{n} \phi_i U_i \tag{5-2}$$

其中，n 为贡献单元网格顶点数，ϕ_i 为顶点 i 的插值型函数，U_i 为顶点 i 上的流场参数。在得到滑移点和贡献单元各顶点的坐标后就可以计算出插值型函数。

5.2.3   计算流程

通过插值得到滑移点上的流场参数后，就可以计算滑移边界的通量，这与计算网格内部控制体边界通量的方法相同。在进行旋翼流场数值模拟时，需要在每个非定常时刻对滑移边界进行旋转、搜索、插值型函数的计算等操作。计算的具体流程如图 5.23 所示。

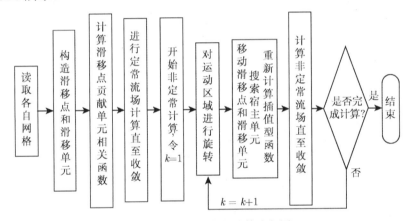

图 5.23   滑移网格的计算流程图

5.3   变形网格

考虑桨叶的多种运动，特别是弹性变形运动，为保证桨叶网格的时刻贴体正交性，需要发展能够实时反映桨叶运动和位移的贴体网格生成方法，这对于当前旋翼 CFD/CSD 耦合方法研究非常关键。桨叶弹性变形通过移动贴体网格点连续变形引入流场求解，动态变形网格使得每个时间步都要重新计算空间和时间度量。动态网格问题可以看作交界面变化所引起的流场网格变化的扰动问题，一般有两种处理方法：网格重新生成和网格变形，其中，网格变形方法主要有代数方法和弹簧方法。

5.3.1 代数方法

桨叶结构动力学分析中 (Datta, et al., 2006),以桨叶半径和方位角函数的方式 $[u(r,\psi), v(r,\psi), w(r,\psi), v'(r,\psi), w'(r,\psi), \varphi(r,\psi)]^{\mathrm{T}}$ 给出桨叶变形,其中 u, v, w 分别为桨叶剖面轴向、摆振和挥舞线变形,v', w' 为桨叶剖面摆振和挥舞导数,φ 为桨叶弹性扭转变形,旋翼的几何形状按照桨叶弹性变形后体现。在任一位置,可以定义旋转矩阵 $\boldsymbol{T}_{\mathrm{DU}}$ 为 v', w' 和 φ 的函数。通过式 (5-3) 给出桨叶固连坐标系中的变形网格坐标:

$$\begin{bmatrix} x' \\ y' \\ z' \end{bmatrix} = (\boldsymbol{T}_{\mathrm{DU}})^{\mathrm{T}} \begin{bmatrix} x \\ y \\ z \end{bmatrix} + \boldsymbol{x}_{\mathrm{lin}} \tag{5-3}$$

其中,矢量 $\boldsymbol{x}_{\mathrm{lin}}$ 代表 $[u, v, w]^{\mathrm{T}}$ 给定的线变形。一旦在桨叶固连坐标系中得到变形的网格,就可以将其绕 z 轴旋转到相应的方位角。旋转和线变形都引入了余弦延迟以保证外边界网格保持静止。变形前后的旋翼桨叶表面网格如图 5.24 所示,其中虚线表示变形前桨叶表面网格各个剖面的位置,而实线则表示变形后的桨叶表面网格的位置。

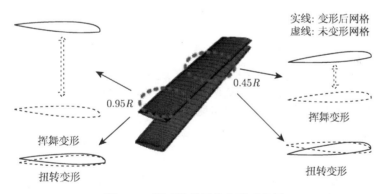

实线: 变形后网格
虚线: 未变形网格

$0.95R$

$0.45R$

挥舞变形

挥舞变形

扭转变形

扭转变形

图 5.24　桨叶贴体网格变形示意图

考虑到计算效率和旋翼桨叶变形时的实际情况,在进行桨叶贴体网格变形时,无需对所有网格节点都进行变形,如对桨根内侧和桨尖外侧区域的网格而言,采用刚性运动的方式进行更新,同样可以保证高质量的网格变形。如图 5.25 所示为 UH-60A 旋翼桨叶变形前后贴体网格的对比。可以看出,所采用的网格变形方法较好地模拟了旋翼桨叶的弹性变形,同时保证桨叶网格的质量。

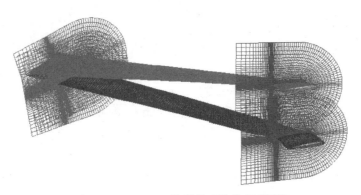

图 5.25   UH-60A 旋翼桨叶贴体变形网格

　　代数网格生成方法具有很高的效率，对于结构网格的动边界问题，该方法可以在每个时间步高效地生成流场变形网格。然而该方法主要应用于结构网格，且网格变形生成后新旧两套网格上的流场物理量必须进行转换 (插值)，这让代数网格生成方法的效率和精度有所损失，并且需要添加一种体积守恒定律进行通量计算。因此，出现了一种基于弹簧模拟的网格变形方法。

5.3.2   弹簧网格方法

　　标准的弹簧模拟方法仅仅考虑了弹簧在直线方向的伸缩作用，在二维或三维时不能避免网格边的互相交叉，而且处理相对大一些的边界运动和变形时会造成网格畸形。为了防止这种情况的发生，可以采用一种改进方法 ——"ball-vertex" (Bottasso, et al., 2005)。该方法的核心是：不管何种网格，在任一网格节点构建一凸多边形闭包。在节点与对应的闭包面之间引入冗余的约束弹簧，变形的过程中把该节点限制在此闭包范围之内，从而可避免形成网格畸形。该方法适合处理相对较大的弹性变形运动。以图 5.26 所示的三维六面体网格为例，给出该方法具体的实现过程。

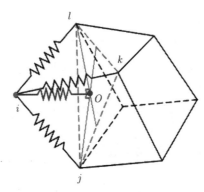

图 5.26   "ball-vertex"方法中冗余约束的添加

点 O 为点 i 在一与其对应的 $\triangle ijl$ 闭包面上的垂足。点 i 与点 O 之间的弹簧上的作用力可以表示为

$$\boldsymbol{f}_{iO} = k_{iO}(\boldsymbol{u}_O - \boldsymbol{u}_i) \cdot \boldsymbol{n}_{iO}\boldsymbol{n}_{iO} = -\boldsymbol{f}_{Oi} \tag{5-4}$$

其中，$\boldsymbol{u}_O = c_1\boldsymbol{u}_j + c_2\boldsymbol{u}_k + c_3\boldsymbol{u}_l$，$k_{iO} = 1/l_{iO}$，$l_{iO} = |\boldsymbol{r}_{ij} \cdot \boldsymbol{r}_{iO}|$，$\boldsymbol{n}_{iO} = \boldsymbol{r}_{iO}/l_{iO} = \boldsymbol{S}/S$，$\boldsymbol{r}_O = \boldsymbol{r}_i + \boldsymbol{r}_{ij} \cdot \boldsymbol{n}_{iO}\boldsymbol{n}_{iO} = c_1\boldsymbol{r}_j + c_2\boldsymbol{r}_k + c_3\boldsymbol{r}_l$。$c_1, c_2, c_3$ 为点 O 在三角形内的面积坐标，满足 $\sum\limits_{i=1}^{3} c_i = 1$，$c_i = S_i/S$，$S_1 = \left|\dfrac{1}{2}\boldsymbol{r}_{jk} \times \boldsymbol{r}_{jO}\right|$，$S_2 = \left|\dfrac{1}{2}\boldsymbol{r}_{kl} \times \boldsymbol{r}_{kO}\right|$，$S_3 = \left|\dfrac{1}{2}\boldsymbol{r}_{lj} \times \boldsymbol{r}_{lO}\right|$，$S = \left|\dfrac{1}{2}\boldsymbol{r}_{jk} \times \boldsymbol{r}_{jl}\right|$，$\boldsymbol{S} = \dfrac{1}{2}\boldsymbol{r}_{jk} \times \boldsymbol{r}_{jl}$。

O 点位移求解采用与其坐标相同的插值公式，等参单元变换的思想蕴涵其中。则 i 点至 O 点垂线单元的虚功可以表示为

$$\delta W = -(\boldsymbol{f}_{iO} \cdot \delta\boldsymbol{u}_i + \boldsymbol{f}_{Oi} \cdot \delta\boldsymbol{u}_O) = (\delta\boldsymbol{u})^{\mathrm{T}} \boldsymbol{K}\boldsymbol{u} \tag{5-5}$$

其中，$\boldsymbol{u} = [\boldsymbol{u}_i\ \boldsymbol{u}_j\ \boldsymbol{u}_k\ \boldsymbol{u}_l]^{\mathrm{T}}$，$\boldsymbol{K} = \boldsymbol{A}\boldsymbol{C}^{\mathrm{T}}$，$\boldsymbol{A} = k_{iO}\boldsymbol{n}_{iO}\boldsymbol{n}_{iO}^{\mathrm{T}}$，$\boldsymbol{C} = \boldsymbol{s}\boldsymbol{s}^{\mathrm{T}}$，$\boldsymbol{s} = [-1\ c_1\ c_2\ c_3]^{\mathrm{T}}$。

单元刚度矩阵 $\boldsymbol{K}_e$ 展开，即

$$\boldsymbol{K}_e = \begin{bmatrix} \boldsymbol{k}_{ii} & \boldsymbol{k}_{ij} & \boldsymbol{k}_{ik} & \boldsymbol{k}_{il} \\ & \boldsymbol{k}_{jj} & \boldsymbol{k}_{jk} & \boldsymbol{k}_{jl} \\ & & \boldsymbol{k}_{kk} & \boldsymbol{k}_{kl} \\ sym. & & & \boldsymbol{k}_{ll} \end{bmatrix}, \qquad \boldsymbol{k}_{ij} = C_{ij} \cdot \boldsymbol{A} \tag{5-6}$$

于是整个系统的模拟刚度矩阵 $\boldsymbol{K}$ 为

$$\boldsymbol{K} = \begin{bmatrix} \cdots & & \cdots & & \cdots & & \cdots & & \cdots \\ & \sum\boldsymbol{k}_{ii} & & \sum\boldsymbol{k}_{ij} & & \sum\boldsymbol{k}_{ik} & & \sum\boldsymbol{k}_{il} & \\ & & \cdots & & \cdots & & \cdots & & \cdots \\ & & & \sum\boldsymbol{k}_{jj} & & \sum\boldsymbol{k}_{jk} & & \sum\boldsymbol{k}_{jl} & \\ & & & & \cdots & & \cdots & & \cdots \\ & & & & & \sum\boldsymbol{k}_{kk} & & \sum\boldsymbol{k}_{kl} & \\ & & & & & & \cdots & & \cdots \\ & sym. & & & & & & \sum\boldsymbol{k}_{ll} & \\ & & & & & & & & \cdots \end{bmatrix} \tag{5-7}$$

最终问题归结为求解一大型线性稀疏矩阵系统，该矩阵是对称正定的。经过排序处理和块压缩存储，在所得到的三个数组的基础上，采用 SOR(G-S) 方法求解。

以 NACA0012 翼型的 O 型网格为例，分别对其进行水平方向平动、垂直方向平动及转动的变形运动。从图 5-27 的结果可以看出，对于比较大的变形，该方法

仍可以一定程度地保证网格质量。图 5.27(g) 中，翼型后缘处网格变形比较大，但 "ball-vertex" 方法避免了畸形网格的出现，网格点只能接近单元对角线但不能穿越对角线，可见该方法改进了网格在大变形状态的有效性。

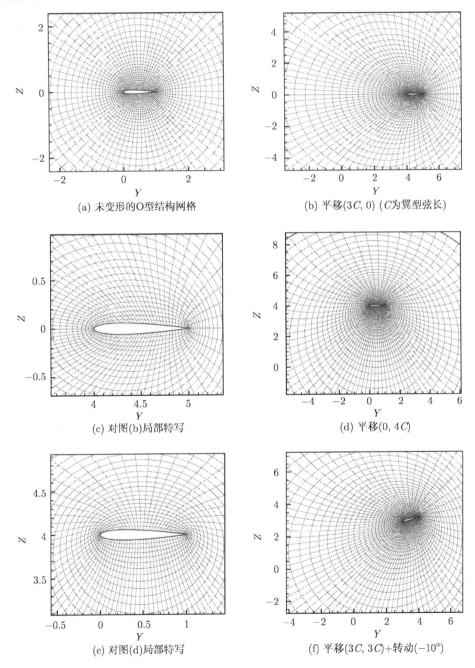

(a) 未变形的O型结构网格

(b) 平移(3C, 0) (C为翼型弦长)

(c) 对图(b)局部特写

(d) 平移(0, 4C)

(e) 对图(d)局部特写

(f) 平移(3C, 3C)+转动(−10°)

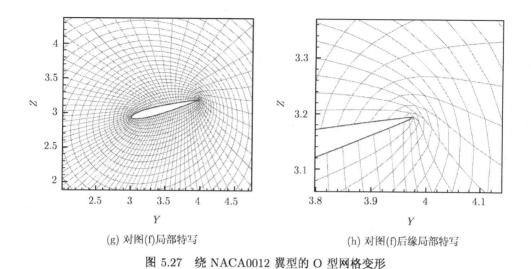

(g) 对图(f)局部特写   (h) 对图(f)后缘局部特写

图 5.27 绕 NACA0012 翼型的 O 型网格变形

改进的 "ball-vertex" 方法既可以应用于结构网格，也可以应用于非结构网格，具有广泛的应用范围。该方法简洁明了，对于二维和三维问题的处理方式浑然一体，易于编程实现。"ball-vertex" 方法的底层是求解一个关于正定对称矩阵的线性方程组，采用迭代求解方法有很高的计算效率，并且构建系统刚度矩阵的主要运算为计算两点间的距离，运算成本相对较小。

5.4 聚合多重网格

5.4.1 主要概念

在求解旋翼飞行器复杂流场时，通常需要大量的计算资源和计算时间。为了缩短计算时间以便于工程实际的应用，流场计算加速收敛的方法应运而生。其中，多重网格方法是最为有效的高效算法之一 (Jameson and Yoon，1987)，其在飞行器 CFD 计算中的应用也很广泛。多重网格算法的基本思想将在 9.3 节中详细阐述。在结构网格上应用多重网格法比较简单，这是由于结构网格单元具有很好的规律性，容易实现网格的聚合和信息传递；但是在非结构网格上，网格单元分布的任意性使得多重网格方法的应用稍显复杂。

目前，多重网格的生成主要采用聚合多重网格方法，其基本思路是：预先生成最细的网格，再按照一定的规则将细网格的若干控制单元聚合成一个单元，组成一套较粗的网格，按这种方法逐级生成各级粗网格。

聚合多重网格方法在生成粗网格的过程中可以很方便地记录各层网格之间的相互关系，使得粗网格和细网格之间满足一定的几何守恒关系，并且只需要生成一套网格，减少了网格生成的工作量。该方法不仅实施较为简单，而且容易保证网格质量。

5.4.2   主要过程

对于结构网格而言，聚合多重网格的生成较为简单。仅需要在生成细网格时将各方向上网格点个数设置为 $2^n \cdot l + 1$ 个。生成下一层网格时，将各方向上的偶数编号的网格点删除，则得到下一层较粗的网格，其各方向上网格点个数为 $2^{n-1} \cdot l + 1$ 个。依此类推，第 m 层粗网格各方向上的网格点数为 $2^{n-m} \cdot l + 1$ 个。

对于非结构网格而言，聚合多重网格首先需要生成第一层最细的网格。这可以通过 Delaunay 三角化等非结构网格生成方法完成。当得到最细的网格之后，将细网格中的若干点聚合在一起，得到一个粗网格点。具体的聚合过程分为如下 6 步：

第 1 步，建立一个 "种子点" 链表，在网格生成中将对 "种子点" 周围的网格进行聚合。"种子点" 可以是与整体网格大小相当的一系列不相关的点，也可以简单地以当前网格上的网格点作为 "种子点"。

第 2 步，对所有 "种子点" 链表进行循环遍历。

第 3 步，如果当前 "种子点" 未进行过聚合，则聚合其周围的未参与过聚合的邻居网格点 (与 "种子点" 有边相连)，形成一个新的网格单元。

第 4 步，检查当前新网格单元的稀疏因子 (可定义为在一个粗网格内包含了多少个细网格)，若稀疏因子小于 4(三维情况下小于 8)，则该网格所包含的细网格的邻居单元 (未与另一个 "种子点" 有边相连) 也应按照一定的优先级顺序与粗网格进一步聚合，直至达到满意的稀疏因子。

第 5 步，若链表中仍有 "种子点" 存在，则返回第二步继续进行，直至链表中没有 "种子点" 的存在。

第 6 步，消除 "孤立单元"。"孤立单元" 是指因周围单元都已聚合过而无法通过以上算法参与聚合的网格单元。这种网格单元应与附近稀疏因子最小的粗网格进行聚合，使得整个网格域的网格大小分布较为均匀。

以此方法，即可生成用于多重网格计算的第一层粗网格，继续以该网格作为初始网格重复以上过程，即可生成多层聚合网格。

5.4.3   应用举例

图 5.28 给出了针对二维翼型非结构网格进行的聚合过程，通过对最密网格进行处理，逐渐往下生成四层粗网格 (Chan, 1998)。

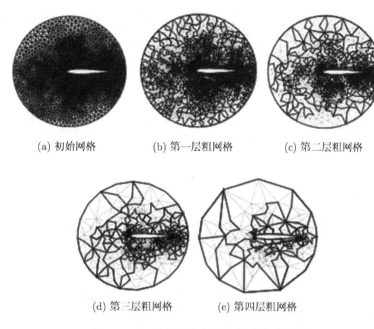

(a) 初始网格 （b) 第一层粗网格 （c) 第二层粗网格

(d) 第三层粗网格 （e) 第四层粗网格

图 5.28 二维翼型聚合网格生成的示意图

图 5.29 给出了围绕旋翼翼型的三重聚合网格示意图。可以明显看出，结构网格的聚合过程相对于非结构网格更为简便。

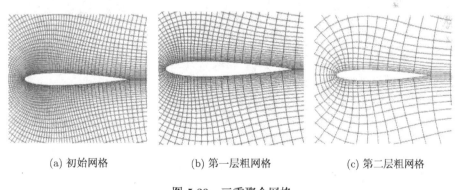

(a) 初始网格 （b) 第一层粗网格 （c) 第二层粗网格

图 5.29 三重聚合网格

图 5.30 为围绕机翼的三重非结构聚合网格，图 5.31 给出了围绕翼身组合体的三重非结构聚合网格，图 5.32 为旋翼桨叶的三重结构嵌套聚合网格示意图。可以看出，结构网格的聚合能够更好地保证粗网格的质量，这有利于粗、细网格之间的信息传递并保证计算精度 (Nishikawa and Diskin, 2011)。

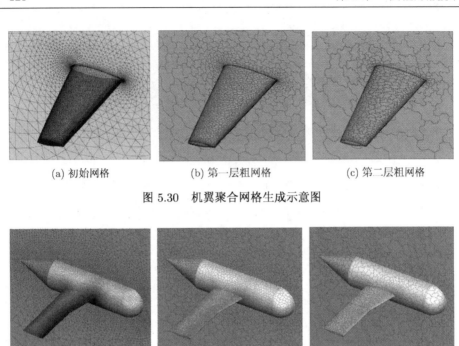

(a) 初始网格　　　　(b) 第一层粗网格　　　　(c) 第二层粗网格

图 5.30　机翼聚合网格生成示意图

(a) 初始网格　　　　(b) 第一层粗网格　　　　(c) 第二层粗网格

图 5.31　翼身组合体聚合网格生成示意图

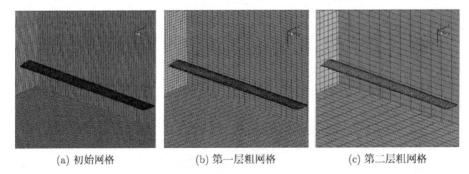

(a) 初始网格　　　　(b) 第一层粗网格　　　　(c) 第二层粗网格

图 5.32　旋翼桨叶的三重结构嵌套聚合网格生成示意图

5.5　自适应网格方法

　　旋翼流场是一个涡占主导地位的流场，考虑到贴体网格所占的空间范围相对较小，网格质量比较容易保证，且涡量输运过程的模拟主要在占空间范围比较大的背景网格单元上进行，因此，可以对背景笛卡儿网格进行自适应处理。目前，国内外均有学者使用自适应网格方法捕捉旋翼涡尾迹。其中，美国著名的 Helios 计划 (Wissink, et al., 2010; Lim, et al., 2011) 已成功将自适应网格技术应用到旋翼涡尾迹的捕捉中，取得了显著的效果。

5.5.1 自适应网格的数据结构

在旋翼流场计算中，添加对背景网格的自适应能够提高旋翼尾迹的捕捉精度。为方便对背景网格进行自适应，通常使用笛卡儿网格作为背景网格。使用笛卡儿网格参与流场模拟时，应尽可能保持其网格的层级关系。叉树结构可以较好适应这种层级制的关系，因此网格信息通常采用 2^d(d 为空间维数) 叉树的数据结构存储，即对二维情况使用基于四叉树的数据结构，三维情况为八叉树。任意一个网格单元信息作为叉树结构的一个节点存储。对二维笛卡儿网格单元进行自适应剖分时，需要将单元一分为四，如图 5.33 和图 5.34 所示。将被剖分的单元称为父节点，新产生的单元称为子节点，没有父节点的节点称为根节点，没有子节点的节点称为叶子节点。

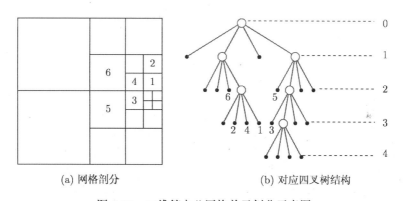

(a) 网格剖分　　　　　　　　　　(b) 对应四叉树结构

图 5.33　二维笛卡儿网格单元剖分示意图

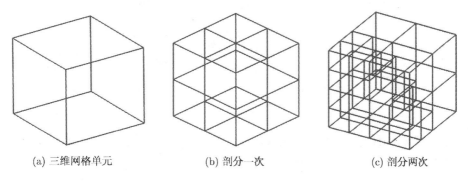

(a) 三维网格单元　　　　　　(b) 剖分一次　　　　　　(c) 剖分两次

图 5.34　三维笛卡儿网格单元剖分示意图

单元节点中存储的数据一般包括:

(1) 单元的几何信息。单元各边长度、单元各面法矢和单元体积等。

(2) 单元的流场信息。是否参与流场计算、参与流场计算的流场信息、边界条件等。

(3) 单元的拓扑信息。单元的尺度层级、父子单元的索引、邻居单元的索引等。

(4) 其他信息。是否需要加密、是否需要稀疏处理等。

若初始网格为均匀的笛卡儿网格,则通过单元在叉树数据结构中的存储位置,很容易推算出单元的部分几何信息,可依此减少存储空间。

邻居单元的存储通过子程序搜索和调用,对此也有许多学者提出了多种不同的算法 (Samet, 1984)。通常情况下,需要通过对邻居单元的索引进行存储,防止反复调用邻居单元搜索子程序,造成流场求解效率降低,但这显著增加了内存的占用。读者应根据自身能够使用的计算资源情况,合理权衡内存占用和求解器效率的关系。

除了叉树结构外,对同一层级的网格单元之间可以建立链表,以方便同一层级网格单元之间的信息传递,这对程序的编写有利。

5.5.2　初始网格生成

旋翼嵌套网格系统中的笛卡儿背景网格不要求贴体性,即无需通过切割单元形成与物面曲线 (面) 一致的表面网格,只需有合理的边界大小且满足一定的单元尺度要求即可,比较容易实现。一般有两种初始网格生成方法。

第一种方法:单一网格单元作为初始单元,反复加密细化至背景网格尺度要求。然后在这些网格单元中标记出需要参与计算的背景网格单元,并给定边界条件,排除给定外边界以外的网格单元。以此方法生成的初始网格仅仅具有一个根节点,所有的数据传递在单个叉树内完成,求解时程序较容易实现。为了保证网格单元的层级制度,未被标记为背景网格单元的无效网格也需要被存储,由此带来了内存消耗,且网格层级数地增加导致叉树遍历时递归函数的调用更加频繁,使计算效率降低。

第二种方法:初始网格直接满足背景网格尺度要求,每一个初始网格单元即为一个叉树的根节点。这种方法在数据存储内存上相比第一种较少,但是计算时需要考虑不同叉树间的信息传递。

5.5.3　网格的加密及稀疏

使用初始网格进行流场计算时,由于其网格尺度较大,对流场细节捕捉能力不够,需要对局部网格进行自适应加密以加强流场细节特征 (如流动变量梯度大或涡量较大等) 捕捉能力。在非定常计算中,流场特征随时间发生位置上的迁移,需要对覆盖流场特征的相关网格加密的同时, 还需要将上一时刻已加密的未覆盖流场特征的网格进行部分粗化, 减少内存的占用, 这个过程称为流场解的自适应。

基于叉树结构的自适应网格加密和稀疏对应于叉树结构的节点添加与删除过程。

基于流场解的自适应判据有多种形式, 由于旋翼流场是涡占主导地位的流场, 因此, 常使用基于涡量大小的自适应判据能有效捕捉旋翼桨/涡干扰现象, 提高旋翼涡流场模拟的精度。

涡量判据由两部分组成: 涡量大小和当地网格单元尺度函数。首先式 (5-8) 给出了判据, 涡量值相关判断量 Ω_i 的表达式为

$$\Omega_i = |\Omega| \left(\sqrt[n]{V_i} \right)^{\frac{3}{2}} \tag{5-8}$$

其中, i 表示网格单元, $|\Omega|$ 为网格单元格心的涡量值, V_i 为该网格单元的体积 (面积), n 在三维时取 3, 在二维时取 2。

接着对第 l 层级的所有 m 个网格单元的涡量求标准差 $\sigma_{|\Omega|}^l$

$$\sigma_{|\Omega|}^l = \sqrt{\frac{\sum_{i=1}^{m} \Omega_i^2}{m}} \tag{5-9}$$

对网格单元进行加密或稀疏处理依据以下原则:

(1) 若满足 $\Omega_i > f_r \sigma_{|\Omega|}^l$ 条件, 则将该网格单元进行加密处理。

(2) 若满足 $\Omega_i < f_c \sigma_{|\Omega|}^l$ 条件, 则将该网格单元进行稀疏处理。

其中, f_r 和 f_c 为系数, 取值将影响最后的网格总量, 一般取 $1 \leqslant f_r \leqslant 3$, $0.1 \leqslant f_c \leqslant 1$。

与围绕物体的笛卡儿自适应网格相同, 在加密网格附近添加多层用于过渡的缓冲网格, 用以避免网格单元尺度过渡剧烈引起的数值稳定性问题。生成的网格需要通过光顺才能进一步计算, 应主要避免如图 5.6 中所示的 (a) 和 (e) 两种非理想网格情况。

5.5.4 网格自适应的应用

1. 二维翼型动态失速流场的模拟

对 NACA0012 翼型进行了动态失速的流场计算。其中, 马赫数 Ma=0.301, 雷诺数 $Re = 3.87 \times 10^6$, 初始迎角 θ =10.92°, 以正弦运动规律改变迎角, 幅值为 4.89°, 减缩频率 f =0.099。图 5.35 和图 5.36 分别给出的是同一时刻, 未添加基于流场解的自适应网格与添加流场解自适应的网格计算所得流场的涡量云图结果,

可以看出，经过自适应处理后的翼型脱落涡结果捕捉得更清晰，缓解了因网格尺度较大引起的大数值耗散问题。

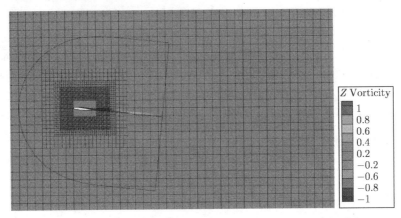

图 5.35　未添加基于涡量判据流场解自适应的流场涡量云图

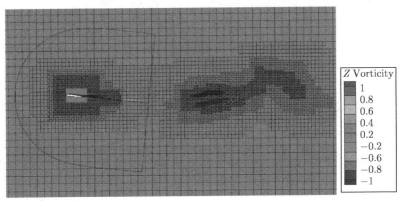

图 5.36　添加了基于涡量判据流场解自适应的流场涡量云图 (见图版)

2. 悬停状态旋翼流场的模拟

对 "Lynx 实验旋翼" 进行悬停状态下的流场计算。其中，该旋翼采用 NPL9615 翼型，弦长为 0.18m，无扭转和尖削。计算状态：旋翼桨尖马赫数为 0.56，总距角为 15°。

图 5.37 和图 5.38 分别给出了未经过自适应和进行了自适应后对称平面上的涡量等值线以及对应的背景网格。可以看出，在旋翼桨叶附近和桨尖涡下行的尾迹柱面区，网格得到了很好地细分，且经过自适应加密的网格得到了更加清晰的空间涡量捕捉结果，这表明自适应方法有利于提高旋翼流场涡尾迹模拟的精度。

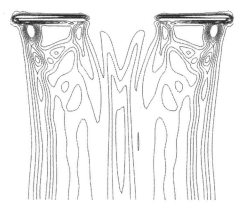

(a) 未自适应涡量等值线

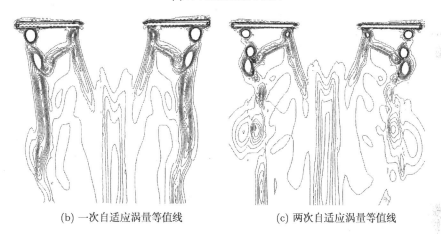

(b) 一次自适应涡量等值线　　　　(c) 两次自适应涡量等值线

图 5.37　自适应前后旋翼流场对称平面上的涡量等值线

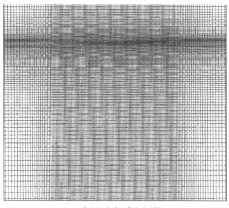

(a) 未经过自适应网格

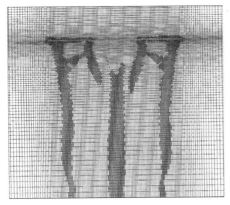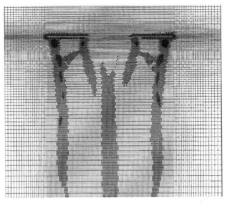

(b) 一次自适应网格　　　　　　　　　　(c) 两次自适应网格

图 5.38　自适应前后的背景网格

图 5.39 为采用网格自适应方法前后计算得到的空间涡量等值面图。可见网格自适应方法能够有效地提高空间涡量的捕捉精度。

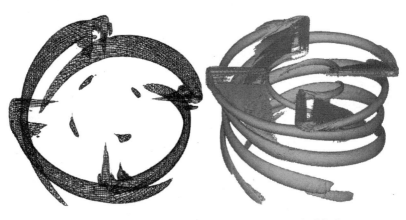

(a) 自适应前　　　　　　　　　　　(b) 自适应后

图 5.39　网格自适应前后的空间涡量等值面图

3. 前飞状态旋翼流场的模拟

对欧洲直升机公司 "HELISHAPE 7A 旋翼" 前飞状态的涡流场进行计算。计算状态: 桨尖马赫数为 0.616，前进比为 0.167，轴倾角为 −1.48°。自适应后的背景网格如图 5.40 所示。

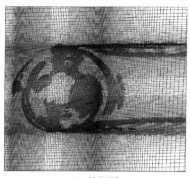 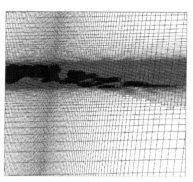

(a) 俯视图　　　　　　　　　　(b) 侧视图

图 5.40　前飞状态自适应加密网格图

图 5.41 是计算得到的该旋翼流场空间涡量的等值面和在不同桨叶方位角情况下对称面上的等值线。由图可以看出,在小速度前飞时,桨尖涡位于旋翼桨盘的后下方很近的位置;同时也表明自适应网格方法具备较好的涡捕捉能力和数值精度。

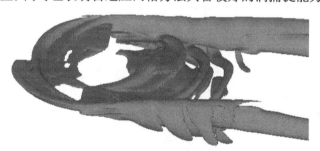

(a) 涡量等值面

(b) 0°方位角时的涡量等值线

(c) 30°方位角时的涡量等值线

(d) 60°方位角时的涡量等值线

图 5.41　计算的旋翼流场空间涡量等值面和不同方位角时的等值线图

参 考 文 献

陈龙. 2011. 基于 CFD/CSD 耦合的旋翼气动弹性数值模拟. 南京: 南京航空航天大学.

成宝峰. 2010. 倾转旋翼机旋翼/机翼/机身干扰流场的数值分析. 南京: 南京航空航天大学.

胡偶, 赵宁, 刘剑明, 等. 2011. 基于有限体积格式的自适应笛卡儿网格虚拟单元方法及其应用. 空气动力学学报, 29(4):491-495.

江帆, 黄鹏. 2008. Fluent 高级应用与实例分析. 北京: 清华大学出版社.

李亚波. 2013. 基于自适应网格方法的倾转旋翼流场数值模拟. 南京: 南京航空航天大学.

吴林波. 2008. 纵列式直升机双旋翼/机身流场的 CFD 分析. 南京: 南京航空航天大学.

叶靓, 招启军, 徐国华. 2009. 非结构嵌套网格的直升机旋翼/机身前飞流场数值模拟. 航空动力学报, 24(4): 903-910.

叶靓, 招启军, 徐国华. 2009. 基于非结构嵌套网格和逆风格式的旋翼悬停流场数值模拟. 空气动力学学报, 27(1):62-66.

叶靓, 招启军, 徐国华. 2010. 一种适合于旋翼涡流场计算的非结构自适应嵌套网格方法. 空气动力学学报, 28(3):261-266.

朱自强. 1998. 计算流体力学. 北京: 北京航空航天大学出版社.

Berger M J. 1982. Adaptive mesh refinement for hyperbolic partial differential equations. Journal of Computational Physics, 53(84):484-512.

Bottasso C L, Detomi D, Serra R. 2005.The ball-vertex method: a new simple spring analogy method for unstructured dynamic meshes. Computer Methods in Applied Mechanics and Engineering, 194(39): 4244-4264.

Bowyer A. 1981. Computing dirichlet tessellations. The Computer Journal, 24(2): 162-166.

Chan T F, Xu J, Zikatanov L. 1998. An agglomeration multigrid method for unstructured grids. Contemporary Mathematics, 218: 67-81.

Datta A, Sitaraman J, Chopra I, et al. 2006. CFD/CSD prediction of rotor vibratory loads in high-speed flight. Journal of Aircraft, 43(6): 1698-1709.

Dezeeuw D, Powell K G. 1993. An adaptively refined Cartesian mesh solver for the Euler equations. Journal of Computational Physics, 104(1):56-68.

Friedrich O. 1993. A new method for generating inner points of triangulations in two dimensions. Computer Methods in Applied Mechanics and Engineering, 104(1): 77-86.

Jameson A, Yoon S. 1987. Lower-upper implicit schemes with multiple grids for the Euler equations. AIAA Journal, 25(7): 929-935.

Lawson C L. 1977. Software for C^1 surface interpolation. Mathematical Software III, J.R.Rice, ED. New York: Academic Press: 161-194.

Lim J W, Wissink A, Jayaraman B, et al. 2011. Application of adaptive mesh refinement technique in Helios to blade-vortex interaction loading and rotor wakes. Proceedings of the 67th Annual Forum of American Helicopter Society, Virginia Beach, 2011-000315.

Löhner R, Parikh P. 1988. Generation of three-dimensional unstructured grids by the advancing-front method. International Journal for Numerical Methods in Fluids, 8(10): 1135-1149.

Meakin R L. 1995. An efficient means of adaptive refinement within systems of overset grids. AIAA Paper, 1995-1722.

Nishikawa H, Diskin B. 2011. Development and application of parallel agglomerated multi-grid methods for complex geometries. AIAA Paper, 2011-3232.

Samet H. 1984. The quadtree and related hierarchical data structures. ACM Computing Surveys (CSUR), 16(2): 187-260.

Shephard M S, Georges M K. 1991. Automatic three-dimensional mesh generation by the finite octree technique. International Journal for Numerical Methods in Engineering, 32(4): 709-749.

Tanemura M, Ogawa T, Ogita N. 1983. A new algorithm for three-dimensional Voronoi tessellation. Journal of Computational Physics, 51(2): 191-207.

Watson D F. 1981. Computing the n-dimensional Delaunay tessellation with application to Voronoi polytopes. The Computer Journal, 24(2): 167-172.

Wissink A, Potsdam M, Sankaran V, et al. 2010. A coupled unstructured-adaptive Cartesian CFD approach for hover prediction. Proceedings of the 66th Annual Forum of American Helicopter Society. Alexandria, VA: AHS International, 1300-1317.

Zheng Y, Liou M S. 2003. A novel approach of three-dimensional hybrid grid methodology: Part 1. Grid generation. Computer Methods in Applied Mechanics and Engineering, 192(37): 4147-4171.

第6章 旋翼流场的控制方程

对于旋翼流场的计算，为兼顾计算精度和计算代价，采用 Euler 方程或者 Navier-Stokes 方程作为控制方程。与 Euler 方程相比，Navier-Stokes 方程能更精确地描述绕旋翼的涡流场特性，尤其是前飞过程中涡的形成和输运；同时，由于考虑了黏性效应，能够计算出黏性力(摩擦力等)，提高了旋翼气动性能的计算精度。因此，采用 Navier-Stokes 方程作为控制方程对旋翼涡流场及气动特性进行 CFD 计算是可行的。

本章将重点介绍旋翼流场计算的控制方程 (包括 Navier-Stokes 方程和湍流方程)。首先，介绍旋翼流场计算过程中涉及坐标系之间的变换，并分别在旋翼旋转坐标系和绝对坐标系内推导直升机垂直飞行 (悬停)、前飞状态下控制方程的不同形式。

6.1 旋翼的运动与坐标变换

6.1.1 运动坐标系

旋翼运动包括旋转运动、周期性挥舞运动和周期性变距运动等，其中，挥舞角和变距角以桨叶方位角的 Fourier 级数形式表示为

$$
\begin{aligned}
\beta &= \beta_0 + \beta_{1c}\cos\psi + \beta_{1s}\sin\psi + \cdots \\
\theta &= \theta_0 + \theta_{1c}\cos\psi + \theta_{1s}\sin\psi + \cdots \\
\psi &= \Omega t
\end{aligned}
\tag{6-1}
$$

其中，β、θ、ψ、Ω 和 t 分别为旋翼桨叶的挥舞角、变距角、方位角、旋转角速度和时间。在进行旋翼气动特性分析时，桨叶挥舞角和变距角一般只取到一阶。

根据旋翼的周期性运动，常用的旋翼坐标系主要有图 6.1 所示的几种：

(1) 惯性坐标系，又称绝对坐标系，记为 $P_A(O, x, y, z)$；

(2) 旋转坐标系，反映桨叶的旋转运动，其建立在桨叶上，也称为随叶坐标系，属于非惯性系。由绝对坐标系绕 y 轴旋转 ψ 角度得到，记为 $P_R(O, e_1, y, e_3)$；

(3) 挥舞坐标系，反映桨叶的挥舞运动，由旋转坐标系绕 e_1 轴旋转 β 角度得到，记为 $P_F(O, e_1, a_2, a_3)$；

(4) 变距坐标系，反映桨叶的变距运动，由挥舞坐标系绕 a_3 轴旋转 θ 角度得到，记为 $P_P(O, b_1, b_2, a_3)$。

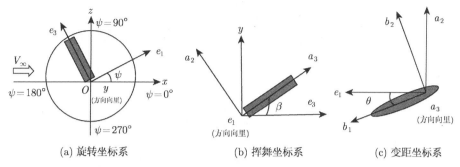

(a) 旋转坐标系　　　　(b) 挥舞坐标系　　　　(c) 变距坐标系

图 6.1　旋翼运动及各坐标系示意图

6.1.2　坐标变换

在计算旋翼前飞流场时经常会遇到坐标变换的问题，比如采用运动嵌套网格方法时需要将旋翼其他坐标系下的网格坐标值转化为绝对坐标系下的网格坐标值。坐标变换的基本形式为

$$
\begin{bmatrix} x_1 \\ y_1 \\ z_1 \end{bmatrix} = \boldsymbol{M}_{21} \begin{bmatrix} x_2 \\ y_2 \\ z_2 \end{bmatrix} \tag{6-2}
$$

其中，$\boldsymbol{M}_{21}$ 称为坐标系 2 到坐标系 1 的变换矩阵。若涉及坐标系均为正交坐标系，则有以下关系：

$$
\boldsymbol{M}_{12} = (\boldsymbol{M}_{21})^{-1} = (\boldsymbol{M}_{21})^{\mathrm{T}} \tag{6-3}
$$

下面给出几个旋翼坐标系之间的基本变换矩阵：

$$
\boldsymbol{M}_{\mathrm{PF}} = \begin{bmatrix} \cos\theta & -\sin\theta & 0 \\ \sin\theta & \cos\theta & 0 \\ 0 & 0 & 1 \end{bmatrix}
$$

$$
\boldsymbol{M}_{\mathrm{FR}} = \begin{bmatrix} 1 & 0 & 0 \\ 0 & \cos\beta & -\sin\beta \\ 0 & \sin\beta & \cos\beta \end{bmatrix} \tag{6-4}
$$

$$
\boldsymbol{M}_{\mathrm{RA}} = \begin{bmatrix} \cos\psi & 0 & -\sin\psi \\ 0 & 1 & 0 \\ \sin\psi & 0 & \cos\psi \end{bmatrix}
$$

考虑旋翼贴体网格将跟随桨叶做旋转、挥舞及变距等运动，此时旋翼网格点坐标转换到静止的背景网格坐标系下，即变距坐标系到绝对坐标系的转换，该变换矩阵可由式 (6-4) 中的三个变换矩阵的组合获得，其表达形式为

$$M_{\mathrm{PA}} = M_{\mathrm{RA}} M_{\mathrm{FR}} M_{\mathrm{PF}} \tag{6-5}$$

6.1.3 旋翼变距坐标系下的角速度矢量表达

根据旋翼方位角、挥舞角和变距角的定义，旋翼的角速度矢量可表示为

$$\boldsymbol{\omega} = -\frac{\mathrm{d}\psi}{\mathrm{d}t}\boldsymbol{y} - \frac{\mathrm{d}\beta}{\mathrm{d}t}\boldsymbol{e}_1 - \frac{\mathrm{d}\theta}{\mathrm{d}t}\boldsymbol{a}_3 \tag{6-6}$$

可以将式 (6-6) 中的 $\boldsymbol{y}, \boldsymbol{e}_1, \boldsymbol{a}_3$ 在旋翼变距坐标系下表示，并可得到旋翼变距坐标系下的角速度矢量表达式。将旋翼变距坐标系的三个坐标轴方向的单位矢量重新记为 $(\boldsymbol{i}_r, \boldsymbol{j}_r, \boldsymbol{k}_r)$，分别对应 $(\boldsymbol{b}_1, \boldsymbol{b}_2, \boldsymbol{a}_3)$。$\boldsymbol{a}_3$ 本身为旋翼变距坐标系的一个坐标轴，因此无需求出。此时，$\boldsymbol{y}$、$\boldsymbol{e}_1$ 在旋翼变距坐标系下的表达式分别为

$$\begin{aligned}
\boldsymbol{y} &= M_{\mathrm{PA}}(2,1)\boldsymbol{i}_r + M_{\mathrm{PA}}(2,2)\boldsymbol{j}_r + M_{\mathrm{PA}}(2,3)\boldsymbol{k}_r \\
&= \sin\theta\cos\beta\boldsymbol{i}_r - \cos\theta\sin\beta\boldsymbol{j}_r - \sin\beta\boldsymbol{k}_r \\
\boldsymbol{e}_1 &= M_{\mathrm{PF}}(1,1)\boldsymbol{i}_r + M_{\mathrm{PF}}(1,2)\boldsymbol{j}_r + M_{\mathrm{PF}}(1,3)\boldsymbol{k}_r \\
&= \cos\theta\boldsymbol{i}_r - \sin\theta\boldsymbol{j}_r
\end{aligned} \tag{6-7}$$

将式 (6-7) 代入式 (6-6) 中即可得到旋翼变距坐标系下旋翼角速度矢量表达式。

6.2 垂直飞行状态旋翼流场求解的控制方程

由第 2 章的推导可知，惯性坐标系下以绝对物理量为参数的守恒积分形式的可压 RANS 方程为

$$\frac{\partial}{\partial t}\iiint\limits_V \boldsymbol{W}\mathrm{d}V + \iint\limits_S (\boldsymbol{F}_{\mathrm{c}} - \boldsymbol{F}_{\mathrm{v}})\cdot\boldsymbol{n}\mathrm{d}S = 0 \tag{6-8}$$

垂直飞行状态旋翼的流场具有旋转对称性特征，可将坐标轴固连于旋转的桨叶上，其中，定义 y 轴沿旋转轴向下，x 轴由桨叶前缘指向后缘，z 轴从桨叶桨根指向桨尖。悬停状态可以看作是一种特殊的垂直飞行状态，即爬升速度为零。

垂直飞行状态在旋翼桨叶旋转坐标系下的控制方程形式会有所变化，为方便起见，以可压 Euler 方程为例来推导适用于悬停状态旋翼流场分析的控制方程 (Agarwal and Deese，1987)。

设所规定的旋转坐标系下的绝对速度、相对速度和旋转速度分别为 (u, v, w)、(u_r, v_r, w_r) 和 $(u_\Omega, v_\Omega, w_\Omega)$。上述三个速度存在如下关系：

$$\begin{aligned}
u &= u_r - u_\Omega \\
v &= v_r - v_\Omega \\
w &= w_r - w_\Omega
\end{aligned} \tag{6-9}$$

其中，$u_\Omega = -\Omega z$，$v_\Omega = 0$，$w_\Omega = \Omega x$，Ω 为旋翼旋转角速度。

将坐标系固连于旋翼桨叶上，由于桨叶坐标系是旋转坐标系，属于非惯性系。在推导适用于垂直飞行流场计算的动量方程时需要考虑坐标系旋转产生的科里奥利力(Coriolis force) 与离心力。这可以从惯性系和非惯性系下的矢量关系推导得出。图 6.2 为垂直飞行时非惯性坐标示意图。

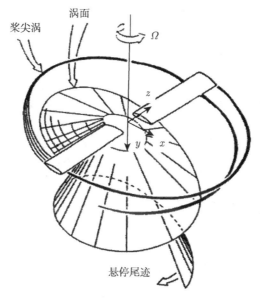

图 6.2 垂直飞行时非惯性坐标示意图

以绝对速度矢量 $\boldsymbol{V}$ 为例，在惯性系和非惯性系下的表达式分别为

$$\begin{aligned}\boldsymbol{V} &= u\boldsymbol{i} + v\boldsymbol{j} + w\boldsymbol{k} \\ \boldsymbol{V} &= u_r\boldsymbol{i}_r + v_r\boldsymbol{j}_r + w_r\boldsymbol{k}_r\end{aligned} \tag{6-10}$$

则

$$\begin{aligned}\frac{\mathrm{D}\boldsymbol{V}}{\mathrm{D}t} &= \frac{\mathrm{d}u}{\mathrm{d}t}\boldsymbol{i} + \frac{\mathrm{d}v}{\mathrm{d}t}\boldsymbol{j} + \frac{\mathrm{d}w}{\mathrm{d}t}\boldsymbol{k} \\ &= \frac{\mathrm{d}u_r}{\mathrm{d}t}\boldsymbol{i}_r + \frac{\mathrm{d}v_r}{\mathrm{d}t}\boldsymbol{j}_r + \frac{\mathrm{d}w_r}{\mathrm{d}t}\boldsymbol{k}_r + u_r\frac{\mathrm{d}}{\mathrm{d}t}\boldsymbol{i}_r + v_r\frac{\mathrm{d}}{\mathrm{d}t}\boldsymbol{j}_r + w_r\frac{\mathrm{d}}{\mathrm{d}t}\boldsymbol{k}_r\end{aligned} \tag{6-11}$$

式中 $\frac{\mathrm{d}}{\mathrm{d}t}\boldsymbol{i}_r = \boldsymbol{\omega} \times \boldsymbol{i}_r$，那么式 (6-11) 也可以写为

$$\frac{\mathrm{D}\boldsymbol{V}}{\mathrm{D}t} = \frac{\mathrm{d}\boldsymbol{V}}{\mathrm{d}t} + \boldsymbol{\omega} \times \boldsymbol{V} \tag{6-12}$$

其中，$\frac{\mathrm{D}}{\mathrm{D}t}$ 表示惯性系下对时间的导数，$\frac{\mathrm{d}}{\mathrm{d}t}$ 表示非惯性系下对时间的导数。式 (6-12)

给出了惯性系与非惯性系下物质导数之间的关系。

假设 a 代表绝对坐标系，r 表示相对坐标系，则式 (6-12) 可以写为

$$
\begin{aligned}
\left(\frac{\mathrm{d}\boldsymbol{V}}{\mathrm{d}t}\right)_a &= \left(\frac{\mathrm{d}\boldsymbol{V}}{\mathrm{d}t}\right)_r + \boldsymbol{\omega}\times\boldsymbol{V} \\
&= \left(\frac{\mathrm{d}(\boldsymbol{V}_r+\boldsymbol{\omega}\times\boldsymbol{r})}{\mathrm{d}t}\right)_r + \boldsymbol{\omega}\times(\boldsymbol{V}_r+\boldsymbol{\omega}\times\boldsymbol{r}) \\
&= \left(\frac{\mathrm{d}\boldsymbol{V}_r}{\mathrm{d}t}\right)_r + 2\boldsymbol{\omega}\times\boldsymbol{V}_r + \boldsymbol{\omega}\times\boldsymbol{\omega}\times\boldsymbol{r}
\end{aligned}
\tag{6-13}
$$

式中，$2\boldsymbol{\omega}\times\boldsymbol{V}_r$ 和 $\boldsymbol{\omega}\times\boldsymbol{\omega}\times\boldsymbol{r}$ 分别代表了科里奥利力和离心力。这印证了理论力学中的观点：在旋转坐标系中，运动物体的相对运动受到两个惯性力的作用，分别为科里奥利力和离心力。

以上述为基础可以继续对旋翼悬停状态下的控制方程进行推导。对于旋翼流场内单位控制体，其科里奥利力的计算可以写为

$$
\boldsymbol{F}_c = -2\rho\boldsymbol{\omega}\times\boldsymbol{V}_r
\tag{6-14}
$$

其中，旋转角速度为 $\boldsymbol{\omega}=(0,-\varOmega,0)$，相对速度为 $\boldsymbol{V}_r=(u_r,v_r,w_r)$，则科里奥利力为 $\boldsymbol{F}_c=-(-2\rho\varOmega w_r,0,2\rho\varOmega u_r)$。

对于离心力 $\boldsymbol{F}_1=\rho\varOmega^2\cdot\boldsymbol{r}$，由于悬停时是绕 y 轴旋转，那么单位控制体的位置矢量为 $\boldsymbol{r}=(x,0,z)$，离心力为 $\boldsymbol{F}_1=(\rho\varOmega^2 x,0,\rho\varOmega^2 z)$。

需要将科里奥利力与离心力的贡献添加到 x 和 z 方向的动量方程中，以源项的形式体现。将旋翼坐标系下的速度，即相对速度，代入可压 Euler 控制方程中，则可得到：

$$
\frac{\partial\boldsymbol{q}}{\partial t} + \frac{\partial\boldsymbol{L}}{\partial x} + \frac{\partial\boldsymbol{M}}{\partial y} + \frac{\partial\boldsymbol{N}}{\partial z} = \boldsymbol{T}
\tag{6-15}
$$

其中，$\boldsymbol{q}=\begin{bmatrix}\rho\\\rho u_r\\\rho v_r\\\rho w_r\\\rho e_r\end{bmatrix}$，$\boldsymbol{L}=\begin{bmatrix}\rho u_r\\\rho u_r^2+p\\\rho u_r v_r\\\rho u_r w_r\\\rho u_r h_r\end{bmatrix}$，$\boldsymbol{M}=\begin{bmatrix}\rho v_r\\\rho v_r u_r\\\rho v_r^2+p\\\rho v_r w_r\\\rho v_r h_r\end{bmatrix}$，$\boldsymbol{N}=\begin{bmatrix}\rho w_r\\\rho w_r u_r\\\rho w_r v_r\\\rho w_r^2+p\\\rho w_r h_r\end{bmatrix}$，$\boldsymbol{T}=$

$\begin{bmatrix}0\\\rho\varOmega^2 x-2\rho\varOmega w_r\\0\\\rho\varOmega^2 z+2\rho\varOmega u_r\\0\end{bmatrix}$，$\boldsymbol{T}$ 为旋转坐标系下的源项，由科里奥利力与离心力组成。

总转能与总转焓方程为

$$e_r = \frac{p}{(\gamma - 1)\rho} + \frac{1}{2}(u_r^2 + v_r^2 + w_r^2) - \frac{1}{2}(u_\Omega^2 + w_\Omega^2)$$

$$h_r = e_r + \frac{p}{\rho} \tag{6-16}$$

式 (6-15) 和式 (6-16) 构成了旋转坐标下的控制方程, 需要转化为以绝对物理量为参量的控制方程, 便于求解. 将绝对速度代入上述控制方程, 并对方程进行了详细推导, 具体过程如下.

1) 质量方程

$$\frac{\partial \rho}{\partial t} + \frac{\partial \rho u_r}{\partial x} + \frac{\partial \rho v_r}{\partial y} + \frac{\partial \rho w_r}{\partial z} = 0$$

$$\Rightarrow \frac{\partial \rho}{\partial t} + \frac{\partial \rho u}{\partial x} + \frac{\partial \rho u_\Omega}{\partial x} + \frac{\partial \rho v}{\partial y} + \frac{\partial \rho v_\Omega}{\partial y} + \frac{\partial \rho w}{\partial z} + \frac{\partial \rho w_\Omega}{\partial z} = 0 \tag{6-17}$$

$$\Rightarrow \frac{\partial \rho}{\partial t} + \frac{\partial \rho u}{\partial x} + \frac{\partial \rho v}{\partial y} + \frac{\partial \rho w}{\partial z} + u_\Omega \frac{\partial \rho}{\partial x} + w_\Omega \frac{\partial \rho}{\partial z} = 0$$

2) 动量方程

以 x 方向动量方程为例,

$$\frac{\partial \rho u_r}{\partial t} + \frac{\partial (\rho u_r^2 + p)}{\partial x} + \frac{\partial \rho u_r v_r}{\partial y} + \frac{\partial \rho u_r w_r}{\partial z} = \rho \Omega^2 x - 2\rho \Omega w_r$$

$$\Rightarrow \left[\frac{\partial \rho u}{\partial t} + u_\Omega \frac{\partial \rho}{\partial t} \right] + \left[\frac{\partial (\rho u^2 + p)}{\partial x} + \frac{\partial (2\rho u u_\Omega + \rho u_\Omega^2)}{\partial x} \right] + \left[\frac{\partial \rho u v}{\partial y} + \frac{\partial \rho u_\Omega v}{\partial y} \right]$$

$$+ \left[\frac{\partial \rho u w}{\partial z} + \frac{\partial \rho (u_\Omega w + u w_\Omega + u_\Omega w_\Omega)}{\partial z} \right] = -2\rho \Omega w - \rho \Omega w_\Omega$$

$$\Rightarrow \left[\frac{\partial \rho u}{\partial t} + \frac{\partial (\rho u^2 + p)}{\partial x} + \frac{\partial \rho u v}{\partial y} + \frac{\partial \rho u w}{\partial z} \right] + \left[u_\Omega \frac{\partial \rho}{\partial t} + 2 \left(u_\Omega \frac{\partial \rho u}{\partial x} + \rho u \frac{\partial u_\Omega}{\partial x} \right) \right.$$

$$+ \frac{\partial \rho u_\Omega^2}{\partial x} + u_\Omega \frac{\partial \rho v}{\partial y} + \rho v \frac{\partial u_\Omega}{\partial y} + u_\Omega \frac{\partial \rho w}{\partial z} + \rho w \frac{\partial u_\Omega}{\partial z} + w_\Omega \frac{\partial \rho u}{\partial z} + \rho u \frac{\partial w_\Omega}{\partial z} + \frac{\partial \rho u_\Omega w_\Omega}{\partial z} \right]$$

$$= -2\rho \Omega w - \rho \Omega w_\Omega$$

对于上式中的左边第二项, 消去零项, 可以整理得到:

$$u_\Omega \left(\frac{\partial \rho}{\partial t} + \frac{\partial \rho u}{\partial x} + \frac{\partial \rho v}{\partial y} + \frac{\partial \rho w}{\partial z} + u_\Omega \frac{\partial \rho}{\partial x} + w_\Omega \frac{\partial \rho}{\partial z} \right) + u_\Omega \frac{\partial \rho u}{\partial x} + w_\Omega \frac{\partial \rho u}{\partial z} + \rho w \frac{\partial u_\Omega}{\partial z} + \rho \frac{\partial u_\Omega w_\Omega}{\partial z}$$

其中, 出现了包含质量方程的项 (即括号内的和为零), 将 $u_\Omega = -\Omega z$ 和 $w_\Omega = \Omega x$ 代入上式中, 则上式可以化简为

$$u_\Omega \frac{\partial \rho u}{\partial x} + w_\Omega \frac{\partial \rho u}{\partial z} + \rho w \frac{\partial u_\Omega}{\partial z} + \rho \frac{\partial u_\Omega w_\Omega}{\partial z} = u_\Omega \frac{\partial \rho u}{\partial x} + w_\Omega \frac{\partial \rho u}{\partial z} - \rho \Omega w - \rho \Omega w_\Omega$$

那么，x 方向的动量方程可以写为

$$\frac{\partial \rho u}{\partial t} + \frac{\partial (\rho u^2 + p)}{\partial x} + \frac{\partial \rho uv}{\partial y} + \frac{\partial \rho uw}{\partial z} + u_\Omega \frac{\partial \rho u}{\partial x} + w_\Omega \frac{\partial \rho u}{\partial z} - \rho \Omega w - \rho \Omega w_\Omega = -2\rho \Omega w - \rho \Omega w_\Omega$$

$$\Rightarrow \frac{\partial \rho u}{\partial t} + \frac{\partial (\rho u^2 + p)}{\partial x} + \frac{\partial \rho uv}{\partial y} + \frac{\partial \rho uw}{\partial z} + u_\Omega \frac{\partial \rho u}{\partial x} + w_\Omega \frac{\partial \rho u}{\partial z} = -\rho \Omega w$$

$$(6\text{-}18)$$

同理，y，z 方向的动量方程也可以按上述方式推导得到

$$\frac{\partial \rho v}{\partial t} + \frac{\partial \rho uv}{\partial x} + \frac{\partial (\rho v^2 + p)}{\partial y} + \frac{\partial \rho vw}{\partial z} + u_\Omega \frac{\partial \rho v}{\partial x} + w_\Omega \frac{\partial \rho v}{\partial z} = 0 \qquad (6\text{-}19)$$

$$\frac{\partial \rho w}{\partial t} + \frac{\partial \rho uw}{\partial x} + \frac{\partial \rho vw}{\partial y} + \frac{\partial (\rho w^2 + p)}{\partial z} + u_\Omega \frac{\partial \rho w}{\partial x} + w_\Omega \frac{\partial \rho w}{\partial z} = \rho \Omega u \qquad (6\text{-}20)$$

3) 能量方程

$$\frac{\partial \rho e_r}{\partial t} + \frac{\partial \rho u_r h_r}{\partial x} + \frac{\partial \rho v_r h_r}{\partial y} + \frac{\partial \rho w_r h_r}{\partial z} = 0$$

将上式部分展开得到：

$$\frac{\partial \rho e}{\partial t} + \frac{\partial \rho P}{\partial t} + \frac{\partial \rho uh}{\partial x} + \frac{\partial \rho hu_\Omega}{\partial x} + \frac{\partial \rho Pu_r}{\partial x} + \frac{\partial \rho vh}{\partial y} + \frac{\partial \rho hv_\Omega}{\partial y}$$

$$+ \frac{\partial \rho Pv_r}{\partial y} + \frac{\partial \rho wh}{\partial z} + \frac{\partial \rho hw_\Omega}{\partial z} + \frac{\partial \rho Pw_r}{\partial z} = 0$$

其中，$P = uu_\Omega + ww_\Omega$，将 P 代入上式，进一步整理可以得到

$$\frac{\partial \rho e}{\partial t} + \frac{\partial \rho uh}{\partial x} + \frac{\partial \rho vh}{\partial y} + \frac{\partial \rho wh}{\partial z} + u_\Omega \frac{\partial \rho e}{\partial x} + w_\Omega \frac{\partial \rho e}{\partial z} + u_\Omega \frac{\partial p}{\partial x} + w_\Omega \frac{\partial p}{\partial z}$$

$$+ u_\Omega \left(\frac{\partial \rho u}{\partial t} + \frac{\partial \rho u^2}{\partial x} + \frac{\partial \rho uv}{\partial y} + \frac{\partial \rho uw}{\partial z} + u_\Omega \frac{\partial \rho u}{\partial x} \right) + \frac{\partial \rho wu_\Omega w_\Omega}{\partial x}$$

$$+ w_\Omega \left(\frac{\partial \rho w}{\partial t} + \frac{\partial \rho uw}{\partial x} + \frac{\partial \rho wv}{\partial y} + \frac{\partial \rho w^2}{\partial z} + w_\Omega \frac{\partial \rho w}{\partial z} \right) + \frac{\partial \rho uu_\Omega w_\Omega}{\partial z} = 0$$

将 x，z 方向的动量方程代入上式，可得

$$\frac{\partial \rho e}{\partial t} + \frac{\partial \rho uh}{\partial x} + \frac{\partial \rho vh}{\partial y} + \frac{\partial \rho wh}{\partial z} + u_\Omega \frac{\partial \rho e}{\partial x} + w_\Omega \frac{\partial \rho e}{\partial z} + u_\Omega \frac{\partial p}{\partial x} + w_\Omega \frac{\partial p}{\partial z}$$

$$+ u_\Omega \left(-\rho w\Omega - \frac{\partial p}{\partial x} - w_\Omega \frac{\partial \rho u}{\partial z} \right) + w_\Omega \left(\rho u\Omega - \frac{\partial p}{\partial z} - u_\Omega \frac{\partial \rho w}{\partial x} \right)$$

$$+ \rho w\Omega u_\Omega + u_\Omega w_\Omega \frac{\partial \rho w}{\partial x} - \rho u\Omega w_\Omega + u_\Omega w_\Omega \frac{\partial \rho u}{\partial z} = 0$$

进一步地整理可以消去一些项，得到

$$\frac{\partial \rho e}{\partial t} + \frac{\partial \rho uh}{\partial x} + \frac{\partial \rho vh}{\partial y} + \frac{\partial \rho wh}{\partial z} + u_\Omega \frac{\partial \rho e}{\partial x} + w_\Omega \frac{\partial \rho e}{\partial z} = 0 \tag{6-21}$$

经过详细地推导，由式 (6-17)~式 (6-21) 可以得到旋转坐标系下以绝对物理量为参数的控制方程，整理可得

$$\frac{\partial \boldsymbol{W}}{\partial t} + \frac{\partial \boldsymbol{F}_x}{\partial x} + \frac{\partial \boldsymbol{F}_y}{\partial y} + \frac{\partial \boldsymbol{F}_z}{\partial z} + u_\Omega \frac{\partial \boldsymbol{W}}{\partial x} + w_\Omega \frac{\partial \boldsymbol{W}}{\partial z} = \boldsymbol{Q} \tag{6-22}$$

其中，$\boldsymbol{W} = \begin{bmatrix} \rho \\ \rho u \\ \rho v \\ \rho w \\ \rho e \end{bmatrix}$, $\boldsymbol{F}_x = \begin{bmatrix} \rho u \\ \rho u^2 + p \\ \rho uv \\ \rho uw \\ \rho uh \end{bmatrix}$, $\boldsymbol{F}_y = \begin{bmatrix} \rho v \\ \rho vu \\ \rho v^2 + p \\ \rho vw \\ \rho vh \end{bmatrix}$, $\boldsymbol{F}_z = \begin{bmatrix} \rho w \\ \rho wu \\ \rho wv \\ \rho w^2 + p \\ \rho wh \end{bmatrix}$,

$\boldsymbol{Q} = \begin{bmatrix} 0 \\ -\rho \Omega w \\ 0 \\ \rho \Omega u \\ 0 \end{bmatrix}$。

绝对速度下的总能 e 与总焓 h 的关系式变为

$$\begin{aligned} e &= \frac{p}{(\gamma-1)\rho} + \frac{1}{2}(u^2 + v^2 + w^2) \\ h &= e + \frac{p}{\rho} \end{aligned} \tag{6-23}$$

令 $\boldsymbol{F}_c = \boldsymbol{F}_x \boldsymbol{i}_x + \boldsymbol{F}_y \boldsymbol{i}_y + \boldsymbol{F}_z \boldsymbol{i}_z$, $\boldsymbol{\Omega} = u_\Omega \boldsymbol{i}_x + v_\Omega \boldsymbol{i}_y + w_\Omega \boldsymbol{i}_z$, 式 (6-22) 可写成：

$$\frac{\partial \boldsymbol{W}}{\partial t} + \nabla \cdot \boldsymbol{F}_c + \boldsymbol{\Omega} \cdot \nabla \boldsymbol{W} = \boldsymbol{Q} \tag{6-24}$$

可将微分形式的控制方程写成如下积分形式：

$$\frac{\partial}{\partial t} \iiint_V \boldsymbol{W} \mathrm{d}V + \iint_S \boldsymbol{F}_c \cdot \boldsymbol{n} \mathrm{d}S + \iint_S \boldsymbol{\Omega} \cdot \boldsymbol{n} \boldsymbol{W} \mathrm{d}S = \iiint_V \boldsymbol{Q} \mathrm{d}V \tag{6-25}$$

式 (6-25) 即为以绝对物理量为参数的守恒积分形式的可压 Euler 方程。如果考虑黏性影响，我们将式 (6-25) 左边后两项合并，再考虑黏性项，即可得到以绝对物理量为参数的守恒积分形式垂直飞行状态旋翼流场的 Navier-Stokes 控制方程。

$$\begin{aligned} &\frac{\partial}{\partial t} \iiint_V \boldsymbol{W} \mathrm{d}V + \iint_S \boldsymbol{F}_c \cdot \boldsymbol{n} \mathrm{d}S + \iint_S \boldsymbol{\Omega} \cdot \boldsymbol{n} \boldsymbol{W} \mathrm{d}S - \iint_S \boldsymbol{F}_v \cdot \boldsymbol{n} \mathrm{d}S \\ &= \frac{\partial}{\partial t} \iiint_V \boldsymbol{W} \mathrm{d}V + \iint_S \left(\boldsymbol{F}_c^M - \boldsymbol{F}_v \right) \cdot \boldsymbol{n} \mathrm{d}S = \iiint_V \boldsymbol{Q} \mathrm{d}V \end{aligned} \tag{6-26}$$

其中，$\boldsymbol{F}_c^M = \boldsymbol{F}_c - (-\boldsymbol{\Omega W}) = \boldsymbol{F}_c - \boldsymbol{q}_\omega \boldsymbol{W}$，$\boldsymbol{q}_\omega = -\boldsymbol{\Omega} = (-\boldsymbol{\omega}) \times \boldsymbol{r}$ 为牵连角速度 (由于悬停状态下参考坐标系建立在旋翼桨叶上，因此牵连角速度与桨叶旋转角速度方向相反)，$\boldsymbol{q}_\omega \boldsymbol{W}$ 称为旋转通量矢量，该项是考虑旋翼旋转相对运动的无黏项修正量。守恒变量、无黏通量、黏性通量和源项分别为

$$
\boldsymbol{W} = \begin{bmatrix} \rho \\ \rho u \\ \rho v \\ \rho w \\ \rho e \end{bmatrix}, \quad \boldsymbol{F}_c^M = \begin{bmatrix} \rho(\boldsymbol{q} - \boldsymbol{q}_\omega) \\ \rho u(\boldsymbol{q} - \boldsymbol{q}_\omega) + p\boldsymbol{i}_x \\ \rho v(\boldsymbol{q} - \boldsymbol{q}_\omega) + p\boldsymbol{i}_y \\ \rho w(\boldsymbol{q} - \boldsymbol{q}_\omega) + p\boldsymbol{i}_z \\ \rho h(\boldsymbol{q} - \boldsymbol{q}_\omega) + p\boldsymbol{q}_\omega \end{bmatrix},
$$

$$
\boldsymbol{F}_v = \begin{bmatrix} 0 \\ \tau_{xx}\boldsymbol{i}_x + \tau_{xy}\boldsymbol{i}_y + \tau_{xz}\boldsymbol{i}_z \\ \tau_{xy}\boldsymbol{i}_x + \tau_{yy}\boldsymbol{i}_y + \tau_{yz}\boldsymbol{i}_z \\ \tau_{xz}\boldsymbol{i}_x + \tau_{yz}\boldsymbol{i}_y + \tau_{zz}\boldsymbol{i}_z \\ \Theta_x\boldsymbol{i}_x + \Theta_y\boldsymbol{i}_y + \Theta_z\boldsymbol{i}_z \end{bmatrix}, \quad \boldsymbol{Q} = \begin{bmatrix} 0 \\ -\rho w\Omega \\ 0 \\ \rho u\Omega \\ 0 \end{bmatrix}
$$

$$(6\text{-}27)$$

其中，定义旋翼旋转角速度为 $\boldsymbol{\omega} = (0, -\Omega, 0)^{\mathrm{T}}$，绝对速度 $\boldsymbol{q} = (u, v, w)^{\mathrm{T}}$，$\boldsymbol{q}_\omega$ 为牵连角速度；V 为流场控制体体积，S 为控制体表面积，$\boldsymbol{n} = (n_x, n_y, n_z)$ 为控制体表面的法矢量，ρ、p、e、h 分别表示流体单元的密度、压强、总内能、总焓能，$\boldsymbol{i}_x$、$\boldsymbol{i}_y$ 和 $\boldsymbol{i}_z$ 分别代表三个坐标方向的单位矢量。

黏性相关各分量定义均与第 2 章中定义一样，这里不再赘述。

6.3　前飞状态旋翼非定常流场的控制方程

对于前飞状态旋翼非定常流场，CFD 计算一般在惯性坐标系中进行，与垂直飞行状态旋翼流场的控制方程形式略有不同，此时不需要附加的源项来考虑科里奥利力的影响。前飞情况下，旋翼桨叶的运动比垂直飞行时要复杂一些，除了旋转运动外，还存在周期挥舞和周期变距等运动，使得旋翼的流场非定常特征十分明显，给旋翼的 CFD 分析带来了很大困难。

由于前飞时旋翼流场和运动不存在垂直飞行时的旋转对称性，可以将坐标系建立在惯性坐标系中，这样有效地避免了因科里奥利力与离心力的引入导致的方程变形复杂。这里给出以绝对物理量为参数的守恒积分形式的可压非定常 N-S 方程，其形式如下：

$$
\frac{\partial}{\partial t} \iiint\limits_V \boldsymbol{W} \mathrm{d}V + \iint\limits_S \left(\boldsymbol{F}_c^M - \boldsymbol{F}_v \right) \cdot \boldsymbol{n} \mathrm{d}S = 0 \tag{6-28}
$$

其中，$\boldsymbol{W} = \begin{bmatrix} \rho \\ \rho u \\ \rho v \\ \rho w \\ \rho e \end{bmatrix}$，$\boldsymbol{F}_c^M = \begin{bmatrix} \rho(\boldsymbol{q} - \boldsymbol{q}_\omega) \\ \rho u(\boldsymbol{q}-\boldsymbol{q}_\omega)+p\boldsymbol{i}_x \\ \rho v(\boldsymbol{q}-\boldsymbol{q}_\omega)+p\boldsymbol{i}_y \\ \rho w(\boldsymbol{q}-\boldsymbol{q}_\omega)+p\boldsymbol{i}_z \\ \rho h(\boldsymbol{q}-\boldsymbol{q}_\omega)+p\boldsymbol{q}_\omega \end{bmatrix}$，$\boldsymbol{F}_v = \begin{bmatrix} 0 \\ \tau_{xx}\boldsymbol{i}_x+\tau_{xy}\boldsymbol{i}_y+\tau_{xz}\boldsymbol{i}_z \\ \tau_{xy}\boldsymbol{i}_x+\tau_{yy}\boldsymbol{i}_y+\tau_{yz}\boldsymbol{i}_z \\ \tau_{xz}\boldsymbol{i}_x+\tau_{yz}\boldsymbol{i}_y+\tau_{zz}\boldsymbol{i}_z \\ \Theta_x\boldsymbol{i}_x+\Theta_y\boldsymbol{i}_y+\Theta_z\boldsymbol{i}_z \end{bmatrix}$。

旋翼网格单元绝对速度 $\boldsymbol{q} = (u,v,w)^{\mathrm{T}}$，牵连速度为 $\boldsymbol{q}_\omega = (u_\Omega, v_\Omega, w_\Omega)^{\mathrm{T}}$。当采用旋翼运动嵌套网格方法时，$\boldsymbol{q}_\omega$ 为网格速度。

总能与总焓方程与式 (6-23) 一致。

若忽略黏性的影响，式 (6-28) 可以简化为 Euler 方程，其积分形式为

$$\frac{\partial}{\partial t}\iiint_V \boldsymbol{W}\mathrm{d}V + \iint_S \boldsymbol{F}_c^M \cdot \boldsymbol{n}\mathrm{d}S = 0 \tag{6-29}$$

为了避免网格变形带来的误差，Thomas 和 Lombard 指出控制方程中需要考虑除质量守恒、动量方程、能量方程三个基本方程组以外的另一个守恒定律 (Blazek J，2001)——体积守恒定律(geometric conservation law，GCL)，可以从连续方程中推导出来。

对于运动网格，质量方程可以写成：

$$\frac{\partial}{\partial t}\iiint_V \rho\mathrm{d}V - \iint_S \rho(\boldsymbol{\Omega} - \boldsymbol{\Omega}_t)\mathrm{d}\boldsymbol{S} = 0 \tag{6-30}$$

式 (6-30) 对于均匀流速和常密度流体是必然成立的。式 (6-30) 可以给出 GCL 的具体积分形式：

$$\frac{\partial}{\partial t}\iiint_V \mathrm{d}V - \iint_S \boldsymbol{\Omega}_t\mathrm{d}\boldsymbol{S} = 0 \tag{6-31}$$

其中，V 为控制体的体积，$\boldsymbol{\Omega}_t$ 为控制体微元运动速度矢量。

从式 (6-31) 中可以看出，GCL 与控制体微元的运动相关。需要指出的是，对于控制体的形状不随时间变化的运动网格，GCL 是自动满足的。该方程式需要与流体控制方程一起求解，离散格式与式 (6-28) 的处理相同。

6.4 湍 流 模 型

在计算流场控制方程的黏性通量时，往往需要用到黏性系数 μ 和热传导系数 k 的值，一般来说其计算公式为

$$\mu = \mu_l + \mu_t$$
$$k = k_l + k_t = C_p\left(\frac{\mu_l}{Pr_l} + \frac{\mu_t}{Pr_t}\right) \tag{6-32}$$

式中，μ_l 和 μ_t 分别为层流和湍流的黏性系数，Pr_l 和 Pr_t 分别为层流和湍流的普朗特系数，其中，$Pr_l = 0.72$、$Pr_t = 0.9$，C_p 为比定压热容。

对于层流黏性系数 μ_l，其计算可采用 Sutherland 公式确定

$$\frac{\mu_l}{\mu_\infty} = \frac{T_\infty + C}{T + C} \left(\frac{T}{T_\infty} \right)^{1.5} \tag{6-33}$$

其中，T_∞、μ_∞ 为自由来流值，常数 $C=110.4$ K。

对于湍流黏性系数 μ_t 的计算，为了使得控制方程封闭，需引入相关的湍流模型。常用的湍流模型种类很多，一般来说根据额外引入的控制方程数目不同，可分为零方程模型、一方程模型和二方程模型等。针对旋翼非定常流动的特点，本节将介绍几种旋翼流场模拟常用到的湍流模型：Baldwin-Lomax 湍流模型 (Baldwin and Lomax，1978)，Spalart-Allmaras 湍流模型 (Spalart and Allmaras，1992) 和 SST 湍流模型 (Menter，1994)。在实际应用中可针对不同流场特点和需求采用不同的湍流模型，求解湍流黏性系数 μ_t。

6.4.1　Baldwin-Lomax 湍流模型

Baldwin-Lomax(B-L) 湍流模型为代数模型，可直接通过代数表达式给出湍流黏性系数 μ_t。它具有计算量小、不需要迭代求解的优势，且具有较强的鲁棒性。它能较好地模拟无分离及局部小分离流动，但对于大分离流动难以准确模拟。

B-L 湍流模型将流动分为内外两层，对不同的流动特征选取不同的涡黏系数。在内层采用混合长度模型计算，在外层采用尾迹亏损率模型计算。

1) 内层模型

$$(\mu_t)_{\mathrm{inner}} = \rho l^2 |\Omega| \tag{6-34}$$

其中，涡量值 $|\Omega|$、混合长度 l 按式 (6-35) 计算：

$$|\Omega| = \sqrt{\left(\frac{\partial u}{\partial y} - \frac{\partial v}{\partial x} \right)^2 + \left(\frac{\partial v}{\partial z} - \frac{\partial w}{\partial y} \right)^2 + \left(\frac{\partial w}{\partial x} - \frac{\partial u}{\partial z} \right)^2}$$

$$l = ky[1 - \exp(-y^+/A^+)] \tag{6-35}$$

$$y^+ = \frac{\sqrt{\rho_{\mathrm{w}} \tau_{\mathrm{w}}}}{\mu_{\mathrm{w}}} y$$

其中，ρ_{w} 是壁面处流体密度，μ_{w} 为壁面处流体黏性系数，τ_{w} 为壁面摩擦应力，y 为网格单元中心与壁面的距离。

2) 外层模型

$$(\mu_t)_{outer} = \rho K C_{cp} F_{wake} F_{kleb}(y)$$

$$F_{wake} = \min\left(y_{max}F_{max}, \frac{C_{wk}y_{max}u_{dif}^2}{F_{max}}\right)$$

$$F(y) = y|\Omega|\left[1 - \exp(-y^+/A^+)\right] \qquad (6\text{-}36)$$

$$u_{dif} = (\sqrt{u^2 + v^2 + w^2})_{max} - (\sqrt{u^2 + v^2 + w^2})_{min}$$

$$F_{kleb}(y) = \left[1 + 5.5\left(\frac{C_{kleb}y}{y_{max}}\right)^6\right]^{-1}$$

其中, 尾迹区中取 $\exp(-y^+/A^+) = 0$, F_{max} 是函数 $F(y)$ 的最大值, 此时 $y = y_{max}$。

则湍流黏性系数最终表达式如下:

$$\mu_t = \begin{cases} (\mu_t)_{inner}, & y \leqslant y_{crossover} \\ (\mu_t)_{outer}, & y > y_{crossover} \end{cases} \qquad (6\text{-}37)$$

其中, $y_{crossover} = \min\{y|(\mu_t)_{inner} = (\mu_t)_{outer}\}$。

同时考虑转捩的影响 (如果没有转捩, 即为层流附面层), 如果在某个速度型内最大黏性系数满足:

$$(\mu_t)_{max} < C_{mutm}\mu_\infty \quad (C_{mutm} = 14.0) \qquad (6\text{-}38)$$

则令这个速度型中的湍流黏性系数 $\mu_t = 0$。

上述各式中的常参数取值如下:

$$A^+ = 26, \quad C_{cp} = 1.6, \quad C_{kleb} = 0.3, \quad C_{wk} = 0.25, \quad k = 0.4, \quad K = 0.0168 \qquad (6\text{-}39)$$

6.4.2 Spalart-Allmaras 湍流模型

Spalart-Allmaras 模型是一种一方程线性涡黏性模型, 简称 S-A 模型。S-A 模型依据经验、量纲分析、伽利略不变性、分子黏性的选择性依赖得到涡黏性系数的输运方程。该模型没有推导涡黏性系数的精确的输运方程, 而是近似的输运方程。由于 Spalart 等在航空计算方面具有丰富的经验并掌握大量的试验数据, 因此, S-A 模型在航空方面的应用效果较好。

S-A 湍流模型给出的湍流黏性系数为

$$\mu_t = \rho\tilde{\nu}f_{v1} \qquad (6\text{-}40)$$

忽略转捩影响, 涡湍流运动黏性系数 $\tilde{\nu}$ 的输运方程为

$$\frac{\partial \tilde{\nu}}{\partial t} = -\frac{\partial}{\partial x_j}[(u_j - u_{j,\omega})\tilde{\nu}] + C_{b1}(1 - f_{t2})\tilde{S}\tilde{\nu}$$

$$+ \frac{1}{\sigma}\left\{\frac{\partial}{\partial x_j}\left[(\nu + \tilde{\nu})\frac{\partial \tilde{\nu}}{\partial x_j}\right] + C_{b2}\frac{\partial \tilde{\nu}}{\partial x_j}\frac{\partial \tilde{\nu}}{\partial x_j}\right\} - \left(C_{w1}f_w - \frac{C_{b1}}{\kappa^2}f_{t2}\right)\left(\frac{\tilde{\nu}}{d}\right)^2 \tag{6-41}$$

S-A 湍流模型方程右端分别称为对流项、涡黏产生项、耗散项和破坏项。模型中参数由下列各式计算得到:

$$\nu = \frac{\mu_1}{\rho}, \quad f_{v1} = \frac{\chi^3}{\chi^3 + C_{v1}^3}, \quad \chi = \frac{\tilde{\nu}}{\nu}, \quad \tilde{S} = |\Omega_{ij}| + \frac{\tilde{\nu}}{\kappa^2 d^2}f_{v2},$$

$$f_{v2} = 1 - \frac{\chi}{1 + \chi f_{v1}}, \quad f_w = g\left(\frac{1 + C_{w3}^6}{g^6 + C_{w3}^6}\right)^{\frac{1}{6}}, \quad f_{t2} = C_{t3}e^{-C_{t4}\chi^2}, \tag{6-42}$$

$$g = r + C_{w2}(r^6 - r), \quad r = \min\left(\frac{\tilde{\nu}}{\tilde{S}\kappa^2 d^2}, 10\right)$$

其中, d 为网格单元格心到物面的最小距离, 而模型中其余相关参数如下:

$$C_{b1} = 0.1355, \quad C_{b2} = 0.622, \quad C_{v1} = 7.1, \quad \sigma = 2/3, \quad \kappa = 0.41$$

$$C_{w1} = C_{b1}/\kappa^2 + (1 + C_{b2})/\sigma, \quad C_{w2} = 0.3, \quad C_{w3} = 2.0, \quad C_{t3} = 1.2, \quad C_{t4} = 0.5 \tag{6-43}$$

对于旋转流动, 为了更好地限制 S-A 湍流模型可能引起的黏性过大, 在标准模型的基础上采用对源项的 $\tilde{S}$ 修正公式:

$$\tilde{S} = |\Omega_{ij}| + 2.0\min(0, |S_{ij}| - |\Omega_{ij}|) + \frac{\tilde{\nu}}{\kappa^2 d^2}f_{v2}$$

$$\Omega_{ij} = \frac{1}{2}\left(\frac{\partial u_j}{\partial x_i} - \frac{\partial u_i}{\partial x_j}\right), \quad S_{ij} = \frac{1}{2}\left(\frac{\partial u_j}{\partial x_i} + \frac{\partial u_i}{\partial x_j}\right) \tag{6-44}$$

其中, Ω_{ij} 代表旋转张量, S_{ij} 代表变形张量。

模型的耗散项 $\frac{1}{\sigma}\left\{\frac{\partial}{\partial x_j}\left[(\nu + \tilde{\nu})\frac{\partial \tilde{\nu}}{\partial x_j}\right] + C_{b2}\frac{\partial \tilde{\nu}}{\partial x_j}\frac{\partial \tilde{\nu}}{\partial x_j}\right\}$ 处理时被替代为

$$\frac{1 + C_{b2}}{\sigma}\frac{\partial}{\partial x_j}\left[(\nu + \tilde{\nu})\frac{\partial \tilde{\nu}}{\partial x_j}\right] - \frac{C_{b2}}{\sigma}(\nu + \tilde{\nu})\frac{\partial^2 \tilde{\nu}}{\partial x_j \partial x_j} \tag{6-45}$$

对于附加的 $\tilde{\nu}$ 涡运动黏性系数输运方程, 采用有限体积法可写成如下积分形式:

$$\frac{\partial}{\partial t}\iiint_V \tilde{\nu}\mathrm{d}V + \iint_S \left(\boldsymbol{F}_{c,T}^M - \boldsymbol{F}_{v,T}\right) \cdot \boldsymbol{n}\mathrm{d}S = \iiint_V \boldsymbol{Q}_T \mathrm{d}V \tag{6-46}$$

其中, 对流项 $\boldsymbol{F}_{c,T}^M$ 定义为

$$\boldsymbol{F}_{c,T}^M = (\boldsymbol{q} - \boldsymbol{q}_\omega)\tilde{\nu} \tag{6-47}$$

黏性通量可表示为

$$\boldsymbol{F}_{v,T} = \tau_{xx,\tilde{\nu}}\boldsymbol{i}_x + \tau_{yy,\tilde{\nu}}\boldsymbol{i}_y + \tau_{zz,\tilde{\nu}}\boldsymbol{i}_z \tag{6-48}$$

其中, 法向黏性应力写为

$$\tau_{xx,\tilde{\nu}} = \frac{1}{\sigma}(\nu + \tilde{\nu})\frac{\partial \tilde{\nu}}{\partial x}, \quad \tau_{yy,\tilde{\nu}} = \frac{1}{\sigma}(\nu + \tilde{\nu})\frac{\partial \tilde{\nu}}{\partial y}, \quad \tau_{zz,\tilde{\nu}} = \frac{1}{\sigma}(\nu + \tilde{\nu})\frac{\partial \tilde{\nu}}{\partial z} \tag{6-49}$$

源项 $\boldsymbol{Q}_T$ 的表达式为

$$\begin{aligned} \boldsymbol{Q}_T = {} & C_{b1}(1-f_{t2})\tilde{S}\tilde{\nu} + \frac{C_{b2}}{\sigma}\left\{\left(\frac{\partial \tilde{\nu}}{\partial x}\right)^2 + \left(\frac{\partial \tilde{\nu}}{\partial y}\right)^2 + \left(\frac{\partial \tilde{\nu}}{\partial z}\right)^2\right\} \\ & -\left(C_{w1}f_w - \frac{C_{b1}}{\kappa^2}f_{t2}\right)\left(\frac{\tilde{\nu}}{d}\right)^2 \end{aligned} \tag{6-50}$$

6.4.3 SST 湍流模型

SST 湍流模型是 Menter 提出的一种二方程湍流模型, 它是 k-ε 模型与 k-ω 模型的组合模型。在近壁区 (边界层内) 该模型可切换为 k-ω 模型, k-ω 模型无需近壁衰减函数, 对近壁湍流黏性系数能较好的预测; 而在远离壁面的区域, 该模型可切换为 k-ε 模型, k-ε 模型对来流条件 (来流的 k, ε 值) 不是很敏感, 因而对边界层外流动预测更为合适。SST 湍流模型可以兼具上述两者模型的优点, 能够较好模拟强逆压梯度流动。

SST 湍流模型由湍动能 k 和湍流比能消耗率 ω 的输运方程组成:

$$\begin{aligned} & \frac{\partial(\rho k)}{\partial t} + \frac{\partial}{\partial x_j}[\rho k(u_j - u_{j,r})] - \frac{\partial}{\partial x_j}\left[(\mu_l + \sigma_k\mu_t)\frac{\partial k}{\partial x_j}\right] \\ = {} & P_k - \beta^*\rho\omega k \frac{\partial(\rho\omega)}{\partial t} + \frac{\partial}{\partial x_j}[\rho\omega(u_j - u_{j,r})] - \frac{\partial}{\partial x_j}\left[(\mu_l + \sigma_\omega\mu_t)\frac{\partial \omega}{\partial x_j}\right] \\ = {} & P_\omega - \beta\rho\omega^2 + 2(1-F_1)\frac{\rho\sigma_{\omega2}}{\omega}\frac{\partial k}{\partial x_j}\frac{\partial \omega}{\partial x_j} \end{aligned} \tag{6-51}$$

湍动能 k 和湍流比能消耗率 ω 的生成项为

$$P_k = \min(\tau_{ij}^F S_{ij}, 10\beta^*\omega k)$$

$$P_\omega = \frac{C_w\rho}{\mu_t}\tau_{ij}^F S_{ij} \tag{6-52}$$

$$\tau_{ij}^F = \mu_t\left(2S_{ij} - \frac{2}{3}\frac{\partial u_k}{\partial x_k}\delta_{ij}\right) - \frac{2}{3}\rho k\delta_{ij}$$

湍流黏性系数的计算方法如下：

$$\mu_t = \frac{a_1 \rho k}{\max(a_1 \omega, \Omega F_2)}$$

$$F_2 = \tanh(\arg_2^2) \tag{6-53}$$

$$\arg_2 = \max\left(\frac{2\sqrt{k}}{\beta^* \omega d}, \frac{500\nu_1}{d^2 \omega}\right)$$

为了实现 k-ε 模型与 k-ω 模型之间的切换，SST 湍流模型引入了识别函数 F_1，该函数定义为

$$F_1 = \tanh(\arg_1^4)$$

$$\arg_1 = \min\left[\max\left(\frac{\sqrt{k}}{\beta^* \omega d}, \frac{500\nu_l}{d^2 \omega}\right), \frac{4\rho \sigma_{\omega_2} k}{CD_{kw} d^2}\right] \tag{6-54}$$

$$CD_{kw} = \max\left(2\rho \sigma_{\omega 2} \frac{1}{\omega} \frac{\partial k}{\partial x_j} \frac{\partial \omega}{\partial x_j}, 10^{-20}\right)$$

其中，d 为网格单元中心到壁面最小距离。从式 (6-54) 可以看出，随着 d 的减小，$\arg_1$ 值快速增大，导致 F_1 值接近 1。

模型中的常数 $\sigma_k, \sigma_\omega, \beta, C_w$ 为 k-ε 模型与 k-ω 模型中系数的组合

$$\phi = F_1 \phi_1 + (1 - F_1)\phi_2 \tag{6-55}$$

其中，ϕ_1 与 ϕ_2 分别为 k-ω 模型及 k-ε 模型给定的系数值

$$\begin{aligned}
\sigma_{k1} &= 0.85, \quad \sigma_{\omega 1} = 0.5, \quad \beta_1 = 0.075, \quad C_{w1} = 0.533 \\
\sigma_{k2} &= 1.0, \quad \sigma_{\omega 2} = 0.856, \quad \beta_2 = 0.0828, \quad C_{w2} = 0.440
\end{aligned} \tag{6-56}$$

而模型中其他参数取值为

$$\beta^* = 0.09, \quad \kappa = 0.41, \quad a_1 = 0.31 \tag{6-57}$$

对于附加的湍动能 k 和湍流比能消耗率 ω 的输运方程，采用有限体积法可写成如下积分形式：

$$\frac{\partial}{\partial t} \iiint\limits_V \boldsymbol{W}_T \mathrm{d}V + \iint\limits_S \left(\boldsymbol{F}_{c,T}^M - \boldsymbol{F}_{v,T}\right) \cdot \boldsymbol{n} \mathrm{d}S = \iiint\limits_V \boldsymbol{Q}_T \mathrm{d}V \tag{6-58}$$

其中，守恒变量、无黏通量、黏性通量分别为

$$\boldsymbol{W}_T = \begin{bmatrix} \rho k \\ \rho \omega \end{bmatrix}, \boldsymbol{F}_{c,T}^M = \begin{bmatrix} \rho k(\boldsymbol{q} - \boldsymbol{q}_\omega) \\ \rho \omega(\boldsymbol{q} - \boldsymbol{q}_\omega) \end{bmatrix}, \boldsymbol{F}_{v,T} = \begin{bmatrix} \tau_{xx,k}\boldsymbol{i}_x + \tau_{yy,k}\boldsymbol{i}_y + \tau_{zz,k}\boldsymbol{i}_z \\ \tau_{xx,\omega}\boldsymbol{i}_x + \tau_{yy,\omega}\boldsymbol{i}_y + \tau_{zz,\omega}\boldsymbol{i}_z \end{bmatrix} \tag{6-59}$$

$$\tau_{xx,k} = (\mu_1 + \sigma_k\mu_t)\frac{\partial k}{\partial x}, \tau_{yy,k} = (\mu_1 + \sigma_k\mu_t)\frac{\partial k}{\partial y}, \tau_{zz,k} = (\mu_1 + \sigma_k\mu_t)\frac{\partial k}{\partial z}$$

$$\tau_{xx,\omega} = (\mu_1 + \sigma_\omega\mu_t)\frac{\partial \omega}{\partial x}, \tau_{yy,\omega} = (\mu_1 + \sigma_\omega\mu_t)\frac{\partial \omega}{\partial y}, \tau_{zz,\omega} = (\mu_1 + \sigma_\omega\mu_t)\frac{\partial \omega}{\partial z}$$

(6-60)

对于源项 $\boldsymbol{Q}_T$，其表达式为

$$\boldsymbol{Q}_T = \begin{bmatrix} P_k - \beta^*\rho\omega k \\ P_\omega - \beta\rho\omega^2 + 2(1 - F_1)\dfrac{\rho\sigma_{\omega 2}}{\omega}\dfrac{\partial k}{\partial x_j}\dfrac{\partial \omega}{\partial x_j} \end{bmatrix}$$

(6-61)

参 考 文 献

杨爱明. 2000. 基于嵌套网格的直升机旋翼流场雷诺平均 Navier-Stokes 方程的数值模拟. 西安: 西北工业大学.

招启军. 2005. 新型桨尖旋翼流场及噪声的数值模拟研究. 南京: 南京航空航天大学.

Agarwal R K, Deese J E. 1987. Euler calculations for flowfield of a helicopter rotor in hover. Journal of Aircraft, 24(4): 231-238.

Baldwin B S, Lomax H. 1978. Thin layer approximation and algebraic model for separated turbulent flows. AIAA Paper, 1978-257.

Blazek J. 2001. Computational fluid dynamics: principles and application. Amsterdam: Elsevier.

Menter F R. 1994. Two-equation eddy-viscosity turbulence models for engineering applications. AIAA Journal, 32(8): 1598-1605.

Spalart P R, Allmaras S R. 1992. A one-equation turbulence model for aerodinamic flows. AIAA Paper, 1992-0439.

Thomas P D, Lombard C K. 1979. Geometric conservation law and its application to flow computations on moving grids. AIAA Journal, 17(10): 1030-1037.

第7章　空间离散方法

一般而言，如果 CFD 计算的网格足够的密，可以使得离散的数值解达到或接近方程的解析解。然而，受到计算机存储容量和计算效率的限制，目前 CFD 的计算网格数量是有限的，有时不得不采用较为粗糙的网格，如飞行器模拟时的远场网格等。因此，为了保证在有限网格数量条件下的 CFD 计算精度，N-S 方程的空间离散方法具有重要的实际应用价值，通过构造不同的空间离散方法，可以实现不同的数值计算精度。

CFD 方法的空间离散格式主要采用两大类，即中心格式和迎风格式，其中中心格式因其构造方法简单、计算稳定性高，在 CFD 方法发展的初期阶段得到了广泛的应用。迎风格式以其高阶计算精度的优势，而受到了广泛关注和应用。迎风格式的发展主要沿着两个不同的方向：通量差分分裂 (flux difference splitting) 格式和矢通量分裂 (flux vector splitting) 格式，分别形成了 van-Leer 格式和 Roe 格式两类著名的计算格式。在此基础上，综合这两类格式的优缺点，又形成了混合的 AUSM 类格式。

本章首先分析计算网格控制单元的几何信息，并介绍了几种适用于高阶格式的重构方法，即 MUSCL 插值格式和 WENO 插值格式。在此基础上，介绍了常用的 Jameson 中心差分格式和具有高精度、低耗散特点的 AUSM 类格式和 Roe 格式。

7.1　控制方程离散

对于旋翼流场控制方程，在每个网格单元上采用基于格心格式的有限体积法进行空间离散。假定每个控制体单元体积 $V_{i,j,k}$ 不随时间变化，有

$$\frac{\partial}{\partial t} \iiint\limits_{V_{i,j,k}} \boldsymbol{W}_{i,j,k} \mathrm{d}V = V_{i,j,k} \frac{\partial \boldsymbol{W}_{i,j,k}}{\partial t} \tag{7-1}$$

前飞状态旋翼流场控制方程可相应改写为

$$\frac{\partial \boldsymbol{W}_{i,j,k}}{\partial t} = -\frac{1}{V_{i,j,k}} \iint\limits_{S} \left(\boldsymbol{F}_{\mathrm{c}}^{M} - \boldsymbol{F}_{\mathrm{v}} \right) \cdot \boldsymbol{n} \mathrm{d}S \tag{7-2}$$

对于微元控制体 $V_{i,j,k}$，式 (7-2) 右边的面积分可近似为边界上的净通量，即

$$\frac{\mathrm{d}\boldsymbol{W}_{i,j,k}}{\mathrm{d}t} = -\frac{1}{V_{i,j,k}}\left[\sum_{m=1}^{N_F}\left(\boldsymbol{F}_{\mathrm{c}}^M - \boldsymbol{F}_{\mathrm{v}}\right)_m \cdot \Delta\boldsymbol{S}_m\right] = -\frac{1}{V_{i,j,k}}\boldsymbol{R}_{i,j,k} \qquad (7\text{-}3)$$

其中，N_F 为控制体 $V_{i,j,k}$ 的总面数，$\Delta\boldsymbol{S}_m$ 为控制体第 m 个表面的面积，$\boldsymbol{R}_{i,j,k}$ 为残值，即对流通量和黏性通量的和。

式 (7-3) 中无黏通量项的离散方法有很多，不同的离散方法决定了 CFD 格式的精度，本章将对旋翼非定常流场模拟中常用的 Jameson 格式、AUSM 类格式、Roe 格式等方法进行介绍。

7.2 控制体单元几何信息

7.2.1 二维网格单元

在介绍离散方法之前，首先介绍控制体单元的几何信息特征。对于如图 7.1 所示的二维结构网格单元，$S_{i,j}$ 是控制体 $ABCD$ 的面积，计算时可用该四边形对角线向量的叉乘获得

$$S_{i,j} = \frac{1}{2}\left|\boldsymbol{CA}\times\boldsymbol{DB}\right| = \frac{1}{2}[(x_A - x_C)(y_B - y_D) - (x_B - x_D)(y_A - y_C)] \qquad (7\text{-}4)$$

四边形网格单元边的法矢量计算如图 7.1 所示，i 方向边 AB 和边 DC，j 方向边 BC 和边 AD 相应的边法矢计算式分别为

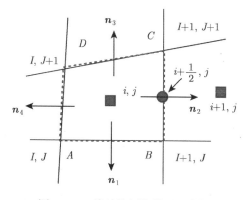

图 7.1 二维结构网格单元示意图

$$S_1 = \boldsymbol{n}_1 \Delta S_1 = \begin{bmatrix} y_B - y_A \\ x_A - x_B \end{bmatrix}$$

$$S_2 = \boldsymbol{n}_2 \Delta S_2 = \begin{bmatrix} y_C - y_B \\ x_B - x_C \end{bmatrix}$$

$$S_3 = \boldsymbol{n}_3 \Delta S_3 = \begin{bmatrix} y_D - y_C \\ x_C - x_D \end{bmatrix} \tag{7-5}$$

$$S_4 = \boldsymbol{n}_4 \Delta S_4 = \begin{bmatrix} y_A - y_D \\ x_D - x_A \end{bmatrix}$$

对于二维非结构网格单元，以三角形 ABC 为例，可按照高斯公式计算面积：

$$S = \frac{1}{2}\left[(x_A - x_B)(y_A + y_B) + (x_B - x_C)(y_B + y_C) + (x_C - x_A)(y_C + y_A)\right] \tag{7-6}$$

注意计算时，单元 ABC 的边矢量按照逆时针方向，保证计算出的单元面积非负。

7.2.2　三维网格单元

对于三维六面体单元而言，首先以 i 方向为例。对于交界面 $\boldsymbol{S}_{i+\frac{1}{2},j,k}$，如图 7.2 所示，侧面积及面法矢计算公式为

$$\boldsymbol{S}_{i+\frac{1}{2},j,k} = \frac{1}{2}(\boldsymbol{r}_{I+1,J+1,K} - \boldsymbol{r}_{I+1,J,K+1}) \times (\boldsymbol{r}_{I+1,J+1,K+1} - \boldsymbol{r}_{I+1,J,K}) \tag{7-7}$$

其中，$\boldsymbol{r}$ 为格点与参考点的位置矢量。

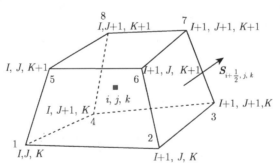

图 7.2　三维六面体结构网格单元示意图

带入坐标点的信息则有

$$\boldsymbol{S}_{i+\frac{1}{2},j,k} = \frac{1}{2}\begin{bmatrix} (y_3 - y_6)(z_7 - z_2) \\ (z_3 - z_6)(x_7 - x_2) \\ (x_3 - x_6)(y_7 - y_2) \end{bmatrix} \tag{7-8}$$

单位面法矢可由式 $\boldsymbol{n} = \boldsymbol{S}/\Delta S$ 得到, 其中

$$\Delta S = \sqrt{S_x^2 + S_y^2 + S_z^2} \tag{7-9}$$

控制单元体积的计算公式为

$$V = \frac{1}{3}\sum_{m=1}^{6}(\boldsymbol{r}_{\mathrm{mid}} \cdot \boldsymbol{S})_m \tag{7-10}$$

其中, 下标 m 表示六面体的各侧面。对于交界面 $\boldsymbol{S}_{i+\frac{1}{2},j,k}$, $\boldsymbol{r}_{\mathrm{mid}}$ 的计算式为

$$\boldsymbol{r}_{\mathrm{mid}} = \frac{1}{4}(\boldsymbol{r}_2 + \boldsymbol{r}_3 + \boldsymbol{r}_7 + \boldsymbol{r}_6) \tag{7-11}$$

单元的体积值与参考坐标原点的选取无关, 因而在求解 $\boldsymbol{r}_{\mathrm{mid}}$ 时, 可把参照点选在坐标原点。

对于如图 7.3 所示的三维四面体非结构网格而言, 以三角形 123 为例, 面矢量信息可由面坐标计算得到:

$$\begin{aligned}
&\Delta xy_A = (x_1 - x_2)(y_1 + y_2), \quad \Delta yz_A = (y_1 - y_2)(z_1 + z_2), \\
&\Delta xy_B = (x_2 - x_3)(y_2 + y_3), \quad \Delta yz_B = (y_2 - y_3)(z_2 + z_3), \\
&\Delta xy_C = (x_3 - x_1)(y_3 + y_1), \quad \Delta yz_C = (y_3 - y_1)(z_3 + z_1), \\
&\qquad \Delta zx_A = (z_1 - z_2)(x_1 + x_2) \\
&\qquad \Delta zx_B = (z_2 - z_3)(x_2 + x_3) \\
&\qquad \Delta zx_C = (z_3 - z_1)(x_3 + x_1)
\end{aligned} \tag{7-12}$$

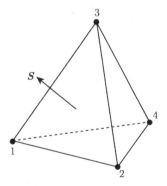

图 7.3 三维四面体非结构网格单元示意图

那么三角形 123 的面法矢为

$$\boldsymbol{S} = \frac{1}{2}\left[\begin{array}{c} \Delta yz_A + \Delta yz_B + \Delta yz_C \\ \Delta zx_A + \Delta zx_B + \Delta zx_C \\ \Delta xy_A + \Delta xy_B + \Delta xy_C \end{array}\right] \tag{7-13}$$

对于三维四面体非结构网格控制单元体积的计算参照式 (7-10)，计算面更改为四面即可。

7.2.3　偏导数计算方法

计算黏性通量时需要用到 ϕ(各速度分量及温度等) 的空间导数 $\dfrac{\partial \phi}{\partial x}$、$\dfrac{\partial \phi}{\partial y}$、$\dfrac{\partial \phi}{\partial z}$，常采用高斯公式对其进行计算。二维情况下，利用控制体 $\left(i + \dfrac{1}{2}, j\right)$(由图 7.4 的虚线围成) 中变量 ϕ 的高斯积分公式，可得到

$$\oint_{\partial S_{i+\frac{1}{2},j}} \phi \boldsymbol{n} \mathrm{d}l = \iint_{S_{i+\frac{1}{2},j}} \boldsymbol{\nabla} \phi \mathrm{d}S \tag{7-14}$$

假设控制体内梯度均匀分布，则有

$$\boldsymbol{\nabla} \phi \approx \frac{1}{S_{i+\frac{1}{2},j}} \oint_{\partial S_{i+\frac{1}{2},j}} \phi \boldsymbol{n} \mathrm{d}l \tag{7-15}$$

利用中点公式将积分展开，即可得 $\left(i + \dfrac{1}{2}, j\right)$ 点的导数值。

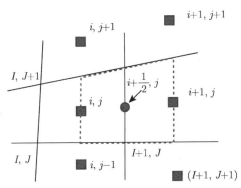

图 7.4　计算导数的控制体 (虚线围成)

7.3　空间离散的 Jameson 中心格式

对于六面体结构网格单元，其无黏项 $\boldsymbol{F}_{\mathrm{c}}^{M}$ 产生的净通量 (对流通量) 为

$$\frac{1}{V_{i,j,k}} \iint_{S} \boldsymbol{F}_{\mathrm{c}}^{M} \cdot \mathrm{d}\boldsymbol{S} = \frac{1}{V_{i,j,k}} \Big[(\boldsymbol{F}_{\mathrm{c}}^{M} \cdot \boldsymbol{S})_{i+\frac{1}{2},j,k} + (\boldsymbol{F}_{\mathrm{c}}^{M} \cdot \boldsymbol{S})_{i-\frac{1}{2},j,k} + (\boldsymbol{F}_{\mathrm{c}}^{M} \cdot \boldsymbol{S})_{i,j+\frac{1}{2},k}$$
$$+ (\boldsymbol{F}_{\mathrm{c}}^{M} \cdot \boldsymbol{S})_{i,j-\frac{1}{2},k} + (\boldsymbol{F}_{\mathrm{c}}^{M} \cdot \boldsymbol{S})_{i,j,k+\frac{1}{2}} + (\boldsymbol{F}_{\mathrm{c}}^{M} \cdot \boldsymbol{S})_{i,j,k-\frac{1}{2}} \Big]$$
$$\tag{7-16}$$

Jameson 中心格式 (Jameson-Schmidt-Turkel, JST)(Jameson，1981) 具有一定的计算精度，并且通用性好、计算耗时少、易于程序实现，在直升机 CFD 数值计算中得到了广泛的应用。以 $S_{i+\frac{1}{2},j,k}$ 面为例，JST 格式可写为

$$(F_c^M \cdot S)_{i+\frac{1}{2},j,k} = F_c^M(W_{i+\frac{1}{2},j,k}) \cdot S_{i+\frac{1}{2},j,k} \tag{7-17}$$

其中，交界面上的守恒变量取相邻单元量的平均值，如

$$W_{i+\frac{1}{2},j,k} = \frac{1}{2}(W_{i,j,k} + W_{i+1,j,k}) \tag{7-18}$$

由于中心格式本身不含耗散项，数值误差不会衰减，为避免最终解可能存在的数值振荡，保证格式的收敛性，在格式中添加高阶人工耗散项。耗散项取守恒变量的二阶和四阶差分项之和，其中二阶耗散项用于抑制激波区的数值振荡，而四阶耗散项用于减少流场平滑部分奇偶失联导致的高频数值振荡。以 $S_{i+\frac{1}{2},j,k}$ 面为例，标量耗散的 JST 格式在单元交界面处的无黏通量构造格式为

$$(F_c^M \cdot S)_{i+\frac{1}{2},j,k} = F_c^M(W_{i+\frac{1}{2},j,k}) \cdot S_{i+\frac{1}{2},j,k} - D_{i+\frac{1}{2},j,k} \tag{7-19}$$

对于式 (7-19) 中的人工黏性，其形式为

$$D_{i+\frac{1}{2},j,k} = (\lambda_c^I)_{i+\frac{1}{2},j,k} \left[\varepsilon_{i+\frac{1}{2},j,k}^{(2)}(W_{i+1,j,k} - W_{i,j,k}) - \varepsilon_{i+\frac{1}{2},j,k}^{(4)} \right.$$
$$\left. \cdot (W_{i+2,j,k} - 3W_{i+1,j,k} + 3W_{i,j,k} - W_{i-1,j,k}) \right] \tag{7-20}$$

$$\varepsilon_{i+\frac{1}{2},j,k}^{(2)} = K_2 \max(r_{i,j,k}, r_{i+1,j,k})$$
$$\varepsilon_{i+\frac{1}{2},j,k}^{(4)} = \max(0, K_4 - \varepsilon_{i+\frac{1}{2},j,k}^{(2)}) \tag{7-21}$$
$$r_{i,j,k} = \frac{|p_{i+1,j,k} - 2p_{i,j,k} + p_{i-1,j,k}|}{|p_{i-1,j,k} + 2p_{i,j,k} + p_{i+1,j,k}|}$$

其中，λ_c 为对流通量的谱半径，$r_{i,j,k}$ 为与压强梯度变化有关的敏感因子，K_2 和 K_4 是经验常数，其取值一般为 $0.5 < K_2 < 1.0$ 和 $1/256 < K_4 < 1/32$。

为了能更好地将 JST 格式运用于旋翼非定常黏性涡流场的模拟，并满足一定的精度要求，宜采用如下改进措施：

1) 各向异性人工耗散

对于高雷诺数的旋翼非定常绕流，其附面层网格单元往往采用大长宽比的网格，因此宜采用各向异性人工耗散模型，交界面处相应对流通量的谱半径 λ_c 变为

$$(\lambda_c^I)_{i+\frac{1}{2},j,k} = \frac{1}{2}\left[(\overline{\lambda_c^I})_{i,j,k} + (\overline{\lambda_c^I})_{i+1,j,k} \right] \tag{7-22}$$

其中,

$$(\overline{\lambda_{\mathrm{c}}^I})_{i,j,k} = (\phi^I)_{i,j,k}(\lambda_{\mathrm{c}}^I)_{i,j,k}$$

$$(\phi^I)_{i,j,k} = 1 + \left[\frac{(\lambda_{\mathrm{c}}^J)_{i,j,k}}{(\lambda_{\mathrm{c}}^I)_{i,j,k}}\right]^\sigma + \left[\frac{(\lambda_{\mathrm{c}}^K)_{i,j,k}}{(\lambda_{\mathrm{c}}^I)_{i,j,k}}\right]^\sigma \qquad (7\text{-}23)$$

对于其他方向,也有类似定义

$$(\phi^J)_{i,j,k} = 1 + \left[\frac{(\lambda_{\mathrm{c}}^I)_{i,j,k}}{(\lambda_{\mathrm{c}}^J)_{i,j,k}}\right]^\sigma + \left[\frac{(\lambda_{\mathrm{c}}^K)_{i,j,k}}{(\lambda_{\mathrm{c}}^J)_{i,j,k}}\right]^\sigma$$

$$(\phi^K)_{i,j,k} = 1 + \left[\frac{(\lambda_{\mathrm{c}}^I)_{i,j,k}}{(\lambda_{\mathrm{c}}^K)_{i,j,k}}\right]^\sigma + \left[\frac{(\lambda_{\mathrm{c}}^J)_{i,j,k}}{(\lambda_{\mathrm{c}}^K)_{i,j,k}}\right]^\sigma \qquad (7\text{-}24)$$

其中, σ 在二维情况下取 $\sigma = 2/3$, 在三维情况取 $\sigma = 1/2$。对流通量谱半径的计算式为

$$(\lambda_{\mathrm{c}}^I)_{i,j,k} = \frac{1}{2}\left[(|V| + a)_{i+\frac{1}{2},j,k}\Delta S_{i+\frac{1}{2},j,k} + (|V| + a)_{i-\frac{1}{2},j,k}\Delta S_{i-\frac{1}{2},j,k}\right]$$

$$(\lambda_{\mathrm{c}}^J)_{i,j,k} = \frac{1}{2}\left[(|V| + a)_{i,j+\frac{1}{2},k}\Delta S_{i,j+\frac{1}{2},k} + (|V| + a)_{i,j-\frac{1}{2},k}\Delta S_{i,j-\frac{1}{2},k}\right] \qquad (7\text{-}25)$$

$$(\lambda_{\mathrm{c}}^K)_{i,j,k} = \frac{1}{2}\left[(|V| + a)_{i,j,k+\frac{1}{2}}\Delta S_{i,j,k+\frac{1}{2}} + (|V| + a)_{i,j,k-\frac{1}{2}}\Delta S_{i,j,k-\frac{1}{2}}\right]$$

其中, V 为牵连速度, a 为音速。

2) 类 TVD 修正

为了能适应高速流动的模拟,对压强敏感因子 $r_{i,j,k}$ 作类 TVD (total variation diminishing) 修正,修正后的压强敏感性因子为

$$r_{i,j,k} = \frac{|p_{i+1,j,k} - 2p_{i,j,k} + p_{i-1,j,k}|}{(1 - \bar{\omega})(|p_{i+1,j,k} - p_{i,j,k}| + |p_{i,j,k} - p_{i-1,j,k}|) + \bar{\omega}\,|p_{i-1,j,k} + 2p_{i,j,k} + p_{i+1,j,k}|} \qquad (7\text{-}26)$$

其中, $0 < \bar{\omega} \leqslant 1.0$, 修正压强敏感因子一般取值 $\bar{\omega} = 0.5$。修正后的人工耗散项具有类 TVD 性质,能减少数值振荡,有效地模拟较高马赫数时的流动。

7.4　空间离散的高阶插值格式

当采用中心格式计算无黏通量时,由于附加了人工耗散项,使得计算存在着一些不确定因素,同时中心格式在空间方向上只具有二阶精度。为了能更好地模拟旋翼流场的非定常特性,可采用迎风格式计算交界面上的无黏通量。为了便于确定“迎风”方向,迎风格式需要将无黏通量按照特征方向进行分解。按照分解形式的

不同, 主要可以分为矢通量分裂 (flux vector splitting, FVS) 及通量差分分裂 (flux difference splitting, FDS) 两类。

常用的矢通量分裂方法主要包括 Steger-Warming 分裂、van Leer 分裂及 Liou-Steffen 分裂等。Steger-Warming 分裂的耗散较小, 但是无法保证函数在音速点的光滑性。van Leer 分裂克服了 Steger-Warming 分裂的缺点, 但其耗散略大。Liou-Steffen 分裂即 AUSM 类方法, 它是一种在 van Leer 分裂的基础上, 将压力项单独处理的方法, 目前得到了较为广泛的运用, 7.5 节会对 AUSM 类方法进行较为详细介绍。

通量差分分裂 (FDS) 方法则通过 Riemann 解来计算对流通量, 该方法更好地利用了双曲型方程的特征方向, 因而其激波捕捉能力更强, 数值振荡也更小。但是其计算量往往要大于矢通量分裂方法。常用的 FDS 方法包括精确 Riemann 解方法 (Godnov 方法)、近似 Riemann 解方法 (HLL/HLLC 方法、Roe 方法), 7.6 节会对旋翼流场计算中常用到的 Roe 方法进行阐述。

当采用迎风格式时, 无论采用 FVS, 还是 FDS 方法计算交界面上的无黏通量值, 都会利用到 (偏) 左侧及 (偏) 右侧网格点, 重构出交界面处该点的左值 $W_{i+\frac{1}{2}}^{L}$ 及右值 $W_{i+\frac{1}{2}}^{R}$。一般来说, 可利用流场原始变量、守恒变量或特征变量进行重构。其中, 采用特征变量进行重构数值振荡最小, 但其计算量最大。为了兼顾效率和计算量, 常采用流场原始变量进行重构。下面对常用的 MUSCL 插值格式 (van Leer, 1979) 和 WENO 插值格式 (Liu, et al., 1994) 进行介绍。

7.4.1 MUSCL 插值格式

构造三阶 MUSCL(monotone upstream-centred schemes for conservation laws) 格式时, 需要用到交界面左右侧各两个相邻单元的网格格心点信息 (图 7.5)。以 i 方向为例, 原始变量 $Q = [\rho, u, v, w, p]^{\mathrm{T}}$ 的重构格式为

$$
\begin{cases}
Q_{i+\frac{1}{2}}^{\mathrm{L}} = Q_i + \dfrac{1}{4}[(1-\kappa)\Delta_- + (1+\kappa)\Delta_+]_i \\
Q_{i+\frac{1}{2}}^{\mathrm{R}} = Q_{i+1} + \dfrac{1}{4}[(1-\kappa)\Delta_+ + (1+\kappa)\Delta_-]_{i+1}
\end{cases}
\tag{7-27}
$$

其中, L、R 分别表示单元交界面的左右两侧, Δ_-、Δ_+ 分别为向后差分算子和向前差分算子, κ 为自由参数。κ 的不同取值对应了不同精度的格式 ($\kappa \in [-1, 1]$)。当 $\kappa = -1$ 时, 对应为二阶迎风格式; 当 $\kappa = 0$ 时, 对应为 Fromm 格式; 当 $\kappa = 1/3$ 时, 对应为三阶迎风偏置格式; 当 $\kappa = 1$ 时, 对应为中心差分格式。出于计算精度和稳定性方面的考虑, 常取 $\kappa = 1/3$, 即三阶迎风格式。

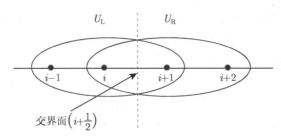

图 7.5　MUSCL 插值示意图

迎风型高阶格式的构建可能会在计算交界面处产生新的极值，因此需要相应的限制函数对插值的过程进行限制。添加限制器后的 MUSCL 格式变为

$$
\begin{cases}
Q_{i+\frac{1}{2}}^{\mathrm{L}} = Q_i + \dfrac{1}{4}\psi[(1-\kappa\psi)\Delta_- + (1+\kappa\psi)\Delta_+]_i \\[2mm]
Q_{i+\frac{1}{2}}^{\mathrm{R}} = Q_{i+1} + \dfrac{1}{4}\psi[(1-\kappa\psi)\Delta_+ + (1+\kappa\psi)\Delta_-]_{i+1}
\end{cases}
\tag{7-28}
$$

采用 van Albada 限制器，它的数值耗散较小，还可以避免在不连续流动区域插值引起的数值振荡，其具体形式为

$$
\psi = \frac{2\Delta_+\Delta_- + \varepsilon}{\Delta_+^2 + \Delta_-^2 + \varepsilon}
\tag{7-29}
$$

其中，ε 是避免分母为 0 的小量，可取 10^{-6}。

7.4.2　WENO 插值格式

WENO(weighted essentially non-oscillatory) 格式是由 Liu 等 (1994) 在 ENO 重构的基础上发展而来，它将 ENO 重构选择最光滑模板进行数值逼近的处理方法，改进为对所有模板的数值逼近进行加权求和，通过构造合适的权系数，在光滑区域可以实现比 ENO 重构更高的精度，且具有较好的收敛性和鲁棒性，同时能够在间断附近保持基本无振荡的特性。因此，可以采用 WENO 格式对交界面流场原始变量进行重构。

1) 三阶 WENO 格式

当采用三阶 WENO 格式时，以 i 方向为例，对于 $\left(i+\dfrac{1}{2}\right)$ 处的左状态值，其重构模板为

$$
\begin{aligned}
v_1 &= -\frac{1}{2}Q_{i-1} + \frac{3}{2}Q_i \\[2mm]
v_2 &= \frac{1}{2}Q_i + \frac{1}{2}Q_{i+1}
\end{aligned}
\tag{7-30}
$$

模板示意图与 MUSCL 示意图类似，可参考图 7.5。

根据 WENO 重构思想，$\left(i + \dfrac{1}{2}\right)$ 处的左状态值为 v_1 和 v_2 的加权和，即

$$Q^{\mathrm{L}}_{i+1/2} = \omega_1 v_1 + \omega_2 v_2 \tag{7-31}$$

式中，非线性权系数 ω_1 和 ω_2 的定义为

$$\omega_k = \frac{\alpha_k}{\alpha_1 + \alpha_2}, \ \text{其中} \ \alpha_k = \frac{C_k}{(IS_k + \varepsilon)^2}, \quad k = 1, 2 \tag{7-32}$$

$C_1 = \dfrac{1}{3}$, $C_2 = \dfrac{2}{3}$ 为权系数，ε 是避免分母为零而加入的一个小量，可取为 10^{-6}，IS_k 是模板的光滑度量系数，定义为

$$\begin{aligned} IS_1 &= (Q_{i-1} - Q_i)^2 \\ IS_2 &= (Q_i - Q_{i+1})^2 \end{aligned} \tag{7-33}$$

对于 $\left(i + \dfrac{1}{2}\right)$ 处的右状态值，根据对称性，其重构模板则为

$$\begin{aligned} v_1 &= -\frac{1}{2}Q_{i+2} + \frac{3}{2}Q_{i+1} \\ v_2 &= \frac{1}{2}Q_{i+1} + \frac{1}{2}Q_i \end{aligned} \tag{7-34}$$

采用 WENO 重构，$\left(i + \dfrac{1}{2}\right)$ 处的右状态值也为 v_1 和 v_2 的加权和，则为

$$Q^{\mathrm{R}}_{i+\frac{1}{2}} = \omega_1 v_1 + \omega_2 v_2 \tag{7-35}$$

其中，非线性权系数 ω_1 和 ω_2 也按式 (7-32) 计算，此时的模板光滑度量系数相应变为

$$\begin{aligned} IS_1 &= (Q_{i+2} - Q_{i+1})^2 \\ IS_2 &= (Q_{i+1} - Q_i)^2 \end{aligned} \tag{7-36}$$

2) 五阶 WENO 格式

当采用五阶 WENO 格式时，其通过如图 7.6 所示的 3 个三阶格式模板的凸组合消除非物理振荡，以 i 方向为例，对于 $\left(i + \dfrac{1}{2}\right)$ 处的左状态值，其重构模板如下：

$$\begin{aligned} v_1 &= \frac{1}{6}(2Q_i + 5Q_{i+1} - Q_{i+2}) \\ v_2 &= \frac{1}{6}(-Q_{i-1} + 5Q_i + 2Q_{i+1}) \\ v_3 &= \frac{1}{6}(2Q_{i-2} - 7Q_{i-1} + 11Q_i) \end{aligned} \tag{7-37}$$

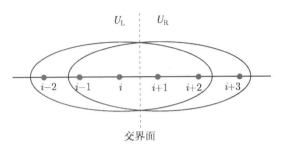

图 7.6   五阶 WENO 插值示意图

此时 $\left(i+\dfrac{1}{2}\right)$ 处的左状态值为三个模板的凸组合, 表达式为

$$Q_{i+\frac{1}{2}}^{\mathrm{L}} = \omega_1 v_1 + \omega_2 v_2 + \omega_3 v_3 \tag{7-38}$$

$$\omega_k = \frac{\alpha_k}{\alpha_1 + \alpha_2 + \alpha_3}, \ \text{其中} \ \alpha_k = \frac{C_k}{(IS_k + \varepsilon)^2}; \quad k = 1, 2, 3 \tag{7-39}$$

$C_1 = 0.3$, $C_2 = 0.6$, $C_3 = 0.1$ 为权系数, ε 是避免分母为零而加入的一个小量, 可取 10^{-6}。IS_k 是模板的光滑度量系数, 其取值为

$$IS_1 = \frac{13}{12}(Q_i - 2Q_{i+1} + Q_{i+2})^2 + \frac{1}{4}(3Q_i - 4Q_{i+1} + Q_{i+2})^2$$

$$IS_2 = \frac{13}{12}(Q_{i-1} - 2Q_i + Q_{i+1})^2 + \frac{1}{4}(Q_{i-1} - Q_{i+1})^2 \tag{7-40}$$

$$IS_3 = \frac{13}{12}(Q_{i-2} - 2Q_{i-1} + Q_i)^2 + \frac{1}{4}(Q_{i-2} - 4Q_{i-1} + Q_i)^2$$

$\left(i+\dfrac{1}{2}\right)$ 处的右状态值的三个模板凸组合为

$$v_1 = \frac{1}{6}(2Q_{i+1} + 5Q_i - Q_{i-1})$$

$$v_2 = \frac{1}{6}(-Q_{i+2} + 5Q_{i+1} + 2Q_i) \tag{7-41}$$

$$v_3 = \frac{1}{6}(2Q_{i+3} - 7Q_{i+2} + 11Q_{i+1})$$

采用 WENO 重构, $\left(i+\dfrac{1}{2}\right)$ 处的右状态值为

$$Q_{i+\frac{1}{2}}^{\mathrm{R}} = \omega_1 v_1 + \omega_2 v_2 + \omega_3 v_3 \tag{7-42}$$

式中, 非线性权系数 ω_1、ω_2 和 ω_3 也按式 (7-36) 计算, 此时的模板光滑度量系

数为

$$IS_1 = \frac{13}{12}(Q_{i+1} - 2Q_i + Q_{i-1})^2 + \frac{1}{4}(3Q_{i+1} - 4Q_i + Q_{i-1})^2$$

$$IS_2 = \frac{13}{12}(Q_{i+2} - 2Q_{i+1} + Q_i)^2 + \frac{1}{4}(Q_{i+2} - Q_i)^2 \tag{7-43}$$

$$IS_3 = \frac{13}{12}(Q_{i+3} - 2Q_{i+2} + Q_{i+1})^2 + \frac{1}{4}(Q_{i+3} - 4Q_{i+2} + Q_{i+1})^2$$

7.5 AUSM 类格式

Liou 和 Steffen(1993) 提出 AUSM(advection upstream splitting method) 格式, 该格式兼有较高的计算效率和间断高分辨率, 同时它的数值耗散较小, 无需熵修正, 因而在流场求解中得到了广泛的应用。在 AUSM 格式的基础之上进行不断地改进, 得到了一系列的 AUSM 格式 (包括 AUSM+、AUSMDV、AUSMPW、AUSMPW+、AUSM+-up 等), 它们统称为 AUSM 类格式。这里选取常用的 AUSM+ 格式和最新 AUSM+-up 格式进行介绍。

AUSM+ 格式的基本思想是认为对流波 (与特征速度 u 有关, 线性) 和声波 (与特征速度 $(u+a)$, $(u-a)$ 有关, 非线性) 是两种截然不同的过程, 因此, 可将控制方程式 (7-2) 中的无黏项分裂成对流项和压力项分别处理, 其形式如下

$$\boldsymbol{F}_{\mathrm{c}}^{M} = (\boldsymbol{q} - \boldsymbol{q}_\omega)\begin{bmatrix} \rho \\ \rho u \\ \rho v \\ \rho w \\ \rho h \end{bmatrix} + \begin{bmatrix} 0 \\ p\boldsymbol{i}_x \\ p\boldsymbol{i}_y \\ p\boldsymbol{i}_z \\ p\boldsymbol{q}_\omega \end{bmatrix} \tag{7-44}$$

以 i 方向上 $\boldsymbol{S}_{i+\frac{1}{2},j,k}$ 面为例, 对交界面上的无黏通量的计算进行说明。为了描述简洁, 用 L 和 R 分别表示网格面左右侧物理量, 下标 "$\frac{1}{2}$" 表示网格面上的值。当通过重构得到交界面左侧和右侧的流场变量信息后, 则可计算得到网格面上音速 $a_{\frac{1}{2}}$ 为

$$a_{\frac{1}{2}} = \max\left(\frac{a_{\mathrm{L}}^{*2}}{\max(a_{\mathrm{L}}^*, |q_{n\mathrm{L}}|)}, \frac{a_{\mathrm{R}}^{*2}}{\max(a_{\mathrm{R}}^*, |q_{n\mathrm{R}}|)}\right)$$

$$a_{\mathrm{L/R}}^* = \sqrt{\frac{2(\gamma-1)}{(\gamma+1)}h_{\mathrm{L/R}}} \tag{7-45}$$

$$q_{n\mathrm{L}/n\mathrm{R}} = \frac{(\boldsymbol{q} - \boldsymbol{q}_\omega)_{\mathrm{L/R}} \cdot \boldsymbol{S}_{\frac{1}{2}}}{|\boldsymbol{S}_{\frac{1}{2}}|}$$

进而可求出网格交界面的马赫数 $Ma_{\frac{1}{2}}$ 为

$$Ma_{\frac{1}{2}} = m^+(Ma_{\mathrm{L}}) + m^-(Ma_{\mathrm{R}})$$

$$Ma_{\mathrm{L/R}} = \frac{q_{n\mathrm{L}/n\mathrm{R}}}{a_{\frac{1}{2}}} \tag{7-46}$$

其中，网格面分裂马赫数 $Ma_{\frac{1}{2}}^\pm$ 定义为

$$Ma^\pm(Ma) = \begin{cases} \dfrac{1}{2}(Ma \pm |Ma|), & |Ma| \geqslant 1 \\ \pm\dfrac{1}{4}(Ma \pm 1)^2 \pm \beta(Ma^2 - 1)^2, & |Ma| < 1 \end{cases} \tag{7-47}$$

其中，参数 β 取值在 $[-1/6, 1/2]$ 之间，常取 $\beta = 1/8$。

网格交界面上的压力定义为

$$p_{\frac{1}{2}} = p^+(Ma_{\mathrm{L}})p_{\mathrm{L}} + p^-(Ma_{\mathrm{R}})p_{\mathrm{R}} \tag{7-48}$$

其中，

$$p^\pm(Ma) = \begin{cases} \dfrac{1}{2}(1 \pm \mathrm{sgn}(Ma)), & |Ma| \geqslant 1 \\ \dfrac{1}{4}(Ma \pm 1)^2(2 \pm Ma) \pm \alpha Ma(Ma^2 - 1)^2, & |Ma| < 1 \end{cases} \tag{7-49}$$

式中，参数 α 取值在 $[-3/4, 3/16]$。

最终网格面无黏通量为

$$\boldsymbol{h}_{\frac{1}{2}} = (\boldsymbol{F}_c^M \cdot \boldsymbol{S})_{\frac{1}{2}} = \left\{ \frac{1}{2}a_{\frac{1}{2}}Ma_{\frac{1}{2}} \left(\begin{bmatrix} \rho \\ \rho u \\ \rho v \\ \rho w \\ \rho h \end{bmatrix}_{\mathrm{L}} + \begin{bmatrix} \rho \\ \rho u \\ \rho v \\ \rho w \\ \rho h \end{bmatrix}_{\mathrm{R}} \right) \right.$$
$$\left. - \frac{1}{2}a_{\frac{1}{2}}\left|Ma_{\frac{1}{2}}\right| \left(\begin{bmatrix} \rho \\ \rho u \\ \rho v \\ \rho w \\ \rho h \end{bmatrix}_{\mathrm{R}} - \begin{bmatrix} \rho \\ \rho u \\ \rho v \\ \rho w \\ \rho h \end{bmatrix}_{\mathrm{L}} \right) + p_{\frac{1}{2}} \begin{bmatrix} 0 \\ n_x \\ n_y \\ n_z \\ \boldsymbol{q}_\omega \cdot \boldsymbol{n} \end{bmatrix} \right\} |\boldsymbol{S}| \tag{7-50}$$

在 AUSM+ 格式的基础上，AUSM 类最新改进型 AUSM+-up 格式通过在对流通量部分引入压力耗散机制，在压力通量部分引入速度耗散机制，通过对数值耗散

进行适当的放缩, 提高了在低马赫数时计算格式的收敛性和稳定性。对于 AUSM+-up 格式, 其重新定义了网格面上的马赫数为

$$Ma_{\frac{1}{2}} = Ma^+(Ma_{\mathrm{L}}) + Ma^-(Ma_{\mathrm{R}}) - \frac{K_p}{f_a} \max(1 - \sigma \hat{Ma}^2, 0) \frac{p_{\mathrm{R}} - p_{\mathrm{L}}}{p_{\mathrm{R}} + p_{\mathrm{L}}} \tag{7-51}$$

其中,

$$f_a(\hat{Ma}, Ma_o) = \frac{\left[(1 - Ma_o^2)^2 \hat{Ma}^2 + 4Ma_o^2\right]^{1/2}}{1 + Ma_o^2} \in [0, 1]$$

$$Ma_o^2 = \min[1, \max(\hat{Ma}^2, \kappa Ma_\infty^2)] \in [0, 1] \tag{7-52}$$

$$\hat{Ma}^2 = \frac{(Ma_{\mathrm{L}}^2 + Ma_{\mathrm{R}}^2)}{2}$$

$$K_p = 0.25, \quad \sigma = 1, \quad \kappa = O(1)$$

此外, AUSM+-up 格式也重新定义了网格面上的压力项

$$p_{\frac{1}{2}} = p^+(Ma_{\mathrm{L}})p_{\mathrm{L}} + p^-(Ma_{\mathrm{R}})p_{\mathrm{R}}$$
$$- K_u p^+(Ma_{\mathrm{L}})p^-(Ma_{\mathrm{R}})(\rho_{\mathrm{L}} + \rho_{\mathrm{R}})(f_a a_{\frac{1}{2}})(q_{n\mathrm{R}} - q_{n\mathrm{L}}) \tag{7-53}$$

其中, $0 \leqslant K_u \leqslant 1$, K_u 常取 0.75。参数 α 定义为

$$\alpha = \frac{3}{16}(-4 + 5f_a^2) \in \left[-\frac{3}{4}, \frac{3}{16}\right] \tag{7-54}$$

7.6 Roe 格式

Roe 格式是一种通过近似 Riemann 解方法来计算数值通量的方法, 具有较强的激波捕捉能力 (Roe, 1981)。以 i 方向上 $\boldsymbol{S}_{i+\frac{1}{2},j,k}$ 面为例, 采用该方法时交界面上的无黏通量计算式为

$$\boldsymbol{h}_{\frac{1}{2}} = (\boldsymbol{F}_{\mathrm{c}}^M \cdot \boldsymbol{S})_{\frac{1}{2}} = \frac{1}{2}\left[\boldsymbol{F}_{\mathrm{c}}^M(\boldsymbol{W}_{\mathrm{R}}) \cdot \boldsymbol{S} + \boldsymbol{F}_{\mathrm{c}}^M(\boldsymbol{W}_{\mathrm{L}}) \cdot \boldsymbol{S} - |\boldsymbol{A}_{\mathrm{Roe}}|_{\frac{1}{2}}(\boldsymbol{W}_{\mathrm{R}} - \boldsymbol{W}_{\mathrm{L}})|\boldsymbol{S}|\right] \tag{7-55}$$

$$|\boldsymbol{A}_{\mathrm{Roe}}|_{\frac{1}{2}}(\boldsymbol{W}_{\mathrm{R}} - \boldsymbol{W}_{\mathrm{L}}) = |\Delta\boldsymbol{F}_1| + |\Delta\boldsymbol{F}_{2,3,4}| + |\Delta\boldsymbol{F}_5| \tag{7-56}$$

其中, $|\boldsymbol{A}_{\mathrm{Roe}}|_{\frac{1}{2}}$ 为 Roe 平均雅可比矩阵, 其组成项分别定义为

$$|\Delta\boldsymbol{F}_1| = \left|\tilde{V} - V_\omega - \tilde{a}\right|\left(\frac{\Delta p - \tilde{\rho}\tilde{a}\Delta V}{2\tilde{a}^2}\right)\begin{bmatrix} 1 \\ \tilde{u} - \tilde{a}n_x \\ \tilde{v} - \tilde{a}n_y \\ \tilde{w} - \tilde{a}n_z \\ \tilde{h} - \tilde{a}\tilde{V} \end{bmatrix} \tag{7-57}$$

$$|\Delta \boldsymbol{F}_{2,3,4}| = \left|\tilde{V} - V_\omega\right| \left\{ \left(\Delta\rho - \frac{\Delta p}{\tilde{a}^2}\right) \begin{bmatrix} 1 \\ \tilde{u} \\ \tilde{v} \\ \tilde{w} \\ \tilde{q}^2/2 \end{bmatrix} + \tilde{\rho} \begin{bmatrix} 0 \\ \Delta u - \Delta V n_x \\ \Delta v - \Delta V n_y \\ \Delta w - \Delta V n_z \\ \tilde{u}\Delta u + \tilde{v}\Delta v + \tilde{w}\Delta w - \tilde{V}\Delta V \end{bmatrix} \right\}$$

$$\text{(7-58)}$$

$$|\Delta \boldsymbol{F}_5| = \left|\tilde{V} - V_\omega + \tilde{a}\right| \left(\frac{\Delta p + \tilde{\rho}\tilde{a}\Delta V}{2\tilde{a}^2}\right) \begin{bmatrix} 1 \\ \tilde{u} + \tilde{a}n_x \\ \tilde{v} + \tilde{a}n_y \\ \tilde{w} + \tilde{a}n_z \\ \tilde{h} + \tilde{a}\tilde{V} \end{bmatrix} \tag{7-59}$$

其中, Roe 平均值定义如下:

$$\tilde{\rho} = \sqrt{\rho_L \rho_R}$$

$$\tilde{u} = \left(u_L\sqrt{\rho_L} + u_R\sqrt{\rho_R}\right) / \left(\sqrt{\rho_L} + \sqrt{\rho_R}\right)$$

$$\tilde{v} = \left(v_L\sqrt{\rho_L} + v_R\sqrt{\rho_R}\right) / \left(\sqrt{\rho_L} + \sqrt{\rho_R}\right)$$

$$\tilde{w} = \left(w_L\sqrt{\rho_L} + w_R\sqrt{\rho_R}\right) / \left(\sqrt{\rho_L} + \sqrt{\rho_R}\right)$$

$$\tilde{h} = \left(h_L\sqrt{\rho_L} + h_R\sqrt{\rho_R}\right) / \left(\sqrt{\rho_L} + \sqrt{\rho_R}\right) \tag{7-60}$$

$$\tilde{q}^2 = \tilde{u}^2 + \tilde{v}^2 + \tilde{w}^2$$

$$\tilde{a} = \sqrt{(\gamma - 1)(\tilde{h} - \tilde{q}^2/2)}$$

$$\tilde{V} = \tilde{u}n_x + \tilde{v}n_y + \tilde{w}n_z$$

$$V_\omega = \boldsymbol{q}_\omega \cdot \boldsymbol{n} = u_\Omega n_x + v_\Omega n_y + w_\Omega n_z$$

式中, $\Delta(\cdot) = (\cdot)_R - (\cdot)_L$, $(\cdot)_R$ 和 $(\cdot)_L$ 可采用前文介绍的重构方法计算得到交界面左右侧流场变量的信息。

为了避免 Roe 格式近似黎曼求解方法可能出现非物理解, 需对 Roe 格式中的特征变量值进行 Harten 熵修正, 具体公式如下:

$$|\Lambda| = \begin{cases} |\Lambda|, & |\Lambda| > \delta \\ \dfrac{\Lambda^2 + \delta^2}{2\delta}, & |\Lambda| \leqslant \delta \end{cases} \tag{7-61}$$

其中, 特征变量取值 $|\Lambda| \in \{\tilde{V} - V_\omega - \tilde{a}, \tilde{V} - V_\omega, \tilde{V} - V_\omega + \tilde{a}\}$, δ 是一小量, 取 $\delta = 0.1\tilde{a}$。

7.7　旋转通量的计算

由第 6 章可知，如果计算旋翼流场时坐标系为非惯性坐标系，那么控制方程中会出现额外的计算项 —— 旋转通量。对于旋转通量的计算，一般有两种方法：中心平均的方法和解析方法。

旋转通量的表达式可以写为

$$\boldsymbol{Q}_r = \iint\limits_S \boldsymbol{q}_\omega \boldsymbol{W} \mathrm{d}\boldsymbol{S} = \boldsymbol{W} \iint\limits_S \boldsymbol{q}_\omega \cdot \boldsymbol{n} \mathrm{d}S \tag{7-62}$$

式中，$\boldsymbol{q}_\omega = \boldsymbol{\omega} \times \boldsymbol{r}$。对于式 (7-62) 的计算，如果采用中心平均的方法计算，那么

$$\boldsymbol{Q}_r = \boldsymbol{W} \iint\limits_S \boldsymbol{q}_\omega \cdot \boldsymbol{n} \mathrm{d}S = \boldsymbol{W} \sum_{F=1}^{n} \iint\limits_{S_F} \boldsymbol{q}_\omega \cdot \boldsymbol{n} \mathrm{d}S \tag{7-63}$$

选取旋翼垂直飞行状态为例，旋翼角速度为 $\boldsymbol{\omega} = (0, -\Omega, 0)^{\mathrm{T}}$。将旋转通量平均到网格面的中心，$\boldsymbol{r}_\mathrm{c} = (x_\mathrm{c}, y_\mathrm{c}, z_\mathrm{c})^{\mathrm{T}}$，那么牵连速度 $\boldsymbol{q}_\omega = (-\Omega z_a, 0, \Omega x_a)$。

略去下标，旋转通量可以写为

$$\boldsymbol{Q}_r = -\Omega \sum_{F=1}^{n} \iint\limits_{S_F} z\boldsymbol{W}(\boldsymbol{i}_x \cdot \boldsymbol{n})\mathrm{d}S + \Omega \sum_{F=1}^{n} \iint\limits_{S_F} x\boldsymbol{W}(\boldsymbol{i}_z \cdot \boldsymbol{n})\mathrm{d}S \tag{7-64}$$

旋转通量的另一种方法为解析方法。因为采用中心平均方法会存在一定的计算误差。解析方法求解旋转通量时，需要引入 Stokes 公式，将面积分化为线积分。

首先定义

$$\boldsymbol{F}_r = \iint\limits_S \boldsymbol{q}_\omega \cdot \boldsymbol{n} \mathrm{d}S \tag{7-65}$$

其中，牵连速度定义为

$$\boldsymbol{q}_\omega = \nabla \times \boldsymbol{\Phi} \tag{7-66}$$

将式 (7-66) 代入式 (7-65) 中，再根据 Stokes 公式，可以得到

$$\boldsymbol{F}_r = \iint\limits_S (\nabla \times \boldsymbol{\Phi}) \cdot \boldsymbol{n} \mathrm{d}S = \sum_{F=1}^{n} \iint\limits_{S_F} (\nabla \times \boldsymbol{\Phi}) \cdot \boldsymbol{n} \mathrm{d}S = \sum_{F=1}^{n} \oint_{S_F} \boldsymbol{\Phi} \cdot \mathrm{d}\boldsymbol{l} \tag{7-67}$$

首先根据式 (7-66) 计算出 $\boldsymbol{\Phi}$，然后将其代入式 (7-67) 中进行线积分的求解即可计算得出 $\boldsymbol{F}_r$ 的值。

与解析方法求解旋转通量相比，中心平均方法简单，便于理解且编程容易实现。解析方法计算精度较高，但计算量稍有增加。

参 考 文 献

印智昭, 招启军, 王博. 2016. 基于高阶 WENO 格式的旋翼非定常涡流场数值模拟. 航空学报, 37(8).

招启军, 徐国华. 2005. 基于高阶逆风通量差分裂格式的直升机旋翼前飞流场模拟. 空气动力学学报, 23(4):408-413.

招启军, 徐国华. 2005. 使用高阶逆风通量差分裂格式的悬停旋翼流场数值模拟. 航空动力学报, 20(2):186-191.

Harten A, Hyman J M. 1983. Self-adjusting grid methods for one-dimensional hyperbolic conservation laws. Journal of Computational Physics, 50(2): 235-269.

Jameson A, Schmidt W, Turkel E. 1981. Numerical solutions of the Euler equations by finite volume methods using Runge-Kutta time-stepping schemes. AIAA Paper, 1981-1259.

Liou M S, Steffen C J. 1993. A new flux splitting scheme. Journal of Computational Physics, 107(1): 23-39.

Liu X D, Osher S, Chan T. 1994. Weighted essentially non-oscillatory schemes. Journal of Computational Physics, 115(1): 200-212.

Roe P L. 1981. Approximate Riemann solvers, parameter vectors, and difference schemes. Journal of Computational Physics, 43(2): 357-372.

van Albada G D, van Leer B, Roberts Jr W W. 1982. A comparative study of computational methods in cosmic gas dynamics. Astronomy & Astrophysics, 108(5): 599-635.

van Leer B. 1979. Towards the ultimate conservative difference scheme. V. A second-order sequel to Godunov's method. Journal of Computational Physics, 32(1): 101-136.

第8章　时间离散方法及求解条件

时间推进方法一般可分为显式方法和隐式方法。目前，求解旋翼流场控制方程的显式方法最具代表性的是 Runge-Kutta 方法；隐式方法中具有代表性的是 LU-SGS 方法。非定常计算方法则根据是否引入子迭代可分为直接方法和双时间法。本章分别对常用的显式 Runge-Kutta 方法、隐式 LU-SGS 方法及非定常双时间推进方法进行介绍。

求解条件是 CFD 方法的求解基本条件和基础，主要包括物面边界条件、周期性边界条件及初始条件等。本章也对求解条件进行详细阐述。

8.1　显式时间推进

对于微元控制体 $V_{i,j,k}$，通过空间离散，可写为如下的常微分方程，即

$$\frac{\mathrm{d}\boldsymbol{W}_{i,j,k}}{\mathrm{d}t} = -\frac{1}{V_{i,j,k}}\boldsymbol{R}_{i,j,k} \tag{8-1}$$

其中，$\boldsymbol{R}_{i,j,k}$ 称为残值，即对流通量和黏性通量之和。

对于上述方程，显式方法采用已知的流场变量 $\boldsymbol{W}^n$ 对空间离散的控制方程残值 $\boldsymbol{R}^n$ 进行计算，并进一步求出下一时间步 $(t+\Delta t)$ 的流场守恒变量 $\boldsymbol{W}^{n+1}$，如此循环直至残值收敛。显式方法操作简单、编程方便，在旋翼流场 N-S 方程求解中得到了广泛的应用。

对于式 (8-1) 采用 Crank-Nicolson 格式，得到

$$\frac{(\boldsymbol{W}_{i,j,k}^{n+1} - \boldsymbol{W}_{i,j,k}^n)}{\Delta t} = -\frac{1}{V_{i,j,k}}\boldsymbol{R}(\boldsymbol{W}_{i,j,k}^{n+\frac{1}{2}}) \tag{8-2}$$

对于式 (8-2) 的求解可以采用显式时间推进方法——Runge-Kutta 格式 (Jameson, et al., 1981) 进行，以 m 步格式为例，具体推进过程如下

$$\begin{aligned}
\boldsymbol{W}^{(0)} &= (\boldsymbol{W}^*)^n \\
\boldsymbol{W}^{(i)} &= \boldsymbol{W}^{(0)} - \alpha_i\Delta t\boldsymbol{R}^*(\boldsymbol{W}^{(i-1)}) \quad (i=1,2,\cdots,m) \\
(\boldsymbol{W}^*)^{n+1} &= \boldsymbol{W}^{(m)}
\end{aligned} \tag{8-3}$$

为满足稳定性和计算精度的要求，推进可以分为四步与五步两种不同形式，这两种形式仅在参数设置上存在区别。四步 Runge-Kutta 方法 $(m=4)$ 的参数为

$\alpha_1 = \dfrac{1}{4}$，$\alpha_2 = \dfrac{1}{3}$，$\alpha_3 = \dfrac{1}{2}$，$\alpha_4 = 1$；五步 Runge-Kutta 方法 ($m=5$) 的参数为
$\alpha_1 = \dfrac{1}{4}$，$\alpha_2 = \dfrac{1}{6}$，$\alpha_3 = \dfrac{3}{8}$，$\alpha_4 = \dfrac{1}{2}$，$\alpha_5 = 1$。

为进一步减少计算量，可以只在某些步计算人工耗散项，将其他步的人工耗散项冻结，这种格式称为混合多步格式。例如，采用五步混合格式时，可以只在第一步计算人工黏性项，将其他步人工黏性项冻结。理论推导和计算实践表明，混合多步格式可减小计算量，并能提高稳定性。

由于采用 Runge-Kutta 显式时间推进方法，因此时间步长必须满足稳定性条件。对于定常流动问题使用当地时间步长代替统一时间步长，可以使每一个控制单元能够最高效的推进，同时保证流场的稳定。对某一网格单元 (i,j,k)，当地时间步长取为

$$\Delta t_{i,j,k} = \frac{\text{CFL} \cdot V_{i,j,k}}{\left| \boldsymbol{q}_{\mathrm{r}_{i,j,k}} \cdot \boldsymbol{S}^I_{i,j,k} \right| + \left| \boldsymbol{q}_{\mathrm{r}_{i,j,k}} \cdot \boldsymbol{S}^J_{i,j,k} \right| + \left| \boldsymbol{q}_{\mathrm{r}_{i,j,k}} \cdot \boldsymbol{S}^K_{i,j,k} \right| + a_{i,j,k} \left(\left| \boldsymbol{S}^I_{i,j,k} \right| + \left| \boldsymbol{S}^J_{i,j,k} \right| + \left| \boldsymbol{S}^K_{i,j,k} \right| \right)} \tag{8-4}$$

其中，$a_{i,j,k}$ 是当地音速，$\boldsymbol{q}_{\mathrm{r}_{i,j,k}}$ 为单元中心相对速度。为了保证计算的稳定性，CFL 数值一般不大于 $2\sqrt{2}$。

8.2　隐式时间推进

隐式 LU-SGS(lower-upper symmetric Gauss-seidel) 方法，即 LU-SSOR(lower-upper symmetric successive over relaxation) 方法，由于其可以媲美显式方法的较低的数值复杂性和适度的存储要求，因此在 CFD 计算中应用广泛。LU-SGS 格式方便应用于向量化和并行计算，同时适用于结构网格和非结构网格。

LU-SGS 方法起始于 Jameson 和 Turkel(1981) 的研究工作，他们将隐式算子分解成上下对角占优算子。在此基础上，Yoon 和 Jameson(1987) 提出了无需矩阵求逆的 LU-SGS 方法。Rieger 和 Jameson 进一步将该方法应用于三维黏性流场计算中。LU-SGS 格式对对流通量的线化采用一阶精度 Steger-Warming 通量分离方法。

对时间导数项采用一阶向前差分，将空间离散后的半离散方程组写成如下隐式形式：

$$V_{i,j,k} \frac{\Delta \boldsymbol{W}_{i,j,k}}{\Delta t} = -\iint\limits_{S} \left(\boldsymbol{F}^{n+1}_{ci,j,k} - \boldsymbol{F}^{n+1}_{\nu i,j,k} \right) \cdot \boldsymbol{n} \mathrm{d}S \tag{8-5}$$

其中，$\Delta \boldsymbol{W}_{i,j,k} = \boldsymbol{W}^{n+1}_{i,j,k} - \boldsymbol{W}^n_{i,j,k}$，$\displaystyle\iint\limits_{S} \left(\boldsymbol{F}^{n+1}_{ci,j,k} - \boldsymbol{F}^{n+1}_{\nu i,j,k} \right) \cdot \boldsymbol{n} \mathrm{d}S$ 为残值项，可以用 $\boldsymbol{R}^{n+1}_{i,j,k}$ 表示。

对残值 $R_{i,j,k}^{n+1}$ 进行线化处理，略去高阶项可得

$$R_{i,j,k}^{n+1} = R_{i,j,k}^n + \frac{\partial R_{i,j,k}}{\partial W_{i,j,k}} \frac{\partial W_{i,j,k}}{\partial t} \Delta t = R_{i,j,k}^n + \iint\limits_S \tilde{A} \Delta W_{i,j,k} \mathrm{d}S \tag{8-6}$$

式中，$\tilde{A}$ 包括无黏通量和黏性通量的雅可比矩阵，具体为 $Ac = \dfrac{\partial F_{ci,j,k}}{\partial W_{i,j,k}}$，$A_\nu = \dfrac{\partial F_{\nu i,j,k}}{\partial W_{i,j,k}}$。

将式 (8-6) 代入式 (8-5) 有

$$V_{i,j,k} \frac{\Delta W_{i,j,k}}{\Delta t} + \iint\limits_S \tilde{A} \Delta W_{i,j,k} \mathrm{d}S = -R_{i,j,k}^n \tag{8-7}$$

式 (8-7) 经过整理得到

$$V_{i,j,k} \frac{\Delta W_{i,j,k}}{\Delta t} + (\tilde{A}\Delta W \Delta S)_{i+\frac{1}{2},j,k} - (\tilde{A}\Delta W \Delta S)_{i-\frac{1}{2},j,k} + (\tilde{A}\Delta W \Delta S)_{i,j+\frac{1}{2},k} -$$
$$(\tilde{A}\Delta W \Delta S)_{i,j-\frac{1}{2},k} + (\tilde{A}\Delta W \Delta S)_{i,j,k+\frac{1}{2}} - (\tilde{A}\Delta W \Delta S)_{i,j,k-\frac{1}{2}} = -R_{i,j,k}^n \tag{8-8}$$

根据通量差分的概念，将网格面上通量雅可比矩阵按其正、负特征值进行分裂，采用迎风法则，可得以下通量分裂形式：

$$\begin{aligned}
(\tilde{A}\Delta W)_{i+\frac{1}{2},j,k} &= A_{i,j,k}^+ \Delta W_{i,j,k} + A_{i+1,j,k}^- \Delta W_{i+1,j,k} \\
(\tilde{A}\Delta W)_{i-\frac{1}{2},j,k} &= A_{i-1,j,k}^+ \Delta W_{i-1,j,k} + A_{i,j,k}^- \Delta W_{i,j,k} \\
(\tilde{A}\Delta W)_{i,j+\frac{1}{2},k} &= B_{i,j,k}^+ \Delta W_{i,j,k} + B_{i,j+1,k}^- \Delta W_{i,j+1,k} \\
(\tilde{A}\Delta W)_{i,j-\frac{1}{2},k} &= B_{i,j-1,k}^+ \Delta W_{i,j-1,k} + B_{i,j,k}^- \Delta W_{i,j,k} \\
(\tilde{A}\Delta W)_{i,j,k+\frac{1}{2}} &= C_{i,j,k}^+ \Delta W_{i,j,k} + C_{i,j,k+1}^- \Delta W_{i,j,k+1} \\
(\tilde{A}\Delta W)_{i,j,k-\frac{1}{2}} &= C_{i,j,k-1}^+ \Delta W_{i,j,k-1} + C_{i,j,k}^- \Delta W_{i,j,k}
\end{aligned} \tag{8-9}$$

可得如下形式的离散方程：

$$\begin{aligned}
&\left\{ \begin{aligned}
&\frac{V_{i,j,k}}{\Delta t} I + A_{i,j,k}^+ \Delta S_{i+\frac{1}{2},j,k} - A_{i,j,k}^- \Delta S_{i-\frac{1}{2},j,k} + B_{i,j,k}^+ \Delta S_{i,j+\frac{1}{2},k} \\
&\quad - B_{i,j,k}^- \Delta S_{i,j-\frac{1}{2},k} + C_{i,j,k}^+ \Delta S_{i,j,k+\frac{1}{2}} - C_{i,j,k}^- \Delta S_{i,j,k-\frac{1}{2}}
\end{aligned} \right\} \Delta W_{i,j,k} \\
&+ (-A_{i-1,j,k}^+ \Delta W_{i-1,j,k} \Delta S_{i-\frac{1}{2},j,k} - B_{i,j-1,k}^+ \Delta W_{i,j-1,k} \Delta S_{i,j-\frac{1}{2},k} \\
&- C_{i,j,k-1}^+ \Delta W_{i,j,k-1} \Delta S_{i,j,k-\frac{1}{2}}) + (A_{i+1,j,k}^- \Delta W_{i+1,j,k} \Delta S_{i+\frac{1}{2},j,k} \\
&+ B_{i,j+1,k}^- \Delta W_{i,j+1,k} \Delta S_{i,j+\frac{1}{2},k} + C_{i,j,k+1}^- \Delta W_{i,j,k+1} \Delta S_{i,j,k+\frac{1}{2}}) = -R_{i,j,k}^n
\end{aligned} \tag{8-10}$$

通量雅可比矩阵分裂对于成功构造 L, U 算子起着十分重要的作用。为了保证 L, U 算子最大程度的对角占优，应使得正 ("+") 特征矩阵的特征值非负，负

("−") 特征矩阵的特征值非正。为此，可采用如下分裂方式

$$A^{\pm} = \frac{A \pm \omega\lambda_c^I I}{2}, \quad B^{\pm} = \frac{B \pm \omega\lambda_c^J I}{2}, \quad C^{\pm} = \frac{C \pm \omega\lambda_c^K I}{2} \tag{8-11}$$

其中，$\lambda_c^I, \lambda_c^J, \lambda_c^K$ 分别为对流通量雅可比矩阵 A, B, C 的谱半径。

这样，正、负雅可比矩阵之差则可表示成

$$A^+ - A^- = \omega\lambda_c^I I, \quad B^+ - B^- = \omega\lambda_c^J I, \quad C^+ - C^- = \omega\lambda_c^K I \tag{8-12}$$

其中，ω 为松弛因子，在一定程度上决定了隐式格式的耗散，从而影响隐式方法的收敛性。ω 通常取 [1,2]，并且 ω 取值越大，隐式格式的稳定性越好，但格式的收敛速度会有所降低。

黏性项的雅可比矩阵计算比较复杂，因此在很多情况下进行近似处理

$$A_\nu \Delta S \approx \lambda_\nu I \tag{8-13}$$

因此，包含黏性的隐式 LU-SGS 格式为

$$(L + D)D^{-1}(D + U)\Delta W_{i,j,k} = -R_{i,j,k}^n \tag{8-14}$$

其中，L, U 和 D 分别为上、下三角矩阵和对角阵，具体表达为

$$
\begin{aligned}
L &= \left(A^+ + A_\nu\right)_{i-1}\Delta S_{i-\frac{1}{2}} + \left(B^+ + A_\nu\right)_{j-1}\Delta S_{j-\frac{1}{2}} + \left(C^+ + A_\nu\right)_{k-1}\Delta S_{k-\frac{1}{2}} \\
D &= \left[\frac{V}{\Delta t} + \omega(\lambda_c^I + \lambda_c^J + \lambda_c^K)\right]I + 2(\lambda_\nu^I + \lambda_\nu^J + \lambda_\nu^K) - \frac{\partial(VQ)}{\partial W} \\
U &= \left(A^- - A_\nu\right)_{i+1}\Delta S_{i+\frac{1}{2}} + \left(B^- - A_\nu\right)_{j+1}\Delta S_{j+\frac{1}{2}} + \left(C^- - A_\nu\right)_{k+1}\Delta S_{k+\frac{1}{2}}
\end{aligned}
\tag{8-15}
$$

其中，Q 为源项 (如果存在的话)，λ_c 为无黏通量谱半径，ν 为黏性通量谱半径。

这种近似方法可以有效减少计算操作并降低所需内存，非常有利于计算量较大的旋翼流场 CFD 数值计算。

可以分两个步骤进行求解，分别为前行扫掠过程和后行扫掠过程。具体如下：

$$
\begin{aligned}
(D + L)\Delta W_{i,j,k}^{(1)} &= -R_{i,j,k}^n \\
(D + U)\Delta W_{i,j,k}^n &= D\Delta W_{i,j,k}^{(1)}
\end{aligned}
\tag{8-16}
$$

最终，进行流场守恒变量更新，$W_{i,j,k}^{n+1} = W_{i,j,k}^n + \Delta W_{i,j,k}^n$。

LU-SGS 隐式方法的显著特征即方程 (8-14) 的向前和向后推进策略。对于二维情形，在计算平面内的扫掠沿对角线 $i + j = $ Const. 进行，如图 8.1 给出了向前扫掠示意，对应于式 (8-16) 中的第一式。可以发现，非对角线单元即 L, U 的值在先前的扫掠过程中已求得 (图中标记为方框的单元)。

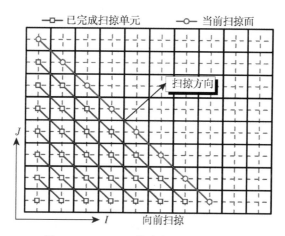

图 8.1 LU-SGS 格式向前扫掠示意图

在三维情况下，扫掠过程是在 $i+j+k=\mathrm{Const.}$ 的面上进行。因此，LU-SGS 方法可进一步表达为

$$D\Delta W_{i,j,k}^{(1)} = -R_{i,j,k}^n - L\Delta W^{(1)}$$
$$D\Delta W_{i,j,k}^n = D\Delta W_{i,j,k}^{(1)} - U\Delta W^n$$

(8-17)

由上式可以看出，只需对矩阵 D 进行求逆即可，即 LU-SGS 方法将对稀疏带状矩阵的求逆转换为局部对角矩阵的求逆。若将黏性雅可比矩阵用黏性谱半径来简化，则矩阵 D 变为对角矩阵，这使得 LU-SGS 方法相对于其他隐式方法需要很少的计算量，并且对任意单元的 D 进行求逆时无需相邻单元值，从而有利于求解的矢量化。

为避免对上下三角矩阵 L 和 U 的存储，$A^{\pm}\Delta W^n$ 可以采用泰勒展开式表示为

$$A^{\pm}\Delta W^n = \frac{1}{2}(\Delta F_c \Delta S \pm \lambda_c^I I \Delta W^n)$$

(8-18)

其中，$\Delta F_c = F_c^{n+1} - F_c^n$。由于扫掠过程是沿对角线 (面) 进行，$\Delta F_c^{n+1}$ 为已知量，这进一步减小了计算的数值存储需要。

8.3 双时间推进

由于旋翼前飞流场为非定常流动，因此可采用计算效率较高的双时间推进格式。当采用显式推进方法时，双时间法 (Jameson, 1991) 中定义 m 为伪时间方向上的层数，n 为物理时间上的层数，或者对应桨叶所处不同方位角位置。将方程 (8-1)

在 $(n+1)$ 时间层近似为

$$\frac{\mathrm{d}}{\mathrm{d}t}(V^{n+1}\boldsymbol{W}^{n+1}) + \boldsymbol{R}(\boldsymbol{W}^{n+1}) = 0 \tag{8-19}$$

其中，$\frac{\mathrm{d}}{\mathrm{d}t}(\cdot)$ 表示具有 k 阶精度的向后时间差分，可采用具有二阶精度的三点向后差分格式来近似，即

$$\frac{\mathrm{d}}{\mathrm{d}t}(V^{n+1}\boldsymbol{W}^{n+1}) = \frac{3V^{n+1}\boldsymbol{W}^{n+1} - 4V^n\boldsymbol{W}^n + V^{n-1}\boldsymbol{W}^{n-1}}{2\Delta t} \tag{8-20}$$

将方程 (8-20) 代入方程 (8-19)，得到

$$\frac{3V^{n+1}\boldsymbol{W}^{n+1} - 4V^n\boldsymbol{W}^n + V^{n-1}\boldsymbol{W}^{n-1}}{2\Delta t} + \boldsymbol{R}(\boldsymbol{W}^{n+1}) = 0 \tag{8-21}$$

引入一个新的残值

$$\boldsymbol{R}^*(\boldsymbol{W}^*) = \boldsymbol{R}(\boldsymbol{W}^*) + \frac{3V^{n+1}\boldsymbol{W}^* - 4V^n\boldsymbol{W}^n + V^{n-1}\boldsymbol{W}^{n-1}}{2\Delta t} \tag{8-22}$$

再引入伪时间 τ，得到一个新的微分方程

$$\frac{\mathrm{d}(V^{n+1}\boldsymbol{W}^*)}{\mathrm{d}\tau} + \boldsymbol{R}^*(\boldsymbol{W}^*) = 0 \tag{8-23}$$

其中，$\boldsymbol{W}^*$ 表示对 $\boldsymbol{W}^{n+1}$ 的近似。

方程的解为在伪时间 τ 上推进到定常状态的解，即为满足 $\boldsymbol{R}^*(\boldsymbol{W}^*) = 0$ 的流场守恒量 $\boldsymbol{W}^*$，将其作为 t 时间上的流场守恒量 $\boldsymbol{W}^{n+1}$。

在上述求解过程中，对于非定常 N-S 方程在每个物理时间步内进行伪时间推进，相当于求解定常问题，因而定常解法中的当地时间步长、隐式残值光顺等加速收敛措施都能应用到流场计算中。

伪时间步长受稳定性条件的限制，对于每一个单元，允许的伪时间步长为

$$\Delta\tau_{i,j,k} = \min\left[\frac{2}{3}\Delta t, \frac{\mathrm{CFL} \cdot V_{i,j,k}}{\lambda_c^I + \lambda_c^J + \lambda_c^K}\right] \tag{8-24}$$

其中，λ_c^I、λ_c^J 和 λ_c^K 分别为 i,j,k 方向的雅可比矩阵谱半径，CFL 代表 Courant 数。

当采用隐式 LU-SGS 推进方法时，与单时间步 LU-SGS 相比，双时间步的 LU-SGS 格式变化并不大。在方法实现上，如果已有定常流场的 LU-SGS 推进格式，只需进行如下简单修改：

1) LU 分解矩阵中的 $\boldsymbol{D}$ 矩阵表达式修改为

$$\boldsymbol{D} = \left[V\left(\frac{1}{\Delta\tau} + \frac{3}{2\Delta t}\right) + \omega(\lambda_c^I + \lambda_c^J + \lambda_c^K)\right]\boldsymbol{I} + 2(\lambda_v^I + \lambda_v^J + \lambda_v^K) - \frac{\partial(V\boldsymbol{Q})}{\partial\boldsymbol{W}} \tag{8-25}$$

需要注意 LU-SGS 迭代中使用的时间步长为伪时间步长。

2) 残值右端项修改为

$$R^*(\boldsymbol{W}^{*(m)}) - V\frac{3\boldsymbol{W}^{*(m)} - 4\boldsymbol{W}^n + \boldsymbol{W}^{n-1}}{2\Delta t} \tag{8-26}$$

8.4 边界条件

8.4.1 虚拟网络技术

数值模拟中边界条件处理的得当与否对于数值计算的稳定性、收敛性和解的正确性都有很大的影响。为了便于无黏通量、黏性通量求解和计算偏导数，可以采用两层虚拟网格技术。如图 8.2 所示，采用两层虚拟网格后可以使得空间离散更加便利。对于虚拟网格的物理量的赋值，可以根据不同的边界类型进行等梯度插值或者镜像插值。

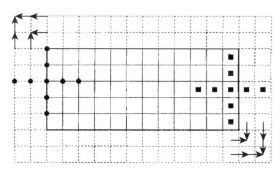

图 8.2　二维虚拟网格示意图

8.4.2 周期性边界条件

旋翼垂直飞行流场具有旋转对称性，因而对于包括 N_b 片桨叶的旋翼来说，只需要取一片桨叶和其对应的 $1/N_b$ 计算域进行计算，其余桨叶的影响可以通过在周向边界上采用周期性边界条件来实现，如图 8.3 所示。

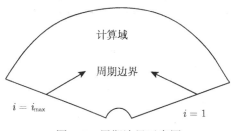

图 8.3　周期边界示意图

假设对称边界在 I 方向，则对称边界 $i_{\max}$ 和 1 上的速度为

$$
\begin{bmatrix} u \\ v \\ w \end{bmatrix}_{i_{\max}/1} = \begin{bmatrix} \cos\dfrac{2\pi}{N_b} & 0 & -\sin\dfrac{2\pi}{N_b} \\ 0 & 1 & 0 \\ \sin\dfrac{2\pi}{N_b} & 0 & \cos\dfrac{2\pi}{N_b} \end{bmatrix} \begin{bmatrix} u \\ v \\ w \end{bmatrix}_{2/i_{\max}-1}
\tag{8-27}
$$

$$
p_{i_{\max}/1} = p_{2/i_{\max}-1}
$$

$$
\rho_{i_{\max}/1} = \rho_{2/i_{\max}-1}
$$

8.4.3 动量理论推导的边界条件

由于悬停状态的旋翼尾迹位于旋翼的下方，不会迅速远离桨叶，同时计算使用的网格系统所包围的范围又不可能很大，因此，在此范围外的涡尾迹影响也需加以考虑。这里，根据悬停旋翼动量理论 (Strawn and Barth, 1993) 给出入流和出流远场边界条件。图 8.4 为悬停旋翼流场的远场边界条件示意图。

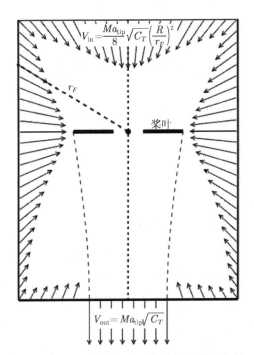

图 8.4 悬停旋翼流场的远场边界条件示意图

出流边界的范围为桨盘正下方半径为 $R/\sqrt{2}$ 的圆内，出流速度为

$$
V_{\text{out}} = Ma_{\text{tip}}\sqrt{C_T} \quad (\text{方向垂直向下})
\tag{8-28}
$$

其余边界均为入流, 方向均指向桨毂中心, 入流速度取值为

$$V_{\text{in}} = \frac{Ma_{\text{tip}}}{8} \sqrt{C_T} \left(\frac{R}{r_F} \right)^2 \tag{8-29}$$

其中, Ma_{tip} 是旋翼桨尖马赫数, C_T 为旋翼拉力系数, R、r_F 分别表示旋翼桨叶半径和远场边界点到桨毂中心的距离。

8.4.4 远场边界条件

针对远场边界条件可采用无反射 (Hirsch, 1988) 处理, 即扰动波不会反射回流场。以二维情况为例, 只考虑边界上的无黏非守恒气体动力学方程:

$$\frac{\partial \boldsymbol{Q}}{\partial t} + \boldsymbol{A} \frac{\partial \boldsymbol{Q}}{\partial x} + \boldsymbol{B} \frac{\partial \boldsymbol{Q}}{\partial y} = 0 \tag{8-30}$$

其中, $\boldsymbol{Q} = \begin{bmatrix} \rho \\ u \\ v \\ p \end{bmatrix}$, $\boldsymbol{A} = \begin{pmatrix} u & \rho & 0 & 0 \\ 0 & u & 0 & 1/\rho \\ 0 & 0 & u & 0 \\ 0 & \rho a^2 & a & u \end{pmatrix}$, a 为当地音速, 则 $\boldsymbol{A}$ 的特征值

$\boldsymbol{\lambda} = [u, u, u+a, u-a]^{\text{T}}$ 确定了 (x,t) 空间特征线斜率。

可以证明 $u \pm \dfrac{2}{\gamma-1} a$ 沿特征线 $\lambda = u \pm a$ 不变, 称为 Riemann 不变量。

对一般亚音速问题, 有 Riemann 不变量

$$\begin{aligned} R^+ &= V_{\text{ne}} + \frac{2a_e}{\gamma-1} \\ R^- &= V_{\text{n}\infty} - \frac{2a_\infty}{\gamma-1} \end{aligned} \tag{8-31}$$

其中, n 表示法向, 下标 ∞ 和 e 分别表示来流值和内场值, 如图 8.5 所示。由此, 可以求得边界上的法向速度 V_{n} 和音速 a, 即

$$\begin{aligned} V_{\text{n}} &= \frac{1}{2}(R^+ + R^-) \\ a &= \frac{\gamma-1}{4}(R^+ - R^-) \end{aligned} \tag{8-32}$$

图 8.5   入流和出流远场边界

根据法向速度的符号 (当 $V_n < 0$ 为入流边界，$V_n > 0$ 为出流边界)，可以从来流值或内场值得到边界上熵 s 和切向速度 V_t，具体可以分为如下情况：

(1) 亚音速入流边界 $(Ma_{n\infty} < 1, V_n < 0)$，有

$$V_n = \frac{1}{2}(R^+ + R^-)$$

$$a = \frac{\gamma - 1}{4}(R^+ - R^-)$$

$$V_\tau = V_{\tau\infty}$$

$$s = s_\infty$$

(8-33)

(2) 亚音速出流边界 $(Ma_{n\infty} < 1, V_n > 0)$，有

$$V_n = \frac{1}{2}(R^+ + R^-)$$

$$a = \frac{\gamma - 1}{4}(R^+ - R^-)$$

$$V_\tau = V_{\tau e}$$

$$s = s_e$$

(8-34)

(3) 超音速入流边界 $(Ma_{n\infty} > 1, V_n < 0)$，有

$$\rho = \rho_\infty$$
$$\boldsymbol{V} = \boldsymbol{V}_\infty$$
$$p = p_\infty$$

(8-35)

(4) 超音速出流边界 $(Ma_{n\infty} > 1, V_n > 0)$，有

$$\rho = \rho_e$$
$$\boldsymbol{V} = \boldsymbol{V}_e$$
$$p = p_e$$

(8-36)

根据边界上的 V_n, a, s, V_t 值及关系式 $\rho = \left(\dfrac{a^2}{\gamma s}\right)^{\frac{1}{\gamma-1}}$ 和 $s = \dfrac{p}{\rho^\gamma}$，可求得边界上的 u, v, p, ρ 值，进一步可计算出边界上的各守恒变量的值。

特别需要指出，考虑到远场边界运动速度的影响，处理远场边界条件时应采用边界面的相对运动速度。

8.4.5 物面边界条件

对于 Euler 方程而言，在物面满足无穿透条件，即法向相对速度为零，如下所示

$$(\boldsymbol{V}_r)_n = 0 \tag{8-37}$$

当采用 N-S 方程时，物面处气流与桨叶运动的相对速度为零，即

$$\boldsymbol{V}_r = 0 \tag{8-38}$$

此外，桨叶表面采用绝热条件，即温度和压强的法向梯度为零，即为

$$\frac{\partial T}{\partial n} = 0$$
$$\frac{\partial p}{\partial n} = 0 \tag{8-39}$$

采用虚拟网格后，相应的物面内第一层、第二层虚拟网格单元取值为

$$\boldsymbol{V}_{-1} = -\boldsymbol{V}_1 + 2\boldsymbol{V}_0$$
$$\boldsymbol{V}_{-2} = -\boldsymbol{V}_2 + 2\boldsymbol{V}_0 \tag{8-40}$$

$$\rho_{-1} = \rho_1$$
$$\rho_{-2} = \rho_2$$
$$p_{-1} = p_1$$
$$p_{-2} = p_2 \tag{8-41}$$

其中，下标 "0" 表示物面，如图 8.6 所示。

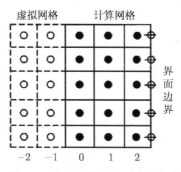

图 8.6 虚拟网格和界面边界条件

当采用 S-A 湍流模型时, 在物面边界上有

$$\tilde{\nu}_{\mathrm{w}} = 0 \tag{8-42}$$

当采用 SST 湍流模型, 在物面边界上, 令

$$\omega_{\mathrm{w}} = 10 \frac{6v}{\beta_1 (\Delta d_1)^2}$$

$$k_{\mathrm{w}} = 0 \tag{8-43}$$

其中, $\beta_1 = 0.075$, 为模型参数, Δd_1 为第一层网格离壁面的距离。

相应的虚拟网格格心值取为

$$\varpi_{-1} = -\varpi_1 + 2\varpi_{\mathrm{w}}$$

$$\varpi_{-2} = -\varpi_2 + 2\varpi_{\mathrm{w}} \tag{8-44}$$

其中, ϖ 为 $\tilde{\nu}$, k 和 ω。

8.5 初 始 条 件

对于前飞状态下的旋翼流场, 初始条件取无穷远处来流值, 即

$$(\rho, u, v, w, p) = (\rho_\infty, u_\infty, v_\infty, w_\infty, p_\infty) \tag{8-45}$$

旋翼处于垂直飞行状态时, 其流场计算初始条件为

$$(\rho, u, v, w, p) = (\rho_\infty, 0, v_\infty, 0, p_\infty) \tag{8-46}$$

当采用 S-A 湍流模型时, 其相应的 $\tilde{\nu}$ 的初始条件为

$$\frac{3.0}{Re} < \tilde{\nu} < \frac{5.0}{Re} \tag{8-47}$$

当采用 SST 湍流模型时, 其相应的 k, ω 的初始条件为

$$\frac{10^{-5} V^2}{Re_{\mathrm{L}}} < k < \frac{10^{-1} V^2}{Re_{\mathrm{L}}}$$

$$\frac{V}{L} < \omega < 10 \frac{V}{L} \tag{8-48}$$

参 考 文 献

吴琪, 招启军, 赵国庆, 等. 2015. 基于隐式算法的悬停旋翼黏性绕流高效 CFD 分析方法. 空气
    动力学学报, 33(4):454-463.

招启军, 徐国华. 2005. 基于嵌套网格和计入尾迹影响的旋翼流场数值模拟. 南京航空航天大学学报, 37(6):675-679.

Blazek J. 2001. Computational fluid dynamics: principles and applications. Amsterdam: Elsevier.

Hirsch C H, Verhoff A. 1989. Far field numerical boundary conditions for internal and cascade flow computations, 9th Computational Fluid Dynamics Conference, AIAA Paper ,1989-1943.

Jameson A. 1991. Time dependent calculations using multigrid with applications to unsteady flows past airfoils and wings. AIAA Paper, 1991-1596.

Jameson A, Schmidt W, Turkel E. 1981. Numerical solutions of the Euler equations by finite volume methods using Runge-Kutta time-stepping schemes. AIAA Paper, 1981-1259.

Jameson A, Turkel E. 1981. Implicit schemes and LU decompositions. Mathematics of Computation, 37(156): 385-397.

Jameson A, Yoon S. 1987. Lower-upper implicit schemes with multiple grids for the Euler equations. AIAA Journal, 25(7): 929-935.

Rieger H, Jameson A. 1988. Solution of steady three-dimensional compressible Euler and Navier-Stokes equations by an implicit LU scheme. AIAA Paper, 1988-0619.

Strawn R C, Barth T J. 1993. A finite-volume Euler solver for computing rotary-wing aerodynamics on unstructured meshes. Journal of the American Helicopter Society, 38(2): 61-67.

Zhao Q J, Xu G H, Zhao J G. 2006. New hybrid method for predicting the flowfield of helicopter in hover and forward flight. Journal of Aircraft, 43(2):372-380.

第 9 章   高效推进方法

使用 CFD 方法分析旋翼/直升机流场已逐渐成为直升机设计中不可或缺的重要环节。在旋翼设计阶段，需要对多种不同构型的旋翼在多种设计工况下的气动特性进行分析，大量的算例计算导致设计效率的降低，旋翼的优化设计更是如此。在保证 CFD 计算结果精度能够满足需求的基础上，减少 CFD 计算的时间对缩短直升机设计周期具有重要意义。其中，网格量影响着 CFD 求解器内的循环次数，是影响计算时间的主要因素之一。由于旋翼/直升机的外形较为复杂，往往需要百万级、千万级的网格量才能获得较为准确的气动特性数据；若要分析局部流场细节，如涡的产生机理及其在空间的发展过程等问题，则需要更多的计算网格。在相同网格量的前提下，通过一些加速收敛/高效推进方法，更加充分利用已有的计算资源，能在更短的时间内，获得精度相当的计算结果。合理应用高效推进方法，能将计算效率提高几倍、几十倍甚至上百倍，让原本数月的工作量在几天内就可完成，甚至使不可能完成的计算任务能被完成，达到节约计算成本，提升计算效率和缩短设计周期的目的。

本章主要介绍在旋翼流场计算中常用的高效推进方法，主要有：焓阻尼方法、隐式残值光顺方法、多重网格方法、并行计算方法和低速预处理方法。

9.1   焓阻尼方法

当计算定常流动时，如果远场的焓是常数 h_∞，那么在定常流场中处处有 $h = h_\infty$。利用这个特点，可在欧拉方程中添加一个阻尼项 $\vartheta(h - h_\infty)$，可称之为焓阻尼。将该项作为控制项使流场解加速收敛到定常状态且不会改变定常状态的解。将其应用到欧拉方程中可以得到

$$\frac{\partial}{\partial t} \iiint\limits_V \boldsymbol{W} \mathrm{d}V + \iint\limits_S F_c \mathrm{d}\boldsymbol{S} = \iiint\limits_V (\boldsymbol{Q} - \boldsymbol{Q}_{\mathrm{ED}}) \mathrm{d}V \tag{9-1}$$

其中，控制项 $\boldsymbol{Q}_{\mathrm{ED}}$ 为

$$Q_{\mathrm{ED}} = \vartheta \begin{bmatrix} \rho(h - h_\infty) \\ \rho u(h - h_\infty) \\ \rho v(h - h_\infty) \\ \rho w(h - h_\infty) \\ \rho(h - h_\infty) \end{bmatrix} \tag{9-2}$$

其中，ϑ 为焓阻尼因子，一般由经验确定。

在计算过程中，焓阻尼修正是在显式时间推进步骤完成一层后附加的一步运算。以显式五步 Runge-Kutta 时间推进法为例，令 $W_{i,j,k}^{(5)}$ 为完成一次完整时间推进后的值，那么附加的焓阻尼处理为

$$W_{i,j,k}^{n+1} = \frac{1}{1 + \vartheta(h_{i,j,k}^{(5)} - h_\infty)} W_{i,j,k}^{(5)} \tag{9-3}$$

其中，对于能量方程的修正为

$$(\rho e)_{i,j,k}^{n+1} = \frac{1}{1 + \vartheta} \left[(\rho e)_{i,j,k}^{(5)} - \vartheta p_{i,j,k}^{(5)} \right] \tag{9-4}$$

9.2　隐式残值光顺方法

显式迭代方法的最大 CFL 数和收敛特性可以通过优化阶段系数进行改善，残值光顺方法可使显式方法趋于隐式特征，并因此增大最大允许 CFL 数。残值光顺另一个目的是更好地抑制残值的高阶误差分量，这对成功地应用多重网格方法也有重要意义。

隐式残值光顺的标准公式如下：

$$\begin{aligned}
-\varepsilon^I \boldsymbol{R}_{I-1,J,K}^* + (1 + 2\varepsilon^I)\boldsymbol{R}_{I,J,K}^* - \varepsilon^I \boldsymbol{R}_{I+1,J,K}^* &= \boldsymbol{R}_{I,J,K} \\
-\varepsilon^J \boldsymbol{R}_{I,J-1,K}^{**} + (1 + 2\varepsilon^J)\boldsymbol{R}_{I,J,K}^{**} - \varepsilon^J \boldsymbol{R}_{I,J+1,K}^{**} &= \boldsymbol{R}_{I,J,K}^* \\
-\varepsilon^K \boldsymbol{R}_{I,J,K-1}^{***} + (1 + 2\varepsilon^K)\boldsymbol{R}_{I,J,K}^{***} - \varepsilon^K \boldsymbol{R}_{I,J,K+1}^{***} &= \boldsymbol{R}_{I,J,K}^{**}
\end{aligned} \tag{9-5}$$

其中，$\boldsymbol{R}^*, \boldsymbol{R}^{**}, \boldsymbol{R}^{***}$ 分别表示光顺后的 I, J, K 方向的残值，参数 $\varepsilon^I, \varepsilon^J, \varepsilon^K$ 表示 3 个计算坐标的残值光顺系数。

方程 (9-5) 中的隐式算子类似于二阶中心差分，因此又叫中心格式残值光顺。一般采用追赶法求解方程 (9-5)。

光顺系数的求解与流通量雅克比矩阵谱半径相关, 三维情况下计算公式为

$$\varepsilon^I = \max\left\{\frac{1}{4}\left[\left(\frac{\sigma^*}{\sigma}\frac{1}{1+\Psi(\lambda_c^{KI}+\lambda_c^{JI})}\right)^2 - 1\right], 0\right\}$$

$$\varepsilon^J = \max\left\{\frac{1}{4}\left[\left(\frac{\sigma^*}{\sigma}\frac{1}{1+\Psi(\lambda_c^{KJ}+\lambda_c^{IJ})}\right)^2 - 1\right], 0\right\} \qquad (9\text{-}6)$$

$$\varepsilon^K = \max\left\{\frac{1}{4}\left[\left(\frac{\sigma^*}{\sigma}\frac{1}{1+\Psi(\lambda_c^{IK}+\lambda_c^{JK})}\right)^2 - 1\right], 0\right\}$$

其中, σ^*/σ 表示光顺与无光顺方法的 CFL 数比值, 参数 $\Psi \approx 0.0625$ 确保光顺算法的线性稳定性, 变量 λ_c 表示对流项谱半径, 具体表达为

$$\lambda_c^{JI} = \lambda_c^J/\lambda_c^I, \quad \lambda_c^{KI} = \lambda_c^K/\lambda_c^I, \quad \lambda_c^{KJ} = \lambda_c^K/\lambda_c^J \qquad (9\text{-}7)$$

最大的 CFL 数值比值 σ^*/σ 依赖于光顺系数的值以及空间离散方法的形式, 在中心格式中, 其值由下面公式给出:

$$\frac{\sigma^*}{\sigma} \leqslant \sqrt{1+4\varepsilon} \qquad (9\text{-}8)$$

其中, 在实际应用中通常取 $\varepsilon = 0.8$。

实际计算表明, 采用残值光顺方法后, CFL 数值可以取到原来的 2~3 倍, 起到明显的加速收敛效果。

9.3   多重网格方法

多重网格方法是一种用于高效加速收敛的计算流体动力学方法。近几十年来, 其应用范围越来越广。随着计算流体动力学的发展, 多重网格方法在求解 Euler 方程以及 N-S 方程过程中都得到了有效的应用。20 世纪 80 年代, Jameson 和 Mavriplis(1986, 1989) 首先将多重网格方法引入到中心差分格式中, 计算效果很好, 能够有效地加速收敛。多重网格方法的出发点是将计算时的误差分为高频分量和低频分量, 然后使用一种有效的迭代方法来消除误差的高频部分; 而相对细网格来说, 属于低频分量的部分则可以通过在粗网格上使用有效的迭代方法进行消除。

多重网格方法的基本思想是引入一系列连续变粗的网格, 并将计算流场的部分任务转移到粗网格上进行。将细网格上的低频误差转移到粗网格上, 在粗网格上就相当于高频误差, 因此用一种消除高频误差的有效迭代方法, 在各自的网格上消除相对于该网格的高频误差, 就整体计算而言, 即消除了一系列高、低频率的误差。多重网格方法的优点主要有: 首先, 在粗网格上, 由于粗网格的数量较少, 推

进一步所需的时间较少，工作量小，计算效率高；其次，在粗网格上空间步长比较大，仅需计算迭代较少的步数便可将误差波推到计算区域外，加速解的收敛。这两个优点均能加速流场的发展，使得迭代的步数较少，减小了计算工作量。多重网格方法具体的执行过程是在粗网格和细网格上交替进行的。

9.3.1 多重网格方法原理

首先，结合迭代方法来说明多重网格方法的原理，设需要求解的方程为

$$\frac{\mathrm{d}\boldsymbol{u}}{\mathrm{d}t} + \boldsymbol{R}(\boldsymbol{u}) = 0 \tag{9-9}$$

迭代算法的基本思想是给定一个假设解，从方程引入一个残值 e^0，然后通过迭代来降低残值，直到满足

$$\|e^n\| < \varepsilon \tag{9-10}$$

其中，上标 n 表示第 n 次迭代，ε 为一给定的足够小的量。

上述方程可以简化为一个线化的一维方程，同时，迭代可简化为雅可比迭代，然后对每一步使用如下的迭代方法：

$$\boldsymbol{D}\overline{\boldsymbol{u}}^{n+1} = \boldsymbol{F} + (\boldsymbol{L}+\boldsymbol{U})\boldsymbol{u}^n \tag{9-11}$$

$$\overline{\boldsymbol{u}}^{n+1} = \boldsymbol{D}^{-1}\boldsymbol{F} + \boldsymbol{D}^{-1}(\boldsymbol{L}+\boldsymbol{U})\boldsymbol{u}^n \tag{9-12}$$

$$\boldsymbol{u}^{n+1} = w\overline{\boldsymbol{u}}^{n+1} + (1-w)\boldsymbol{u}^n \tag{9-13}$$

其中，$\boldsymbol{D}$、$\boldsymbol{L}$、$\boldsymbol{U}$ 分别为雅可比矩阵 $\boldsymbol{A}$ 的对角矩阵、下三角矩阵、上三角矩阵，w 为松弛因子。综合上面的迭代过程，可以得到如下的迭代方程：

$$\boldsymbol{u}^{n+1} = \boldsymbol{M}\boldsymbol{u}^n + \boldsymbol{E} \tag{9-14}$$

其中，$\boldsymbol{M}$ 为迭代矩阵，

$$\boldsymbol{M} = \left[(1-w)\boldsymbol{I} + w\boldsymbol{D}^{-1}(\boldsymbol{L}+\boldsymbol{U})\right] \tag{9-15}$$

对于精确解 $\boldsymbol{u}$ 同样也满足式 (9-15)，于是有

$$\boldsymbol{u} = \boldsymbol{M}\boldsymbol{u} + \boldsymbol{E} \tag{9-16}$$

设 $e^n = \boldsymbol{u}^n - \boldsymbol{u}$，则可求得第 $(n+1)$ 步残值为

$$e^{n+1} = \boldsymbol{M}e^n \text{ 或 } e^{n+1} = \boldsymbol{M}^n e^0 \tag{9-17}$$

对于雅克比迭代, 迭代矩阵为

$$
\boldsymbol{M} = \begin{bmatrix} 1-w & \dfrac{1}{2}w & & & \\ \dfrac{1}{2}w & 1-w & \dfrac{1}{2}w & & \\ & & & \vdots & \\ & & \dfrac{1}{2}w & 1-w & \end{bmatrix} \tag{9-18}
$$

下面来求迭代矩阵 $\boldsymbol{M}$ 的特征向量和特征值。$\boldsymbol{M}$ 的特征值是 $(N-1)$ 阶行列式 $D_{N-1}(\lambda) = 0$ 的根。令 $\gamma = \dfrac{1}{2}w$, 则

$$
D_{N-1}(\lambda) = |\boldsymbol{M} - \lambda \boldsymbol{I}| = \begin{vmatrix} 1-2\gamma-\lambda & \gamma & & \\ \gamma & 1-2\gamma-\lambda & \gamma & \\ & & & \vdots \\ & & \gamma & 1-2\gamma-\lambda \end{vmatrix} \tag{9-19}
$$

将 $D_{N-1}(\lambda)$ 按第一行展开, 经过一系列变换, 最后得到

$$
D_{N-1}(\lambda) = (-\gamma)^{N-1} \frac{\sin N\theta}{\sin \theta} \tag{9-20}
$$

其中, θ 为待定常数。

很明显, 当 $\theta = \dfrac{k\pi}{N}, k = 1, 2, \cdots, N-1$ 时, $D_{N-1}(\lambda) = 0$。

所以, 其特征值为

$$
\lambda_k = 1 - 2\gamma \left(1 - \cos \frac{k\pi}{N}\right) = 1 - 4\gamma \sin^2 \left(\frac{k\pi}{2N}\right) = 1 - 2w \sin^2 \left(\frac{k\pi}{2N}\right), k = 1, 2, \cdots, N-1 \tag{9-21}
$$

迭代矩阵 $\boldsymbol{M}$ 有 $(N-1)$ 个不同的特征值, 从而应有 $(N-1)$ 个独立的特征向量

$$
\boldsymbol{M}\boldsymbol{v}_k = \lambda_k \boldsymbol{v}_k \tag{9-22}
$$

可以验证, $\boldsymbol{v}_k = \left[\sin \dfrac{k\pi}{N}, \sin \dfrac{2k\pi}{N}, \cdots, \sin \dfrac{(N-1)k\pi}{N}\right]^{\mathrm{T}}$ 满足该方程。

与第 k 个特征值相对应的特征向量为

$$
\boldsymbol{v}_k = (\sin k x_1 \pi, \cdots, \sin k x_{N-1} \pi)^{\mathrm{T}}, \quad k = 1, 2, \cdots, N-1 \tag{9-23}
$$

其中, $x_1, x_2, \cdots, x_{N-1}$ 为网格点的坐标值。明显地, k 代表这些特征向量的频率, k

越大频率越高。v_k 代表残差分量，λ_k 代表残值 v_k 的放大因子。假设 $w = \dfrac{2}{3}$，于是有

$$\lambda_k = 1 - \frac{4}{3}\sin^2\left(\frac{k\pi}{2N}\right) \tag{9-24}$$

不同性质的残差分量有不同的放大因子。多重网格方法的一个主要内容就是将计算得到的误差分为两部分：高频误差和低频误差。

对于高频误差 $(N/2 \leqslant k \leqslant N-1)$，由上面的公式可得：

$$|\lambda_k| < 1/3 \tag{9-25}$$

亦即高频误差的放大因子比较小，可以很快地被消除。相对于高频误差，低频误差的放大因子完全不同。例如，假设 $k=1$，当 N 很大时，有

$$\lambda_1 = 1 - \frac{4}{3}\sin^2\frac{\pi}{2N} \approx 1 - \frac{\pi^2 h^2}{3} \tag{9-26}$$

其中，$h = \dfrac{1}{N}$。

因此，可以得出如下结论：当网格很密时，λ_1 趋近于 1，此时在密网格上低频误差消除得很慢。

残值收敛曲线如图 9.1 所示。从残值收敛曲线可以看出不同误差的消除区域，可以直观地理解多重网格方法的原理。

下面引入两重 V 循环的多重网格方法，直观介绍多重网格方法在粗网格上消除低频误差的作用。设线化方程为 $L_h u_h = f_h$，多重网格方法的具体实现过程可分为以下几步。

(1) 在细网格上进行 1~2 次迭代，有

$$u_h^{n+1} = M u_h^n + E \tag{9-27}$$

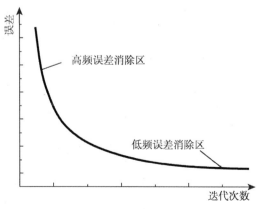

图 9.1　残值收敛曲线

此时，计算出迭代之后在细网格上的残值为

$$R_h^{n+1} = f_h - L_h u_h^{n+1} \tag{9-28}$$

(2) 将细网格上的残值传递到粗网格上，然后在粗网格上求解下面的方程为

$$L_{2h} v_{2h} = I_h^{2h} R_h^{n+1} \text{ 或 } v_{2h} = L_{2h}^{-1} I_h^{2h} \left(f_h - L_h u_h^{n+1} \right) \tag{9-29}$$

其中，I_h^{2h} 为从细网格到粗网格上的转化因子，也称为限制算子，L_{2h} 为粗网格上的作用算子。

(3) 在粗网格上进行迭代计算之后，将粗网格上的迭代残值传递到细网格上，此时，细网格上的解由粗网格上的解进行修正为

$$u_h^{n+2} = u_h^{n+1} + I_{2h}^h v_{2h} \tag{9-30}$$

其中，I_{2h}^h 为从粗网格到细网格上的传递因子，也称为插值算子 (延拓算子)。

图 9.2 所示为两层 V 循环示意图。

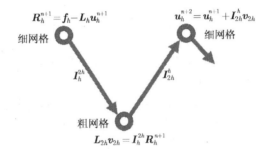

图 9.2　两层 V 循环示意图

图 9.2 代表了这样的一个过程：

$$\begin{aligned}
u_h^{n+2} &= u_h^{n+1} + I_{2h}^h L_{2h}^{-1} I_h^{2h} \left(f_h - L_h u_h^{n+1} \right) \\
e_h^{n+2} &= e_h^{n+1} + I_{2h}^h L_{2h}^{-1} I_h^{2h} \left(-L_h e_h^{n+1} \right) \\
&= \left(I - I_{2h}^h L_{2h}^{-1} I_h^{2h} L_h \right) e_h^{n+1} \\
&= CG e_h^{n+1}
\end{aligned} \tag{9-31}$$

其中，$CG = I - I_{2h}^h L_{2h}^{-1} I_h^{2h} L_h$，称为粗网格修正因子。为满足变分特性，令

$$L_{2h} = I_h^{2h} L_h I_{2h}^h \text{ 和 } I_h^{2h} = c(I_{2h}^h)^{\mathrm{T}} \tag{9-32}$$

其中，c 为实数。

于是有

$$CG = I - I_{2h}^h \left(I_h^{2h} L_h I_{2h}^h \right)^{-1} I_h^{2h} L_h \tag{9-33}$$

一般地, 细网格上的残值可以写成

$$e_h^{n+1} = I_{2h}^h \overline{I_h^{2h}} e_h^{n+1} + d = I_{2h}^h e_{2h} + d \tag{9-34}$$

其中, $e_{2h} = \overline{I_h^{2h}} e_h^{n+1}$, $d = e_h^{n+1} - I_{2h}^h \overline{I_h^{2h}} e_h^{n+1}$, $\overline{I_h^{2h}}$ 为细网格到粗网格的插值算子。
这里, e_{2h} 代表 e_h^{n+1} 的光滑部分, d 代表间断部分。

对于特殊情况, $d = 0$, 这时有 $e_h^{n+1} = I_{2h}^h e_{2h}$, 代入这个条件得到式 (9-35), 有

$$e_h^{n+2} = \left[I - I_{2h}^h \left(I_h^{2h} L_h I_{2h}^h \right)^{-1} I_h^{2h} L_h \right] e_h^{n+1} = I_{2h}^h e_{2h} - I_{2h}^h e_{2h} = 0 \tag{9-35}$$

由式 (9-35) 可以看出, 残值 e_{2h} 在粗网格上通过粗网格修正能够完全被消除。
一般情况下, 粗网格修正 CG 不会增加 d 的值, 通过一定的迭代方法, 可以有效
地消除 d。因而, 结合迭代算法, 多重网格的 V 循环能有效地减少低频误差。由
于 CG 能很快地消除低频误差, 因而多重网格方法的收敛效率主要取决于消除低
频误差的迭代历程。

9.3.2 多重网格方法在求解 N-S 方程中的应用

由第 5 章所述, 聚合式多重网格生成方法是将初始细网格的相邻网格单元进
行聚合生成粗网格, 因而操作简单、实用性强、效率高, 并且能够方便地确定粗、
细网格的流场信息传递关系, 在 CFD 计算中应用较多。

在进行多重网格计算时, 首先将细网格上求解得到的流场守恒变量 W_h^+ 和残
值 R_h^+ 传递到粗网格上:

$$\begin{aligned} W_{2h}^0 &= \overline{I_h^{2h}} W_h^+ \\ (Q_F)_{2h} &= I_h^{2h} R_h^+ - R(W_{2h}^0) \end{aligned} \tag{9-36}$$

其中, I_h^{2h} 为限制算子, $\overline{I_h^{2h}}$ 为插值算子, $(Q_F)_{2h}$ 为粗网格上的强迫函数。
然后, 在粗网格的残值上加入强迫项, 获得粗网格上的残值为

$$(R_F)_{2h} = R_{2h} + (Q_F)_{2h} \tag{9-37}$$

进而在粗网格上进行类似于细网格上的时间推进, 并获得守恒变量修正量
δW_{2h} 为

$$\delta W_{2h} = W_{2h}^{n+1} - W_{2h}^0 \tag{9-38}$$

在此基础上, 将修正量 $\delta W_{2h} = W_{2h}^{n+1} - W_{2h}^0$ 叠加到细网格守恒变量中, 得到新
的守恒变量值

$$W_h^{n+1} = W_h^+ + I_{2h}^h \delta W_{2h} \tag{9-39}$$

上述为二重网格的情形, 若采用更多重数的多重网格, 在各网格上分别进行时间推进, 直至推进至最稀疏的网格。值得注意的是, 在各层粗网格上的强迫函数需由式 (9-37) 限制的修正残值进行计算, 以三重网格为例, 有

$$(\boldsymbol{Q}_F)_{4h} = I_{2h}^{4h}(\boldsymbol{R}_F)_{2h}^{n+1} - \boldsymbol{R}_{4h}^0 = I_{2h}^{4h}[\boldsymbol{R}_{2h}^{n+1} + (\boldsymbol{Q}_F)_{2h}] - \boldsymbol{R}_{4h}^0 \tag{9-40}$$

当在粗网格上进行一定步数的时间推进后, 再以修正的式 (9-38) 将守恒变量修正量逐层由粗网格传递到初始细网格上, 该推进进程被称作 V 循环, 图 9.3 为三重网格的 V 循环示意图。

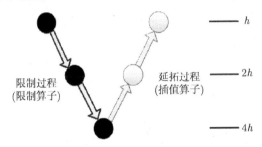

图 9.3   三重网格 V 循环示意图

9.3.3   多重网格方法的实施

1. 插值算子

1) 细网格向粗网格上的插值

以二维为例, 如图 9.4 所示, 粗线为粗网格, 所有线条为细网格。大圆点为粗网格上物理量所在位置, 小圆点为细网格上物理量所在的位置 (均定义在网格中心)。

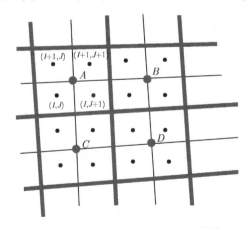

图 9.4   细网格与粗网格插值示意图

根据有限体积法中物理量及通量的定义，可以给出从细网格到粗网格上的插值公式：

$$\boldsymbol{W}_A = \frac{S_{I,J}\boldsymbol{W}_{I,J} + S_{I+1,J}\boldsymbol{W}_{I+1,J} + S_{I,J+1}\boldsymbol{W}_{I,J+1} + S_{I+1,J+1}\boldsymbol{W}_{I+1,J+1}}{S_{I,J} + S_{I+1,J} + S_{I,J+1} + S_{I+1,J+1}} \tag{9-41}$$

其中，$S_{I,J}, S_{I+1,J}, S_{I,J+1}, S_{I+1,J+1}$ 为对应单元的面积。

残差的插值为

$$R_A = R_{I,J} + R_{I+1,J} + R_{I,J+1} + R_{I+1,J+1} \tag{9-42}$$

对于三维情况，采用同样方法处理，即粗网格上物理量的值为周围细网格物理量的加权平均 (以细网格控制体体积为权重)，粗网格上的残差为周围细网格上残差的简单相加。

2) 粗网格向细网格上的插值

以图 9.4 中的点 $(I, J+1)$ 为例，该点周围有 4 个粗网格上的点 A、B、C、D，点 $(I, J+1)$ 上的值应当是这 4 个点值的加权平均，可根据距离远近分配权重。在网格相对均匀的情况下，插值公式为

$$\boldsymbol{W}_{I,J+1} = \frac{9}{16}\boldsymbol{W}_A + \frac{3}{16}\boldsymbol{W}_B + \frac{3}{16}\boldsymbol{W}_C + \frac{1}{16}\boldsymbol{W}_D \tag{9-43}$$

即距离该点最近的 A 点贡献了 9/16 的权重，次近的点 B 和 C 分别贡献了 3/16 的权重，最远的 D 点贡献了 1/16 的权重。

对于三维情况，细网格上的物理量是其周围 8 个粗网格物理量的加权平均。最近点的权重是 27/64，次近的三个点的权重是 9/64，再次近的三个点权重是 3/64，最远点的权重是 1/64。

在网格相对均匀的情况下，这种插值方式具有二阶精度。

2. 黏性项的处理

为了提高计算效率同时考虑到网格变粗达不到黏性计算要求，因此在湍流问题的求解中，粗网格上不能直接求解湍流模型，而是采用算术平均方法直接将细网格上的湍流黏性系数插值到粗网格上。

9.3.4 多重网格方法的应用

以 NACA0012 翼型绕流为研究对象，采用三重网格方法进行计算，其中初始网格单元数为 13340，第一层粗网格单元数为 6720，第二层粗网格单元数为 1680，采用 V 循环。各层图格如图 5.29 所示。

图 9.5 为 $Ma = 0.72$，$\alpha = 0°$ 时翼型表面压强系数曲线对比图，图 9.6 为计算收敛历程对比。从图 9.5 和 9.6 中可以看出，在初始网格上迭代许多步后仍不能收

敛，残值始终在大幅波动，采用多重网格方法后翼型流场能迅速收敛到定常解，残值的波动幅值也减小。与此同时，采用多重网格方法后，计算得到的压强系数分布与初始网格上的计算值一致，与试验值吻合良好，这很好地表明多重网格方法在保证计算精度的同时，能够大大加速解的收敛，显著提高计算效率。

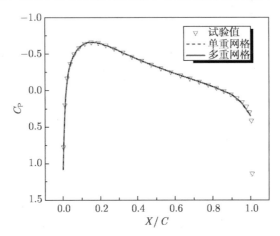

图 9.5　$Ma = 0.72$，$\alpha = 0°$ 时翼型表面压强系数曲线比较图

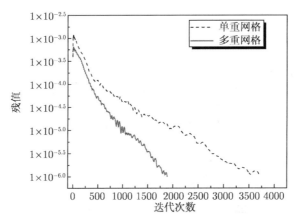

图 9.6　$Ma = 0.72$，$\alpha = 0°$ 时流场残值收敛历程比较图

9.4　并行计算方法

对于实际的直升机气动设计应用，计算资源和计算能力的不足在目前和以后相当长的一段时间内仍是制约 CFD 方法广泛应用的瓶颈，如图 9.7 所示 (Steijl and Barakos, 2008)。如果需进一步考虑应用高阶格式达到更高的求解精度，则计算量

和存储量又会有一定的增加，而采用传统串行体系结构的计算机较难满足上述不断变化的应用要求。因此，迫切需要采用计算和存储能力更为强大的并行计算机，并发展相应的并行计算技术。

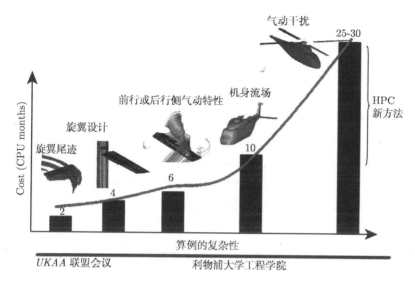

图 9.7 直升机流场不同研究对象的 CFD 计算量对比

发达国家中，并行方法在直升机计算流体力学领域运用的开展较早。Allen 和 Jones(1999) 使用迎风格式的并行欧拉方法对悬停的旋翼流场成功进行了数值模拟。Matsuno 等 (2003) 在集群上使用 MPI 方法对悬停的直升机旋翼流场进行了数值模拟，得到了预期的加速效果。Filippone(2007) 在集群上通过求解 N-S 方程模拟了直升机机身流场，在得到高精度的同时提高了计算效率。国内的 CFD 并行技术在飞机设计领域应用较为成功，但在直升机设计领域的运用则很少。杨树池和乔志德 (2000) 成功对复杂的三角翼流场进行分块并行数值模拟，得到了较高的并行效率。詹浩等 (2004) 采用求解 N-S 方程作为气动优化设计的 CFD 分析方法，发展了一种基于分布式并行计算的混合遗传算法，并利用该方法进行了气动优化设计，提高了优化的质量和效率。曹平宽等 (2007)，针对 SMP 机群的双层并行体系结构，研制出一种双层并行技术，通过算例测试表明采用该技术的航空 CFD 程序，并行计算效率可达 94%。

CFD 程序有其独有的程序结构，并不是完全意义上的适用于并行的程序，这也就增加了相对于其他程序在并行化方面的难度。按照执行模式，并行程序设计类型可以分为：

(1) 共享并行程序设计。网格区域在多个线程上同时进行迭代计算，数据交换通过共享内存实现。总体而言，编程容易，对编译器要求高，例如 OpenMP 语言(Dagum and Enon, 1998)。

(2) 分布式并行程序设计。基于消息传递并行方式，将网格区域分解在多个进程上同时进行时间步的迭代计算，并通过进程间消息传递，进行不同网格区域之间的边界数据交换。总体而言，编程困难，对编译器要求较低，例如 MPI 语言(Snir，1998)。

9.4.1　并行术语及影响并行的因素

1. 并行编程模式

并行编程模式主要有如下的三种类型：

(1) 主从模式(master-slave)(Rajon and Bolch, 2003)。该模式有一个主进程，其他为从进程。在这种模式中，主进程一般负责整个并行程序的数据控制，从进程负责对数据的处理和计算任务，当然，主进程也可以参与对数据的处理和计算。一般情况下，从进程之间不发生数据交换，数据的交换过程是通过主进程来完成的。

(2) 对称模式(SPMD)(Steijl and Barakos, 2008)。在这种编程模式中，没有哪个进程是主进程，每个进程的地位是相同的。然而，在并行实现过程中，我们总是要在这些进程中选择一个进行输入输出的进程，它扮演的角色和主进程类似。

(3) 多程序模式(MPMD)(Allen and Jones, 1999)。在每个处理机上执行的程序可能是不同的，在某些处理机上可能执行相同的程序。

2. 并行术语

并行程序的优劣需要用一些参数指标去衡量，然而不能像评价串行程序那样，仅按其执行时间的长短来评估，而是需要考虑到其所利用的各个处理器的效率和通信的速度。

并行计算有关的一些基本概念和术语有：墙上时间、并行加速比、并行效率、并行代价和负载平衡等，其中，p 表示执行一个任务的 CPU 数。

(1) 墙上时间T_{wall}。程序自开始运行至结束所消耗的时间就为墙上时间 T_{wall}，它一般包括程序载入时间 T_z、程序运行的计算时间 T_{calc} 和程序运行的通信时间 T_{comm}，即

$$T_{wall} = T_z + T_{calc} + T_{comm} \tag{9-44}$$

(2) 并行加速比$S(p)$。相对最优的串行程序在单 CPU 上的执行的墙上时间 T_{walls} 与模拟同一问题的并行程序在多 CPU 上的执行的墙上时间 T_{wallp} 之比，即

$$S(p) = \frac{T_{walls}}{T_{wallp}} \tag{9-45}$$

(3) 并行效率 $E(\mathrm{p})$。加速比与并行计算所用的 CPU 数 p 之比，即

$$E(\mathrm{p}) = \frac{S(\mathrm{p})}{p} \tag{9-46}$$

(4) 并行代价。并行程序在多 CPU 上执行的墙上时间 T_{wallp} 与处理机台数 p 的乘积。

(5) 负载平衡。在执行程序的多个 CPU 中，每个 CPU 完成大体相当的工作量。

3. 并行影响因素

并行算法的性能一般通过并行算法的并行代价、并行加速比和并行效率来评估。假定负载平衡，不考虑程序的信息交换和程序载入时间，串行计算所用的时间为

$$T_{\mathrm{walls}} = pT_{\mathrm{calc}} \tag{9-47}$$

则加速比和并行效率可改写为

$$S(\mathrm{p}) = \frac{T_{\mathrm{walls}}}{T_{\mathrm{wallp}}} = \frac{pT_{\mathrm{calc}}}{T_{\mathrm{calc}} + T_{\mathrm{comm}}} = \frac{p}{1 + \dfrac{T_{\mathrm{comm}}}{T_{\mathrm{calc}}}}$$

$$E(\mathrm{p}) = \frac{S(\mathrm{p})}{p} = \frac{1}{1 + \dfrac{T_{\mathrm{comm}}}{T_{\mathrm{calc}}}} \tag{9-48}$$

令 $f_{\mathrm{c}} = \dfrac{T_{\mathrm{comm}}}{T_{\mathrm{calc}}}$ 为通信时耗与计算时耗的比值，称之为通信过载时耗比。在考虑负载平衡和不考虑程序载入时间的情况下，由上述两式可知 f_{c} 是影响并行的主要因素，而 f_{c} 依赖于下列因素:

(1) 几何特征。每一个子区的内边界单元数与子区的计算单元数的比率，比率越小，f_{c} 的值就越小。

(2) 机器特性，$\dfrac{T_{\mathrm{comm}}}{T_{\mathrm{calc}}}$。衡量通信速度相对于浮点运算速度的快慢程度，$T_{\mathrm{calc}}$ 代表一个浮点运算所需时间，T_{comm} 代表一个浮点通信所需时间。

(3) 算法特征，$\dfrac{C_2}{C_1}$。相对于每个网格单元的通信量 (C_2)，如果每个网格浮点运算量很大 (C_1)，f_{c} 的值就越小。

(4) 通信拥塞。通信拥塞造成的通信延迟，也是影响加速比的重要原因。通信负载造成的动态通信拥塞越小时，并行加速比受影响越小。

Amdahl 定律 (Hill and Marty, 2008) 表示为

$$S(\mathrm{p}) \leqslant \frac{W_{\mathrm{s}} + W_{\mathrm{p}}}{W_{\mathrm{s}} + W_{\mathrm{p}}/p} = \frac{f_{\mathrm{c}} + (1 - f_{\mathrm{c}})}{f_{\mathrm{c}} + \dfrac{1 - f_{\mathrm{c}}}{p}} = \frac{p}{1 + f_{\mathrm{c}}(p - 1)} \tag{9-49}$$

其中, W_s 为单核处理工作量, W_p 为并行处理工作量。

　　Amdahl 定律反映了固定问题规模下的加速特性。该定律表明: 在问题规模一定的前提下, 加速比不是随着处理器数目的增加而无限提高, 而是受限于串行代码所占比例。

9.4.2　程序并行化步骤及性能优化方法

1. 程序并行化步骤

应用程序并行化的常规步骤有:

(1) 优化。使用适当的编译器选项集, 使得在单个处理器上获得最佳串行性能。

(2) 配置文件。使用典型测试数据, 确定程序的性能配置文件, 标识最主要的循环。

(3) 基准测试。确定串行测试结果准确度, 并使用这些结果以及性能配置文件作为基准。

(4) 并行化。使用选项和指令组合编译并生成并行化的可执行文件。

(5) 验证。在单个处理器和单个线程上运行并行化的程序, 并检查结果以找出可能在其中出现的不稳定性和编程错误。

(6) 精确性测试。在几个处理器上执行各种程序以检查结果。

(7) 性能测试。在专用系统上使用不同数目的处理器进行性能测试, 测试性能随问题量变化而变化的情况。

(8) 重复步骤 (4) 到步骤 (7)。基于性能对并行化方案进行优化。

2. 并行性能优化

在充分提高单机性能的基础上如何提高并行程序的实际性能 (即加速比和效率) 也是非常重要的问题。应用程序的并行性能与计算问题特点、并行计算环境以及并行计算机系统密切相关。并行程序的运行是通过多个任务进程之间的协调完成的, 为了提高程序的并行效率, 必须尽量减少因进程同步导致的处理器空闲, 减少通信次数和通信量以缩短通信时间开销。因此, 保持负载平衡和通信优化是提高并行效率的两个重要手段。此外, 运用流水线并行技术也可以高效并行求解递归方程类的相关问题。

1) 负载平衡

一般来说, 负载平衡方法分为静态和动态两种, 其中静态负载平衡是指并行计算过程中, 分配给各处理器的任务是固定不变的; 而动态负载平衡是指根据各处理器间负载平衡情况, 动态地调整各处理器的任务。这两种方法各有优缺点, 静态负载平衡实现简单, 但很难达到真正意义上的负载平衡, 而动态负载平衡效果较好但实现复杂且通信开销大。

负载平衡的实质是图的分割问题，大致分为三类：谱分割方法、几何分割方法和多层分割方法。图分割方法广泛应用于科学计算中负载平衡问题，特别是应用于非结构网格的静态负载平衡以及运动网格的动态负载平衡问题。负载平衡应保证各子区域具有大致相等的计算和通信开销，对于数据并行问题的区域分解来说，理论证明：相同处理器数条件下三维分解的通信效率优于二维分解，二维分解的通信效率优于一维分解。另外，在设计并行程序时，任务划分应尽量保证处理器间总通信量最小，且最好是小范围的局部通信。

2) 通信优化

设计合理的通信数据结构和通信模式。通信数据结构和通信模式的合理设计，将大大减少通信次数和通信量，提高程序通信效率。在保证通信正确性的前提下，为了减少内存不连续的数据通信的性能损失，则将数据进行打包，或引入新的数据类型将其变成内存连续的数据进行操作；发送和接收数据最好直接在参与计算的数组中进行，以减少通信过程中的拷贝开销；尽可能地避免同步操作，可以用阻塞接收方式代替同步；尽量减少全局通信；I/O 操作是高代价操作，程序运行过程中应尽量避免不必要的 I/O 操作等。

计算和通信的重叠。在不影响结果正确性的前提下，尽量优先处理和发送其他进程需要的数据，然后再接收来自其他进程的数据，从而实现计算和通信的重叠来进一步提高通信效率。

避免网络热点情况。在进程数较多情况下的多对一通信，当主进程接收其他辅助进程消息时，避免指定顺序接收进程时带来的网络热点问题。另外，大数据量的归约操作也容易导致网络热点现象，归约操作由计算和通信两部分组成。当归约数据量较小时，直接利用语言自带函数进行归约即可；当归约数据量较大时，可先将数据进行分配，并行完成计算，将计算结果进行通信。

3) 流水线并行

流水线并行技术主要用来解决递归方程类的相关问题。专为递归关系式设计的并行算法，因其主要为计算单个递归关系式设计，本身的效率无法最优化，较难获得理想的计算效率。对于单计算区域局部相关问题的一维流水线并行实现，若适当调整流水线单元的大小，可以获得相当好的并行加速比。但是对实际计算中经常遇到的复杂计算区域问题，因其本身拓扑结构的复杂性，其流水线并行的实现面临通信复杂、流水线效率较低等问题。为解决这些问题，建立基于流水关系，有向图中所有子节点的流水单元根据其父节点流水单元的划分而划分。另外，对于大数据量数据通信带来的网络热点问题，也可以采用流水线的思想，将数据进行分块，采用流水线方式进行进程间的数据传送。

9.4.3　OpenMP 并行程序设计

在实际航空 CFD 的计算程序执行中, 耗时最多的一般是对多重循环域的执行, 所以一般的并行化就是对循环域的分解展开并行。基于 OpenMP 技术 (Dagum and Enon, 1998) 的编程模型以线程为基础, 通过编译指导语句来显式地指导编译器完成并行化。OpenMP 的执行模型采用 Fork-Join 的形式 (图 9.8)。

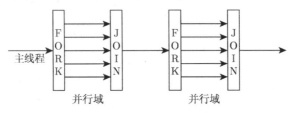

图 9.8　OpenMP 的执行模型示意

在开始时, 只有主线程存在运行过程中, 当需要进行并行计算的时候, 派生出 (Fork) 线程来执行并行任务, 在并行代码结束执行后, 派生线程退出或挂起, 控制流程回到单独的主线程中 (Join)。由分析工具可知实际模拟中通量计算量相对较大, 占到整个计算时间的 80% 以上, 将这些热点并行化, 计算效率将会有明显提高, 且这些程序段为多重循环结构, 符合 OpenMP 技术的特点, 所以实现起来较为方便。

OpenMP 方法具有两个特性: 串行等价性和递增的并行性。当一个程序无论是使用一个线程运行还是使用多个线程运行时, 它能够产生相同的结果, 则该程序具有串行等价性。在大多数情形中, 具有串行等价性的程序更易于维护和理解 (因此也更容易编写)。递增的并行性是指一种并行的编程类型, 其中一个程序从一个串行程序演化为一个并行程序。处理器从一个串行程序开始, 一块接着一块地寻找值得并行执行的代码段, 并行性被逐渐地添加。

以基于显式五步 Runge-Kutta 格式 (RK 法) 数值模拟方法为例, CFD 程序结构流程如图 9.9 所示, 由分析工具可知黏性通量和对流通量的计算量相对较大, 占到整个计算时间的 80% 以上, 将这些地方并行化, 计算效率将会有明显的提高, 且这些程序段为多重循环结构, 符合 OpenMP 并行技术的特点, 所以实现起来较为方便。

计算模型选取广泛用于验证的三维跨音速 M6 机翼, 该后掠机翼根部弦长约为 0.8m, 展长接近 1.2m, 剖面为对称翼型, 无扭转和弯度。计算状态: 马赫数 $Ma = 0.84$, 迎角 $\alpha = 3.06°$, 雷诺数 $Re = 11.72 \times 10^6$, 采用翼尖处网格有坍塌处理的 C 型网格, 网格规模为 $167 \times 30 \times 60$, 采用 OpenMP 技术在双核计算平台上进行数值模拟, 机翼网格如图 9.10 所示。

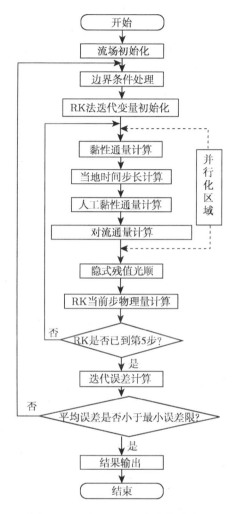

图 9.9 显式 CFD 程序结构流程图

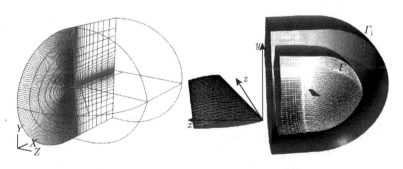

图 9.10 围绕 M6 机翼的网格

图 9.11 给出了机翼不同剖面翼型压强系数计算结果和试验数据 (Schmitt, et al., 1979) 的比较，从图中可以看出，并行计算结果与串行计算结果几乎完全重合，验证了 OpenMP 并行加速技术的串行等价性。从图中还可以看出，CFD 方法的计算值与试验值吻合良好。

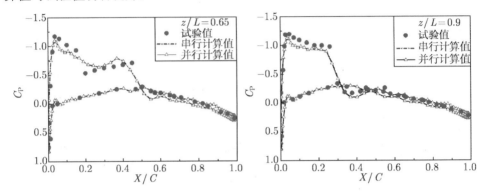

图 9.11　机翼不同剖面串行计算值、并行计算值与试验值比较

图 9.12 比较了并行与串行计算程序残差收敛史，从图中可以看出并行程序收敛于 15495 步，相比串行程序的 14590 步多了 905 步，且在整个收敛过程中前 9000 步并行和串行程序残差相差不大，10000 步以后残值振荡较为剧烈。分析上述可能的原因是：在实际流场，程序并行计算时是对流场中各个单元的通量值进行并行化计算，与串行程序中执行的顺序不同，由此对应残值相对于串行计算值会有差异，但差异并不大；但当总体残差较小时，在收敛的后半部分振荡较为剧烈，由图可知计算结果仍然较为准确，表明了这些振荡并未引起计算误差的实质增加。

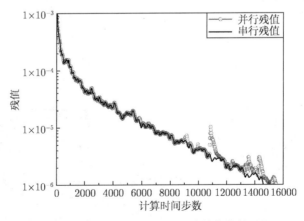

图 9.12　并行程序与串行程序残值收敛的对比

算例并行中对串行程序并行化的比例约占 60%，由 Amdahl 定律计算可知最大

加速比 $S \leqslant \dfrac{2}{1 + 0.4 \times (2 - 1)} = 1.43$。实际模拟中，串行程序计算时间为 8590.297s，并行计算时间为 6103.609s，实际加速比 S 为 1.41，基本达到了预期效果。

9.4.4 MPI 并行程序设计

MPI 可以理解为一个标准或规范 (Wilkinson and Allen，1999)，它是由多家并行计算机厂商、大学和研究机构共同制定的，目前也有多种实现形式，即编程可调用的 "并行函数库"(都志辉等，2001；Barney，2010)。各个并行任务间的消息传递可直接进行，因而通信效率高。MPI 规范得到了几乎所有厂商支持，是目前最为重要的编程工具。

由于 SPMD(single program multiple data) 并行模式 (Baldo, et al.，2005；张林波，2006) 可以在最大程度上应用计算平台的能力，因此 MPI 方法并行多采用 SPMD 并行模式，并采用数据分解方法，所有计算节点都执行流场计算，主要执行关键在于以下方面：

(1) 进程控制。在 SPMD 并行程序的编写过程中，采用同一程序，每个处理器上执行的是相同的程序。在基于运动嵌套网格进行直升机流场模拟时，围绕机身的网格需要采用 RANS 方程进行流场求解，背景网格采用欧拉方程进行模拟。因此，对于每个进程，进程控制是并行程序的重要组成部分，所有的数据处理和交换过程都离不开进程标识。通过进程编号控制，从而来确定该进程需要完成的任务。

(2) 数据交换。在 SPMD 模式中，数据交换是其主要特征。进程之间的协同工作、信息沟通等都离不开数据交换。如何合理地实现数据交换，是提高并行计算程序性能的关键之一。基于运动嵌套网格进行旋翼流场模拟时，不同的分区网格块之间存在较为复杂的信息传递 (信息数量以及数据交换对象不断变化)。为了高效率的实现，需要仔细分析数据依赖关系，尽可能地减少不必要的数据交换，同时也要尽最大努力使数据交换在最少的次数内完成。

通过由特定的运行的节点临时负责输入输出：读入流场控制参数和网格点数据以及上次计算保存的计算结果 (如果有必要的话)、输出计算的收敛情况并在计算结果收敛后从其他计算节点中取回流场参数，并加以保存。图 9.13 给出了 MPI 技术高效并行的关键要素。

为了清晰说明基于 MPI 技术的旋翼气动特性的并行模拟过程，以二片桨叶的旋翼模拟为例，如图 9.14 所示。图 9.14(a) 给出了分区网格拓扑示意图，图 9.14(b) 给出了进程控制中背景网格编号图。从图 9.14(c) 中可以看出在方位角 $\psi = 0°$ 时桨叶网格间存在数据转换 (9 和 10，11 和 12)，背景网格之间也存在数据转换 (1 和 2，3 和 4，5 和 6，7 和 8，1 和 5，2 和 6，3 和 7，4 和 8，1 和 4，2 和 3，5 和 8，6 和 7)，桨叶节点与背景节点间有如下数据转换 (9 和 6，9 和 7，10 和 6，10 和 7，11

和 5，11 和 8，12 和 5，12 和 8)；当 $\psi = 45°$ 时桨叶网格的数据交换关系保持不变，但桨叶与背景网格间的数据交换关系变为 9 和 6，9 和 7，9 和 8，10 和 7，11 和 5，11 和 6，11 和 8，12 和 5。从图 9.14(c) 和图 9.14(d) 中可以看出，随着桨叶的旋转，不同方位角处数据传递会明显不同，且变化较大。因此为了能保证高效的数据传递，桨叶与背景网格间的数据传递应进行合理的通信优化。

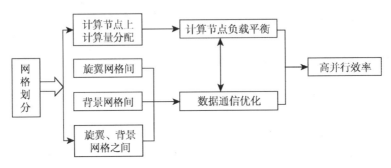

图 9.13　MPI 技术高效并行要素

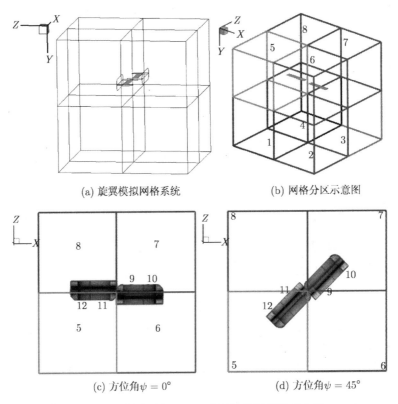

(a) 旋翼模拟网格系统　　　　　　　(b) 网格分区示意图

(c) 方位角 $\psi = 0°$　　　　　　　　(d) 方位角 $\psi = 45°$

图 9.14　旋翼流场 CFD 求解的并行模拟示意图

对于旋翼流场模拟来说,由于计算采用的是结构网格,结构网格单元有其特定的规律和方向性可循,按流场区域网格自身拓扑结构对桨叶和背景网格进行单向划分,以四核为例,如图 9.15 所示,并结合虚拟网格技术,在桨叶网格和背景网格区信息传递使用了网状通信 (图 9.16)。此外,在网格划分时结合了面向对象化的技术和 Fortran 语言中的动态分配数组的功能,从而可以根据计算节点的数目自动划分网格,并且大大减少了在单一节点上的内存使用。与此同时,桨叶网格与背景网格由上述的挖洞方法联系起来,并通过点对点通信满足了上述要求。

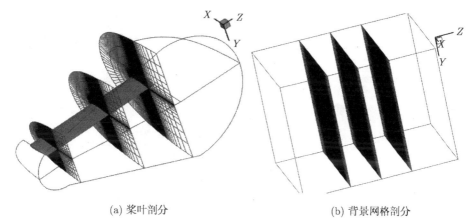

(a) 桨叶剖分　　　　　　　　　　　(b) 背景网格剖分

图 9.15　并行区域划分示意图

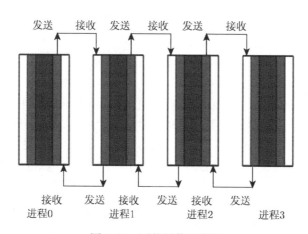

图 9.16　网状通信示意图

旋翼流场并行程序设计采用的是对等式并行结构 (图 9.17): 由主节点读入流场信息,并进行流场网格的划分,再将划分好的网格用 MPI 函数传送至各个子进程,随后所有计算节点开始计算,计算完成后由主节点负责计算结果的收集后再进行输出。

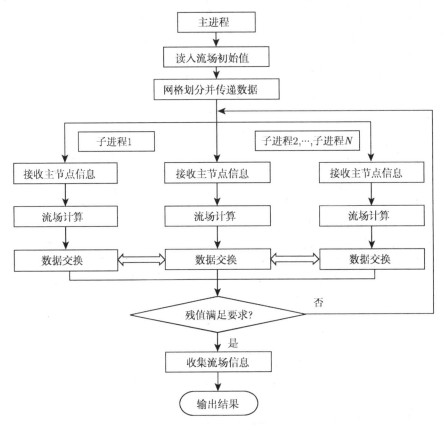

图 9.17   旋翼流场并行程序流程图

为进一步研究数值方法对复杂外形旋翼气动特性模拟的适应性，选取具有复杂构型的 UH-60A 旋翼进行研究。网格尺寸：桨叶网格 $177 \times 44 \times 79$，背景网格 $117 \times 71 \times 117$。计算状态：马赫数 $Ma_{\mathrm{tip}} = 0.628, \theta_0 = 9^\circ$，雷诺数 $Re = 2.75 \times 10^6$。

图 9.18(a) 给出了基于 SPMD 模式的并行 MPI 技术计算得出桨叶展向拉力系数分布计算结果与试验值 (Ahmad and Strawn, 1999) 的对比，计算值与试验值吻合较好，且串行与并行计算结果几乎一致。图 9.18(b) 给出了不同线程计算得出的加速比分布，当计算节点数较少时加速比较为理想。但当计算线程数达到 12 时，加速性能出现了相对降低，这是由于对于固定规模网格，复杂嵌套信息传递分区较多时，信息传递的计算代价相对于线程计算量的比例明显提高。

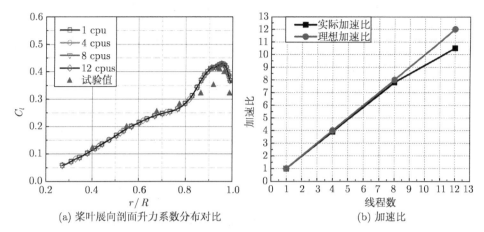

(a) 桨叶展向剖面升力系数分布对比   (b) 加速比

图 9.18   并行算法效果的分析

9.5   低速预处理方法

9.5.1   低速预处理方法原理

前飞状态直升机旋翼的流场非常复杂，流动参数随旋翼的方位角时刻发生变化，而且旋翼桨叶表面的来流速度沿展向是变化的，旋翼流场同时包含了桨根处的不可压流动区域和桨尖处的亚、跨音声速流动区域。对于旋翼流场，因其同时存在低速和高速的流动区域，因此选择可压缩方程作为流动的控制方程，但在用时间推进方法求解低速流场时会碰到很强的"刚性"问题。这是因为当地流动速度和音速相差很大时，时间相关方程对流项特征矩阵的最大和最小特征值也会有量级的差别，造成不同波在流场中传播速度的巨大差异，使计算收敛很慢。

低速预处理方法能够消除方程刚性问题，控制方程引入预处理矩阵后，改变了原方程的特征系统，缩小了最大特征值与最小特征值之间的差异，解决了低马赫数时产生的刚性问题，从而加快了计算收敛速度。另一方面，预处理方法求解简便，它可以直接在已有的可压流场 CFD 程序中只进行少许变动，加入适当合理的预处理矩阵即可，大大简化了求解的过程。

以二维 Euler 方程为例，在进行预处理时为了公式推导方便，采用其微分形式的方程：

$$\frac{\partial \boldsymbol{W}}{\partial t} + \frac{\partial \boldsymbol{E}}{\partial x} + \frac{\partial \boldsymbol{F}}{\partial y} = 0 \tag{9-50}$$

为减少特征值计算所需的工作量，一般采用原始变量下的 Euler 方程进行处理，采用了密度、速度、压强作为原始变量，令 $\widetilde{\boldsymbol{W}} = [\rho, u, v, p]^\mathrm{T}$，对式 (9-50) 作如

下变量代换

$$\frac{\partial \boldsymbol{W}}{\partial \widetilde{\boldsymbol{W}}}\frac{\partial \widetilde{\boldsymbol{W}}}{\partial t} + \frac{\partial \boldsymbol{E}}{\partial \boldsymbol{W}}\frac{\partial \boldsymbol{W}}{\partial \widetilde{\boldsymbol{W}}}\frac{\partial \widetilde{\boldsymbol{W}}}{\partial x} + \frac{\partial \boldsymbol{F}}{\partial \boldsymbol{W}}\frac{\partial \boldsymbol{W}}{\partial \widetilde{\boldsymbol{W}}}\frac{\partial \widetilde{\boldsymbol{W}}}{\partial y} = 0 \tag{9-51}$$

令 $\boldsymbol{A} = \dfrac{\partial \boldsymbol{E}}{\partial \boldsymbol{W}}, \boldsymbol{B} = \dfrac{\partial \boldsymbol{F}}{\partial \boldsymbol{W}}, \boldsymbol{T} = \dfrac{\partial \boldsymbol{W}}{\partial \widetilde{\boldsymbol{W}}}$，则式 (9-51) 可表示为

$$\boldsymbol{T}\frac{\partial \widetilde{\boldsymbol{W}}}{\partial t} + \boldsymbol{AT}\frac{\partial \widetilde{\boldsymbol{W}}}{\partial x} + \boldsymbol{BT}\frac{\partial \widetilde{\boldsymbol{W}}}{\partial y} = 0 \tag{9-52}$$

令 $\widetilde{\boldsymbol{A}} = \boldsymbol{T}^{-1}\boldsymbol{AT}, \widetilde{\boldsymbol{B}} = \boldsymbol{T}^{-1}\boldsymbol{BT}$，则 Euler 方程可以写作

$$\frac{\partial \widetilde{\boldsymbol{W}}}{\partial t} + \widetilde{\boldsymbol{A}}\frac{\partial \widetilde{\boldsymbol{W}}}{\partial x} + \widetilde{\boldsymbol{B}}\frac{\partial \widetilde{\boldsymbol{W}}}{\partial y} = 0 \tag{9-53}$$

因为 $\boldsymbol{T}$ 为可逆矩阵，所以矩阵 $\widetilde{\boldsymbol{A}}$ 与 $\boldsymbol{A}$ 有相同的特征值。以 x 方向为例，求解雅可比矩阵 $\boldsymbol{A}$ 和系统的特征值，将守恒变量 $\boldsymbol{W}$ 和通量 $\boldsymbol{E}$ 作如下处理

$$\boldsymbol{W} = [\rho, \rho u, \rho v, \rho e]^{\mathrm{T}} = [q_1, q_2, q_3, q_4]^{\mathrm{T}} \tag{9-54}$$

$$\boldsymbol{E} = \begin{bmatrix} \rho u \\ \rho u^2 + p \\ \rho uv \\ (\rho e + p)u \end{bmatrix} = \begin{bmatrix} q_2 \\ q_2^2/q_1 + (\gamma - 1)\left[q_4 - \dfrac{1}{2}(q_2^2/q_1 + q_3^2/q_1) \right] \\ q_2 q_3/q_1 \\ \left\{ q_4 + (\gamma - 1)\left[q_4 - \dfrac{1}{2}(q_2^2/q_1 + q_3^2/q_1) \right] \right\} q_2/q_1 \end{bmatrix} \tag{9-55}$$

将 $\boldsymbol{E}$ 对 $\boldsymbol{W}$ 求导，就得到对流通量项的雅可比矩阵

$$\boldsymbol{A} = \frac{\partial \boldsymbol{E}}{\partial \boldsymbol{W}} = \begin{bmatrix} 0 & 1 & 0 & 0 \\ \dfrac{\gamma - 3}{2}u^2 + \dfrac{\gamma - 1}{2}v^2 & (3-\gamma)u & (1-\gamma)v & \gamma - 1 \\ -uv & v & u & 0 \\ -\gamma\dfrac{\rho e u}{\rho} + (\gamma - 1)u(u^2 + v^2) & \gamma\dfrac{\rho e}{\rho} - \dfrac{(\gamma - 1)}{2}u(3u^2 + v^2) & -(\gamma - 1)uv & \gamma u \end{bmatrix} \tag{9-56}$$

将守恒变量对原始变量求导可以得到雅可比矩阵

$$
T = \frac{\partial \boldsymbol{W}}{\partial \widetilde{\boldsymbol{W}}} = \begin{bmatrix} 1 & 0 & 0 & 0 \\ u & \rho & 0 & 0 \\ v & 0 & \rho & 0 \\ \dfrac{(u^2+v^2)}{2} & \rho u & \rho v & \dfrac{1}{\gamma-1} \end{bmatrix}
$$

$$
T^{-1} = \begin{bmatrix} 1 & 0 & 0 & 0 \\ -\dfrac{u}{\rho} & \dfrac{1}{\rho} & 0 & 0 \\ -\dfrac{v}{\rho} & 0 & \dfrac{1}{\rho} & 0 \\ \dfrac{(\gamma-1)}{2}(u^2+v^2) & (1-\gamma)u & (1-\gamma)v & \gamma-1 \end{bmatrix}
\tag{9-57}
$$

由此可得

$$
\widetilde{\boldsymbol{A}} = \boldsymbol{T}^{-1}\boldsymbol{A}\boldsymbol{T} = \begin{bmatrix} u & \rho & 0 & 0 \\ 0 & u & 0 & \dfrac{1}{\rho} \\ 0 & 0 & u & 0 \\ 0 & \rho a^2 & 0 & u \end{bmatrix}
\tag{9-58}
$$

系统特征值为

$$
\lambda(A) = \lambda(\widetilde{A}) \Rightarrow \lambda_{1,2} = u, \quad \lambda_3 = u - a, \quad \lambda_4 = u + a
\tag{9-59}
$$

基于 Euler 方程的 Pletcher-Chen 预处理矩阵(Pletcher and Chen，1993) 为

$$
\boldsymbol{P} = \begin{bmatrix} 1 & 0 & 0 & \dfrac{1-\varepsilon}{\varepsilon a^2} \\ 0 & 1 & 0 & 0 \\ 0 & 0 & 1 & 0 \\ 0 & 0 & 0 & \dfrac{1}{\varepsilon} \end{bmatrix}
$$

$$
\boldsymbol{P}^{-1} = \begin{bmatrix} 1 & 0 & 0 & \dfrac{\varepsilon-1}{a^2} \\ 0 & 1 & 0 & 0 \\ 0 & 0 & 1 & 0 \\ 0 & 0 & 0 & \varepsilon \end{bmatrix}
\tag{9-60}
$$

其中，$\varepsilon = \gamma Ma^2$。

添加预处理后，基于原始变量 $(\rho, u, v, p)^{\mathrm{T}}$ 的预处理矩阵为

$$
\boldsymbol{P}\frac{\partial \widetilde{\boldsymbol{W}}}{\partial t} + \widetilde{\boldsymbol{A}}\frac{\partial \widetilde{\boldsymbol{W}}}{\partial x} + \widetilde{\boldsymbol{B}}\frac{\partial \widetilde{\boldsymbol{W}}}{\partial y} = 0 \Rightarrow \boldsymbol{\Gamma}\frac{\partial \widetilde{\boldsymbol{W}}}{\partial t} + \frac{\partial \boldsymbol{E}}{\partial x} + \frac{\partial \boldsymbol{F}}{\partial y} = 0
\tag{9-61}
$$

其中，

$$\boldsymbol{\Gamma}=\boldsymbol{TP}=\begin{bmatrix} 1 & 0 & 0 & \dfrac{1-\varepsilon}{\varepsilon a^2} \\ u & \rho & 0 & \dfrac{u(1-\varepsilon)}{\varepsilon a^2} \\ v & 0 & \rho & \dfrac{v(1-\varepsilon)}{\varepsilon a^2} \\ \dfrac{u^2+v^2}{2} & \rho u & \rho v & \dfrac{(1-\varepsilon)(u^2+v^2)}{2\varepsilon a^2}+\dfrac{1}{\varepsilon(\gamma-1)} \end{bmatrix} \tag{9-62}$$

$$\boldsymbol{\Gamma}^{-1}=\begin{bmatrix} 1+\dfrac{(\gamma-1)(\varepsilon-1)(u^2+v^2)}{2a^2} & -\dfrac{(\gamma-1)(\varepsilon-1)u}{a^2} & -\dfrac{(\gamma-1)(\varepsilon-1)v}{a^2} & \dfrac{(\gamma-1)(\varepsilon-1)}{a^2} \\ -\dfrac{u}{\rho} & \dfrac{1}{\rho} & 0 & 0 \\ -\dfrac{v}{\rho} & 0 & \dfrac{1}{\rho} & 0 \\ \dfrac{\varepsilon(\gamma-1)(u^2+v^2)}{2} & -\varepsilon(\gamma-1)u & -\varepsilon(\gamma-1)v & \varepsilon(\gamma-1) \end{bmatrix} \tag{9-63}$$

预处理后系统特征矩阵为

$$\boldsymbol{P}^{-1}\boldsymbol{A}=\begin{bmatrix} 1 & 0 & 0 & \dfrac{\varepsilon-1}{a^2} \\ 0 & 1 & 0 & 0 \\ 0 & 0 & 1 & 0 \\ 0 & 0 & 0 & \varepsilon \end{bmatrix}\begin{bmatrix} u & \rho & 0 & 0 \\ 0 & u & 0 & \dfrac{1}{\rho} \\ 0 & 0 & u & 0 \\ 0 & \rho a^2 & 0 & u \end{bmatrix}=\begin{bmatrix} u & \rho\varepsilon & 0 & \dfrac{u(\varepsilon-1)}{a^2} \\ 0 & u & 0 & \dfrac{1}{\rho} \\ 0 & 0 & u & 0 \\ 0 & \rho\varepsilon a^2 & 0 & \varepsilon u \end{bmatrix} \tag{9-64}$$

求得矩阵 $\boldsymbol{P}^{-1}\boldsymbol{A}$ 的特征值为

$$\lambda_{1,2}=u, \quad \lambda_{3,4}=\frac{1+\varepsilon}{2}u\pm\sqrt{\frac{(1-\varepsilon)^2}{4}u^2+\varepsilon a^2} \tag{9-65}$$

通过式 (9-61) 可以看出，相对于原可压 Euler 方程，预处理后的系统残值项前多乘了一个预处理矩阵的逆，因此在采用 Runge-Kutta 方法进行时间推进时与原方程方法基本相同。与原方程处理方法不同之处主要有：

(1) 当地时间步长。由于预处理矩阵的引入，系统特征值变化，因此求解当地时间步长时要有所改变。

(2) 远场边界条件。原可压 N-S 方程远场边界条件是基于无反射边界条件的，因为系统特征值的改变，这一方法不再适用，在此采用简化的远场边界条件。具体为入流边界: $p = p_{\text{in}}$, $u = u_\infty$, $v = v_\infty$, $T = T_\infty$

出流边界: $p = p_\infty$, $u = u_{\text{in}}$, $v = v_{\text{in}}$, $T = T_{\text{in}}$

(3) 人工耗散项的处理。与原可压 Euler 方程相比，在计算人工黏性项时，采用原参变量，由式 (9-61) 可知，为保持形式一致，必须在左乘 $\boldsymbol{\Gamma}^{-1}$ 时先转化成守恒变量形式，即左乘预处理矩阵 $\boldsymbol{\Gamma}$。计算式如下

$$
\begin{aligned}
D_\xi^{(2)}\widetilde{\boldsymbol{W}}_{i,j,k} &= \nabla_\xi(\boldsymbol{\Gamma}_{i+\frac{1}{2},j,k}\alpha_{i+\frac{1}{2},j,k}\varepsilon^{(2)}_{i+\frac{1}{2},j,k})\Delta_\xi\widetilde{\boldsymbol{W}}_{i,j,k}\\
D_\xi^{(4)}\widetilde{\boldsymbol{W}}_{i,j,k} &= \nabla_\xi(\boldsymbol{\Gamma}_{i+\frac{1}{2},j,k}\alpha_{i+\frac{1}{2},j,k}\varepsilon^{(4)}_{i+\frac{1}{2},j,k})\Delta_\xi\nabla_\xi\Delta_\xi\widetilde{\boldsymbol{W}}_{i,j,k}
\end{aligned}
\tag{9-66}
$$

对于 Weiss-Smith 矩阵(Weiss and Smith 1995)，有

$$
\boldsymbol{P}_{\text{W}} = \begin{bmatrix} 0 & 0 & 0 & \dfrac{1}{\varepsilon_b\rho a} \\ 0 & 1 & 0 & 0 \\ 0 & 0 & 1 & 0 \\ -a^2 & 0 & 0 & 1 \end{bmatrix}
$$

$$
\boldsymbol{P}_{\text{W}}^{-1} = \begin{bmatrix} \dfrac{\varepsilon_b\rho}{a} & 0 & 0 & -\dfrac{1}{a^2} \\ 0 & 1 & 0 & 0 \\ 0 & 0 & 1 & 0 \\ \varepsilon_b\rho a & 0 & 0 & 0 \end{bmatrix}
\tag{9-67}
$$

其中，$\varepsilon_b = \min[1, \max(Ma^2, \phi Ma_\infty^2)]$, $\phi \in [1,3]$。

$$
\boldsymbol{\Gamma} = \boldsymbol{T}\boldsymbol{P}_{\text{W}} = \begin{bmatrix} 0 & 0 & 0 & \dfrac{1}{\varepsilon_b\rho a} \\ 0 & \rho & 0 & \dfrac{u}{\varepsilon_b\rho a} \\ 0 & 0 & \rho & \dfrac{v}{\varepsilon_b\rho a} \\ \dfrac{-1}{(\gamma-1)a^2} & \rho u & \rho v & \dfrac{u^2+v^2}{2\varepsilon_b\rho a}+\dfrac{1}{\gamma-1} \end{bmatrix}
$$

$$
\boldsymbol{\Gamma}^{-1} = \begin{bmatrix} \dfrac{\varepsilon_b\rho}{a}-\dfrac{(\gamma-1)(u^2+v^2)}{2a^2} & \dfrac{(\gamma-1)u}{a^2} & \dfrac{(\gamma-1)v}{a^2} & -\dfrac{(\gamma-1)v}{a^2} \\ -\dfrac{u}{\rho} & \dfrac{1}{\rho} & 0 & 0 \\ -\dfrac{v}{\rho} & 0 & \dfrac{1}{\rho} & 0 \\ \varepsilon_b\rho a & 0 & 0 & 0 \end{bmatrix}
\tag{9-68}
$$

预处理后系统特征矩阵为

$$\boldsymbol{P}_{\mathrm{W}}^{-1}\boldsymbol{A}=\begin{bmatrix} \dfrac{\varepsilon_b\rho}{a} & 0 & 0 & -\dfrac{1}{a^2} \\ 0 & 1 & 0 & 0 \\ 0 & 0 & 1 & 0 \\ \varepsilon_b\rho a & 0 & 0 & 0 \end{bmatrix}\begin{bmatrix} u & \rho & 0 & 0 \\ 0 & u & 0 & \dfrac{1}{\rho} \\ 0 & 0 & u & 0 \\ 0 & \rho a^2 & 0 & u \end{bmatrix}=\begin{bmatrix} \dfrac{\varepsilon_b\rho u}{a} & \dfrac{\varepsilon_b\rho^2 u}{a}-\rho & 0 & -\dfrac{u}{a^2} \\ 0 & u & 0 & \dfrac{1}{\rho} \\ 0 & 0 & u & 0 \\ \varepsilon_b\rho a u & \varepsilon_b\rho^2 u & 0 & 0 \end{bmatrix}$$

$$(9\text{-}69)$$

求得矩阵 $\boldsymbol{P}^{-1}\boldsymbol{A}$ 的特征值为

$$\lambda_{1,2}=u,\quad \lambda_{3,4}=\frac{1+\varepsilon_b}{2}u\pm\sqrt{\frac{(1-\varepsilon_b)^2}{4}u^2+\varepsilon_b a^2} \tag{9-70}$$

9.5.2　低速预处理方法的验证

为验证低速预处理在流场模拟中的有效性,以 NACA0012 翼型为例,对 $Ma=0.55$,$\alpha=8.34°$ 的可压状态的翼型流场进行模拟。计算网格数为 289×70,翼型表面法向第一层网格间距为 $5\times10^{-6}C$,湍流模型采用 S-A 模型。图 9.19 给出了计算的翼型表面压强系数分布及密度残值收敛曲线,并将计算结果与试验值进行对比,其中基准状态为无预处理的计算结果。由图可知,预处理方法能够对可压状态的翼型气动特性进行有效计算。

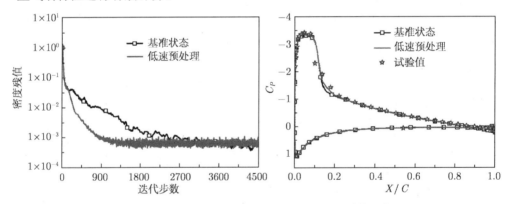

图 9.19　可压状态翼型流场收敛历程及压强系数分布

考虑到旋翼后行桨叶的低速状态,针对低来流马赫数 $Ma=0.1$,$\alpha=3.59°$ 状态的翼型流场进行数值模拟。图 9.20 给出了密度残值收敛历程与预处理前后的翼型压强系数分布。可以看出,采用预处理方法能够消除可压方程在低速状态计算的压强分布的数值震荡,表明预处理方法能够有效提高格式求解的精度;同时低速预处理方法也能明显增强流场计算的收敛性。

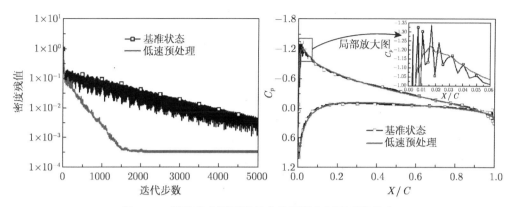

图 9.20 低速状态翼型流场收敛历程与压强系数分布

参 考 文 献

曹平宽, 周天孝, 李柯. 2007. 基于 SMP 机群的航空 CFD 并行技术应用研究. 航空计算技术, 36(6): 29-32.

都志辉, 李三立, 陈渝, 等. 2001. 高性能计算之并行编程技术 ——MPI 并行程序设计. 北京: 清华大学出版社.

吴琪, 招启军, 赵国庆, 等. 2015. 基于隐式算法的悬停旋翼黏性绕流高效 CFD 分析方法. 空气动力学学报, 33(4):454-463.

许晓平. 2007. 二维 N-S 方程湍流模型研究及多重网格技术应用. 西安: 西北工业大学.

杨树池, 乔志德. 2000. 复杂流场的多块并行数值模拟. 航空学报, 21(2): 191-192.

詹浩, 白俊强, 段卓毅, 等. 2004. 基于遗传算法和分布式计算的气动优化设计. 计算物理, 21(4): 359-362.

张林波. 2006. 并行计算导论. 北京: 清华大学出版社.

赵国庆, 招启军, 王清. 2015. 旋翼翼型非定常动态失速特性的 CFD 模拟及参数分析. 空气动力学学报, 33(1):72-81.

Ahmad J U, Strawn R C. 1999. Hovering rotor and wake calculations with an overset-grid Navier-Stokes solver. Proceedings of the 55th Annual Forum of the American Helicopter Society. Montreal, Quebec, May 25-27.

Allen C B, Jones D P. 1999. Parallel implementation of an upwind Euler solver for hovering rotor flows. Aeronautical Journal, 103(1021): 129-138.

Baldo L, Brenner L, Fernandes L G, et al. 2005. Performance models for master/slave parallel programs. Electronic Notes In Theoretical Computer Science, 128(4): 101-121.

Barney B. 2010. Introduction to parallel computing. Lawrence Livermore National Laboratory, 6(13): 10.

Blazek J. 2001. Computational fluid dynamics: principles and applications. Elsevier.

Dagum L, Enon R. 1998. OpenMP: an industry standard API for shared-memory programming. Computational Science & Engineering, IEEE, 5(1): 46-55.

Filippone A. 2007. Prediction of aerodynamic forces on a helicopter fuselage. Aeronautical Journal, 111(1117): 175-184.

Hill M D, Marty M R. 2008. Amdahl's law in the multicore era. Computer, 2008(7): 33-38.

Jameson A, Mavriplis D. 1986. Finite volume solution of the two-dimensional Euler equations on a regular triangular mesh. AIAA Journal, 24(4):611-618.

Lorber P F, Egolf T A. 1990. An unsteady helicopter rotor-fuselage aerodynamic interaction analysis. Journal of the American Helicopter Society, 35(3): 32-42.

Matsuno K, Ecer A, Periaux J, et al. 2003. Parallel numerical method for compressible flow calculations of hovering rotor flowfields. Jai Press: 297.

Mavriplis D J, Jameson A. 1989. Multigrid solution of the Navier-Stokes equations on triangular meshes. AIAA Journal, 27(8):1415-1425.

Pletcher R H, Chen K H. 1993. On solving the compressible Navier-Stokes equations for unsteady flows at very low Mach numbers. AIAA Paper, 1993-3368-CP.

Rajon D A, Bolch W E. 2003. Marching cube algorithm: review and trilinear interpolation adaptation for image-based dosimetric models. Computerized Medical Imaging and Graphics, 27(5): 411-435.

Schmitt V, Charpin F. 1979. Pressure distribution on the ONERA-M6-Wing at transonic Mach numbers. Experimental data base for computer program assessment.

Snir M. 1998. MPI–the Complete Reference: The MPI core. MIT press, 1998.

Steijl R, Barakos G. 2008. Sliding mesh algorithm for CFD analysis of helicopter rotor–fuselage aerodynamics. International Journal for Numerical Methods in Fluids, 58(5): 527-549.

Weiss J, Smith W A. 1995. Preconditioning applied to variable and constant density flows. AIAA Journal, 33(11): 2050-2057.

Wilkinson B, Allen M. 1999. Parallel programming. Prentice Hall New Jersey.

第 10 章　混合 CFD 方法

旋翼尾迹对直升机旋翼的流场和气动特性具有十分重要的影响。由于旋翼每片桨叶拖出的尾迹迅速卷起强烈集中收缩和螺旋发展的桨尖涡，直至下游很远处才会散去，它不仅会在桨盘平面内诱导强烈的下洗流并改变桨叶迎角，而且桨尖涡还可能与后续桨叶发生剧烈的桨/涡干扰 (BVI) 现象。精确地捕捉旋翼尾迹一直是直升机空气动力学的研究热点和难点之一。

计算流体动力学 (CFD) 方法已成为准确计算旋翼流场和气动特性的一个重要手段。依据对尾迹影响的处理方式不同，目前用于旋翼 CFD 求解的方法大致可以分为两类。一是欧拉方法，即采用统一的控制方程直接捕捉旋翼的尾迹。这类方法不需要外部尾迹模型，但需要相当大的计算资源，而且桨尖涡的捕捉质量难以保证，尤其是离开桨叶稍远一点的地方，这主要是由于数值耗散的影响，特别是在远离桨叶的粗网格上耗散更为严重。尽管已经提出了一些旨在提高尾迹捕捉精度的方法，如自适应网格和高精度算法等，但是仍然不能很好地捕捉完整的尾涡。另一类方法是混合方法，包括欧拉方法和欧拉方法的耦合以及欧拉方法和拉格朗日方法的耦合。欧拉方法和欧拉方法的耦合主要包括 Navier-Stokes(N-S) 方程/Euler 方程耦合、N-S 方程/全位势方程 (FPE) 耦合等。在旋翼近场黏性影响为主的区域采用 N-S 方程计算，远离旋翼的区域采用全位势/Euler 方程求解。欧拉方法和拉格朗日方法的耦合，包括与自由尾迹方法的耦合及黏性涡粒子方法的耦合等。例如，Sankar 等 (1993) 提出的基于 N-S 方程和自由尾迹方法的适用于直升机旋翼流场求解的混合方法，既可减少计算时间，又可以提高旋翼尾涡的捕捉精度。本章主要介绍欧拉方法和拉格朗日混合方法的耦合，主要包括全位势方程的求解、自由尾迹方法的求解、黏性涡粒子方法的求解以及与 Navier-Stokes 方程耦合的求解等。

10.1　全位势方程的求解

10.1.1　控制方程

在图 10.1 所示的惯性坐标系 (x', y', z', t') 中，速度势 ϕ 满足如下方程：

$$\phi_{t't'} + \left[(\nabla\phi)^2\right]_{t'} + \nabla\phi \cdot \nabla \left[\frac{1}{2}(\nabla\phi)^2\right] = a^2\nabla^2\phi \tag{10-1}$$

其中，a 为当地音速，它与速度势 ϕ 的关系由伯努利方程确定

$$\phi_{t'} + \frac{1}{2}(\nabla\phi)^2 + \frac{a^2}{\gamma-1} = \frac{a_\infty^2}{\gamma-1} \tag{10-2}$$

其中，γ 为比热容。

　　对于旋翼桨叶，在以 $\boldsymbol{\Omega}$ 旋转角速度、$\boldsymbol{U}_0$ 速度平动的非惯性坐标系 (x, y, z, t)（图 10.1）中求解全位势方程更为方便。相对于该坐标系，式 (10-1) 和 (10-2) 分别变为

$$\phi_{tt} + 2q_1\phi_{xt} + 2q_2\phi_{yt} + 2q_3\phi_{zt} = (a^2-q_1^2)\phi_{xx} + (a^2-q_2^2)\phi_{yy} + (a^2-q_3^2)\phi_{zz} - 2q_1q_2\phi_{xy} -$$
$$2q_2q_3\phi_{yz} - 2q_1q_3\phi_{xz} + (\Omega^2 x - 2\Omega U_0\cos\alpha_0\cos\psi)\phi_x + (\Omega^2 z + 2\Omega U_0\cos\alpha_0\sin\psi)\phi_z \tag{10-3}$$

$$\phi_t + V_1\phi_x + V_2\phi_y + V_3\phi_z + \frac{1}{2}(\phi_x+\phi_y+\phi_z)^2 + \frac{a^2}{\gamma-1} = \frac{a_\infty^2}{\gamma-1} \tag{10-4}$$

其中，α_0 为桨盘迎角；$V_i, q_i(i=1,2,3)$ 分别为 $\boldsymbol{V} = \boldsymbol{U}_0 + \boldsymbol{\Omega}\times\boldsymbol{r}$，$\boldsymbol{q} = \boldsymbol{V} + \nabla\phi$ 的分量；$\boldsymbol{r}$ 为任一点的位置矢量。

　　当流动为准定常时，式 (10-3) 和式 (10-4) 中速度势对时间的导数项令为 0，当速度为 0 时，式 (10-3) 进一步简化为式 (2-30)。

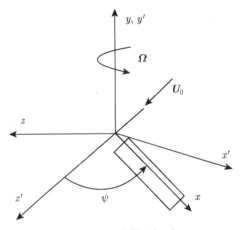

图 10.1　旋翼坐标系

10.1.2　求解方法

　　为有助于求解，可以将主控方程变换到计算空间 (X, Y, Z) 中。在准定常情况下，运用锁链法则容易推出计算空间中的主控方程为

$$A\phi_{XX} + B\phi_{YY} + C\phi_{ZZ} + 2D\phi_{XY} + 2E\phi_{XZ} + 2F\phi_{YZ} + R_1\phi_X + R_2\phi_Y + R_3\phi_Z = 0 \tag{10-5}$$

将上式改写成

$$(a^2 - q^2)\phi_{SS} + a^2(\nabla^2\phi - \phi_{SS}) + 一阶项 = 0 \tag{10-6}$$

其中, S 为当地流线方向。且有

$$q^2\phi_{SS} = \overline{U}^2\phi_{XX} + \overline{V}^2\phi_{YY} + \overline{W}^2\phi_{ZZ} + 2\overline{U}\,\overline{V}\phi_{XY} + 2\overline{U}\,\overline{W}\phi_{XZ} + 2\overline{V}\,\overline{W}\phi_{YZ} \tag{10-7}$$

式 (10-5) ~ 式 (10-7) 中的系数 A, B, C, D, E, F, R_1, R_2, R_3, $\overline{U}$, $\overline{V}$, $\overline{W}$ 等可在文献 (Chang, 1984) 中找到相对应的表达式, 这里就不再赘述。

采用有限差分法求解上述主控方程。在离散为差分方程时, 所有一阶偏导数项均使用中心差分。在亚音速点, 所有二阶偏导数项也采用中心差分, 典型差分格式如下:

$$\phi_{XX} = \left[\phi_{i-1,j,k}^{n+1} - \frac{2}{\omega}\phi_{i,j,k}^{n+1} - 2\left(1 - \frac{1}{\omega}\right)\phi_{i,j,k}^{n} + \phi_{i+1,j,k}^{n}\right]\Big/\Delta X^2 \tag{10-8}$$

$$\phi_{XY} = \left[\phi_{i+1,j+1,k}^{n} - \phi_{i+1,j-1,k}^{n} - \phi_{i-1,j+1,k}^{n+1} + \phi_{i-1,j-1,k}^{n+1}\right]\Big/4\Delta X\Delta Y \tag{10-9}$$

其中, 上标 n 和 $n+1$ 表示迭代次数, ω 为松弛系数。

在超音速点, 可采用旋转差分技术 (Jameson and Caughey, 1977)。式 (10-8) 和式 (10-9) 中的二阶偏导数项采用逆风差分格式, 典型格式如下 (假设 $\overline{U}, \overline{V} > 0$):

$$\phi_{XX} = \left[2\phi_{i,j,k}^{n+1} - \phi_{i,j,k}^{n} - 2\phi_{i-1,j,k}^{n+1} + \phi_{i-2,j,k}^{n}\right]\Big/\Delta X^2 \tag{10-10}$$

$$\phi_{XY} = \left[\phi_{i,j,k}^{n+1} - \phi_{i-1,j,k}^{n+1} - \phi_{i,j-1,k}^{n+1} + \phi_{i-1,j-1,k}^{n+1}\right]\Big/\Delta X\Delta Y \tag{10-11}$$

若将迭代次数看作人工时间坐标 t, 则当靠近音速点时, 由于 $(Ma^2 - 1)$ 很小, 为加快收敛, 在人工时间相依方程中加入一对流黏性项

$$\beta\frac{\Delta t}{\Delta X}(\overline{U}\phi_{Xt} + \overline{V}\phi_{Yt} + \overline{W}\phi_{Zt}) \quad (\beta > 0) \tag{10-12}$$

式 (10-12) 中的空间偏导数均采用逆风差分格式求解。

式 (10-6) 中的其他二阶偏导数项均采用与亚音速点类似的中心差分, 由上述方法获得的差分方程可用超线松弛线迭代 (SLOR) 法求解。

10.2 自由尾迹方法的求解

尾迹分析方法包括固定 (非畸变) 尾迹、预定尾迹和自由尾迹。其中, 非畸变尾迹将旋翼尾迹简化为柱体, 可以得到解析表达式, 便于理解, 没有考虑尾迹收缩和涡线畸变效应, 与实际尾迹的形状有差别, 在计算精度上受到一定的限制。预定

尾迹采用实验测定的尾迹形状，在一定的飞行范围内能获得比较准确的结果，但由于实验测定的主要是悬停状态的尾迹，因此预定尾迹方法不适合前飞和非实验状况的模拟计算。自由尾迹由自由涡面不承力条件求解，允许涡线随当地气流速度自由的移动，并考虑尾迹的实际畸变效应，应用广泛。本书以自由尾迹为例进行混合方法的论述。

10.2.1   尾迹涡线的控制方程

尾迹涡线的控制方程由下面方程确定

$$\frac{\mathrm{d}\boldsymbol{r}(\psi,\zeta)}{\mathrm{d}t} = \boldsymbol{V}(\boldsymbol{r}(\psi,\zeta)) \tag{10-13}$$

其中，ψ 为桨叶方位角，ζ 是尾迹涡龄角。

假定初始时刻的桨叶方位角和尾迹涡龄角均为 0，即

$$\psi_{t=0} = \zeta_{t=0} = 0 \tag{10-14}$$

那么

$$\psi = \zeta = \Omega t \tag{10-15}$$

可以推出

$$\frac{\mathrm{d}\boldsymbol{r}(\psi,\zeta)}{\mathrm{d}t} = \Omega \left(\frac{\partial \boldsymbol{r}(\psi,\zeta)}{\partial \psi} + \frac{\partial \boldsymbol{r}(\psi,\zeta)}{\partial \zeta} \right) \tag{10-16}$$

涡线定位点的当地速度是由自由流速度与涡线节点诱导速度的合速度组成，即

$$\boldsymbol{V}(\boldsymbol{r}(\psi,\zeta)) = \boldsymbol{V}_0 + \boldsymbol{v}_{\mathrm{ind}}(\boldsymbol{r}(\psi,\zeta)) \tag{10-17}$$

其中，$\boldsymbol{V}_0$ 为自由流速度，$\boldsymbol{v}_{\mathrm{ind}}$ 为涡线节点诱导速度。

因此，单根涡线的控制方程可写为

$$\frac{\partial \boldsymbol{r}(\psi,\zeta)}{\partial \psi} + \frac{\partial \boldsymbol{r}(\psi,\zeta)}{\partial \zeta} = \frac{1}{\Omega}(\boldsymbol{V}_0 + \boldsymbol{v}_{\mathrm{ind}}(\boldsymbol{r}(\psi,\zeta))) \tag{10-18}$$

其中，$\boldsymbol{r}$ 是流场中涡线定位点的位置矢量，诱导速度 $\boldsymbol{v}_{\mathrm{ind}}$ 是针对所有对该定位点有诱导贡献的尾迹涡线和附着涡线进行的。

10.2.2   涡元的诱导速度

尾迹的数值计算要求将连续的涡线离散为有限长度的涡元或涡段。现有的离散技术包括涡泡法、直线涡元法、曲涡元法、等涡量线法等。从工程的角度，最实用的是直线涡元方法。直线涡元简单，已广泛地应用于各种尾迹分析中，本书以直线涡元方法为例。

由 Biot-Savart 定律, 涡线对空间某点 M 的诱导速度为

$$v = \frac{\Gamma}{4\pi} \int \frac{\mathrm{d}l \times r}{|r|^3} \qquad (10\text{-}19)$$

其中, Γ 为涡线环量, $\mathrm{d}l$ 为涡线微段矢量, r 为涡线微段到空间 M 点的距离 (矢量)。

对于直线涡元, 如图 10.2 所示, 可以得到对点 M 的诱导速度为

$$v = \frac{\Gamma}{4\pi h} (\cos\alpha - \cos\beta) \qquad (10\text{-}20)$$

其中, Γ 为涡元环量 (方向向右), h 为点 M 到涡元的垂直距离, α, β 为点 M 与涡元两端的夹角, 诱导速度 v 方向由右手法则确定, 为垂直纸面向外。

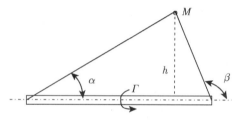

图 10.2 直线涡元的诱导速度

10.2.3 涡核修正

桨尖涡的控制点是自由的, 当控制点靠近某个涡元时, 会计算得到很大的诱导速度, 这与物理现象相违背, 需要考虑涡核修正的问题。在旋翼尾迹分析中, 涡核修正模型通常是根据二元切向速度型式来指定的。Vatistas (1998) 给出了涡线周向诱导速度的一般公式

$$v_\theta(r) = \frac{\Gamma r}{2\pi(r_c^{2n} + r^{2n})^{1/n}} \qquad (10\text{-}21)$$

其中, n 是整数变量, r 是涡中心至计算点的径向距离, r_c 为涡核半径, 当 $\bar{r} = \dfrac{r}{r_c} = 1$ 时, 周向诱导速度最大。

从式 (10-21) 可以看出, 若 $n \to \infty$, 则得出 Rankine 涡核模型的结果, 即

$$v_\theta(\bar{r}) = \begin{cases} \dfrac{\Gamma r_c}{2\pi} \bar{r}, & 0 \leqslant \bar{r} \leqslant 1 \\[2mm] \dfrac{\Gamma}{2\pi} \dfrac{1}{\bar{r}}, & \bar{r} > 1 \end{cases} \qquad (10\text{-}22)$$

若 $n = 1$, 则给出了 Scully 涡核修正模型的结果

$$v_\theta(\bar{r}) = \frac{\Gamma}{2\pi r_c} \frac{\bar{r}}{1 + \bar{r}^2} \qquad (10\text{-}23)$$

Bagai (1995) 还将 $n = 2$ 的结果用于旋翼涡系的计算, 对应的周向速度形式为

$$v_\theta(\overline{r}) = \frac{\Gamma}{2\pi r_c} \frac{\overline{r}}{\sqrt{1 + \overline{r}^4}} \tag{10-24}$$

这三种涡核修正模型的诱导速度分布如图 10.3 所示。式 (10-22) 中 Rankine 涡核模型将所有涡量限制在涡核半径内, 也称为 "集中涡量" 涡核模型。该涡核模型的主要缺点在于诱导速度分布是一阶不连续的, 且在涡核边界诱导速度偏大。而式 (10-23) 和式 (10-24) 中由 Scully 和 Bagai 建议的模型都是 "分布涡量" 涡核模型。前者涡量分布在涡核内外刚好各占一半, 而后者涡量在涡核半径内为 70.7%, 涡核半径外涡量占 29.3%。

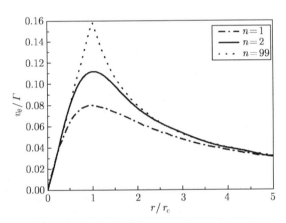

图 10.3   涡核修正模型的诱导速度分布图

可以采用 Bagai (1995) 基于旋翼尾迹实验的涡核修正模型, 其诱速分布改写为

$$v_\theta(h) = \frac{\Gamma h}{2\pi \sqrt{h^4 + \overline{r}^4}} \tag{10-25}$$

其中, Γ 为直线涡元的环量, h 是计算点到直线涡元的距离。

为模拟涡核随时间的耗散效应, 允许涡核半径随涡龄角变化, 其公式为

$$r_c = 2.242\sqrt{\delta\nu\left(\frac{\zeta - \zeta_0}{\Omega}\right)} \tag{10-26}$$

其中, δ 是湍流黏性系数, ν 是运动黏性系数, ζ_0 为尾迹初始涡龄角。

10.2.4 涡线的离散

为了对控制方程数值求解, 先将控制方程分别在时间域 (桨盘方位角 ψ) 和空间域 (尾迹涡龄角 ζ) 进行离散, 如图 10.4 所示。采用有限差分方法来离散控制方

程。差分方法很多，这里采用五点中心差分法对方程 (10-18) 进行离散，即对应中心点 $\left(i - \dfrac{1}{2}, j - \dfrac{1}{2}\right)$，即用中心差分项来代替方程左端的偏导数项，而右端的诱导速度项采用相邻四点的平均值，可得到如下方程

$$\frac{\partial \boldsymbol{r}}{\partial \psi} = \frac{1}{2\Delta\psi}\left(\boldsymbol{r}_{i,j} + \boldsymbol{r}_{i,j-1} - \boldsymbol{r}_{i-1,j} - \boldsymbol{r}_{i-1,j-1}\right) \tag{10-27}$$

$$\frac{\partial \boldsymbol{r}}{\partial \zeta} = \frac{1}{2\Delta\zeta}\left(\boldsymbol{r}_{i,j} + \boldsymbol{r}_{i-1,j} - \boldsymbol{r}_{i,j-1} - \boldsymbol{r}_{i-1,j-1}\right) \tag{10-28}$$

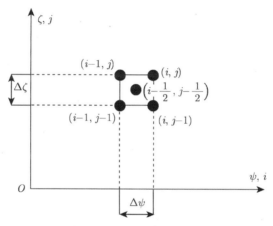

图 10.4　尾迹离散域示意图

基于上述的有限差分，方程可以离散为

$$\boldsymbol{r}_{i,j} = \boldsymbol{r}_{i-1,j-1} + \left(\frac{\Delta\psi - \Delta\zeta}{\Delta\psi + \Delta\zeta}\right)\left(\boldsymbol{r}_{i,j-1} - \boldsymbol{r}_{i-1,j}\right) + \frac{2}{\Omega}\left(\frac{\Delta\psi\Delta\zeta}{\Delta\psi + \Delta\zeta}\right)\Bigg[\boldsymbol{V}_0 +$$
$$\frac{1}{4}\left(\boldsymbol{v}_{\text{ind}}\boldsymbol{r}_{i-1,j-1} + \boldsymbol{v}_{\text{ind}}\boldsymbol{r}_{i,j-1} + \boldsymbol{v}_{\text{ind}}\boldsymbol{r}_{i-1,j} + \boldsymbol{v}_{\text{ind}}\boldsymbol{r}_{i,j}\right)\Bigg] \tag{10-29}$$

其中，$\Delta\psi$ 和 $\Delta\zeta$ 分别是桨叶方位角和尾迹涡线涡龄角的步长，$\boldsymbol{V}_0$ 为自由流速度。

当 $\Delta\psi = \Delta\zeta$ 时，方程 (10-29) 可以简化为

$$\boldsymbol{r}_{i,j} = \boldsymbol{r}_{i-1,j-1} + \frac{\Delta\psi}{\Omega}\Bigg[\boldsymbol{V}_0 + \frac{1}{4}\left(\boldsymbol{v}_{\text{ind}}\boldsymbol{r}_{i-1,j-1} + \boldsymbol{v}_{\text{ind}}\boldsymbol{r}_{i,j-1} + \boldsymbol{v}_{\text{ind}}\boldsymbol{r}_{i-1,j} + \boldsymbol{v}_{\text{ind}}\boldsymbol{r}_{i,j}\right)\Bigg]$$
$$\tag{10-30}$$

10.2.5　尾迹的迭代求解

Bagai (1995) 提出了尾迹求解的预测-校正迭代方法 (pseudo-implicit predictor-corrector，PIPC)，后来赵景根等 (2000) 提出了预测-校正-松弛组合方法，具有更好的收敛性，本书采用后一种方法，具体步骤如下：

1) 预测步。预估定位点空间位置如下:

$$\widetilde{\boldsymbol{r}}_{i,j}^n = \widetilde{\boldsymbol{r}}_{i-1,j-1}^n + \left(\frac{\Delta\psi - \Delta\zeta}{\Delta\psi + \Delta\zeta}\right)(\widetilde{\boldsymbol{r}}_{i,j-1}^n - \widetilde{\boldsymbol{r}}_{i-1,j}^n) +$$

$$\frac{2}{\Omega}\left(\frac{\Delta\psi\Delta\zeta}{\Delta\psi + \Delta\zeta}\right)\left\{\boldsymbol{V}_0 + \frac{1}{4}\Big[\boldsymbol{v}_{\mathrm{ind}}(\boldsymbol{r}_{i-1,j-1}^{n-1}) + \boldsymbol{v}_{\mathrm{ind}}(\boldsymbol{r}_{i,j-1}^{n-1}) + \quad\quad (10\text{-}31)$$

$$\boldsymbol{v}_{\mathrm{ind}}(\boldsymbol{r}_{i-1,j}^{n-1}) + \boldsymbol{v}_{\mathrm{ind}}(\boldsymbol{r}_{i,j}^{n-1})\Big]\right\}$$

2) 校正步。再次计算定位点的新空间位置为

$$\boldsymbol{r}_{i,j}^n = \boldsymbol{r}_{i-1,j-1}^n + \left(\frac{\Delta\psi - \Delta\zeta}{\Delta\psi + \Delta\zeta}\right)(\boldsymbol{r}_{i,j-1}^n - \boldsymbol{r}_{i-1,j}^n) + \frac{2}{\Omega}\left(\frac{\Delta\psi\Delta\zeta}{\Delta\psi + \Delta\zeta}\right)\times$$

$$\left\{\boldsymbol{V}_0 + \frac{1}{8}\Big[\boldsymbol{v}_{\mathrm{ind}}(\widetilde{\boldsymbol{r}}_{i-1,j-1}^n) + \boldsymbol{v}_{\mathrm{ind}}(\boldsymbol{r}_{i-1,j-1}^{n-1}) + \boldsymbol{v}_{\mathrm{ind}}(\widetilde{\boldsymbol{r}}_{i-1,j}^n) + \boldsymbol{v}_{\mathrm{ind}}(\boldsymbol{r}_{i-1,j}^{n-1}) + \quad (10\text{-}32)$$

$$\boldsymbol{v}_{\mathrm{ind}}(\widetilde{\boldsymbol{r}}_{i,j-1}^n) + \boldsymbol{v}_{\mathrm{ind}}(\boldsymbol{r}_{i,j-1}^{n-1}) + \boldsymbol{v}_{\mathrm{ind}}(\widetilde{\boldsymbol{r}}_{i,j}^n) + \boldsymbol{v}_{\mathrm{ind}}(\boldsymbol{r}_{i,j}^{n-1})\Big]\right\}$$

3) 松弛步。由松弛因子加权计算得到的空间位置作为最终的定位点位置

$$\boldsymbol{r}_{i,j} = \varepsilon\boldsymbol{r}_{i,j}^n + (1-\varepsilon)\boldsymbol{r}_{i,j}^{n-1} \quad\quad (10\text{-}33)$$

其中,ε $(0 < \varepsilon \leqslant 1)$ 为松弛因子。

基于式 (10-31)、式 (10-32) 和式 (10-33),便可以进行尾迹的迭代计算。但进行尾迹迭代计算前,必须先给定初始尾迹形状。这里初始尾迹形状采用非畸变尾迹,初始尾迹形状的好坏直接影响尾迹迭代的收敛速度。其轴向位移速度由动量理论确定,然后由桨叶控制点处的不可穿透边界条件 (法向相对速度为零) 求解出桨叶的初始环量。在给定了初始环量和初始尾迹形状之后,便可以对尾迹形状进行迭代求解计算了。

重复采用式 (10-31)、式 (10-32) 和式 (10-33) 进行迭代计算,直到尾迹涡线定位点前后两个时刻的位置偏差在给定的误差范围内时,便可得到收敛的尾迹几何形状。

10.3　N-S 方程/全位势方程/自由尾迹方法

欧拉方法数值耗散严重,尾迹捕捉效果不好。为精确捕捉旋翼尾迹,将欧拉方法和尾迹分析方法耦合来求解旋翼流场。

为充分考虑旋翼尾迹对流场的影响和减少尾迹的数值耗散,建立基于 N-S 方程/全位势方程/自由尾迹模型的旋翼流场求解的混合方法。该方法的求解域由三部分组成:一是围绕旋翼桨叶周围的黏性区域,采用可压 N-S 方程来捕捉近场信

息，包括激波及尾迹；二是离桨叶较远、黏性可以忽略的等熵流区域，以全位势方程来描述其流动；三是在无黏区域中嵌入自由尾迹模型，模拟桨尖涡从黏性区域进入势流范围的发展变化。图 10.5 是该混合方法的计算区域示意图。

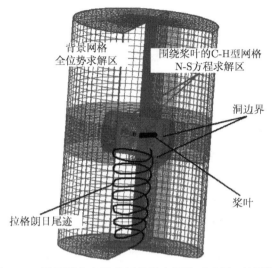

图 10.5 用于混合方法求解的嵌套网格示意图 (见图版)

10.3.1 信息传递

1. 从黏性区中获得全位势的边界信息

在处理全位势区域和黏性区域嵌套区时需加以注意，应避免使声波、涡量和熵波从黏性区到全位势区传播时发生错误的反射。

尾迹的初始部分在黏性区中求解，在黏性区和无黏区的交界处，尾迹转换为桨尖涡和内部的涡线，采用拉格朗日方法输运。

涡线的环量 Γ 定义为速度 $\boldsymbol{q}$ 沿包围任意控制面的封闭曲线 C 的线积分

$$\Gamma = \oint_C \boldsymbol{q} \cdot \mathrm{d}\boldsymbol{l} \tag{10-34}$$

环量可采用 Stokes 定理与控制面上的涡量建立关系如下

$$\iint_S (\nabla \times \boldsymbol{q}) \cdot \mathrm{d}\boldsymbol{S} = \oint_C \boldsymbol{q} \cdot \mathrm{d}\boldsymbol{l} \tag{10-35}$$

为了从黏性区中获得全位势的边界信息，需先在 N-S 方程求解网格中找到包含全位势边界的网格单元，这里可采用伪贡献单元搜寻法获得，再通过三线性插值得到插值点信息，最终完成从黏性区到全位势求解的信息传递。

2. 从势流非黏性区中获得黏性区的边界信息

在边界处，N-S 方程中的五个流场分量可以从全位势区域中直接求解得到。其中，速度由扰动速度、诱导速度和自由流速度组成，可采用式 (10-36) 计算得到。

$$
\begin{aligned}
u &= \phi_x + (\boldsymbol{q}_\infty + \boldsymbol{q}^v) \cdot \boldsymbol{i} \\
v &= \phi_y + (\boldsymbol{q}_\infty + \boldsymbol{q}^v) \cdot \boldsymbol{j} \\
w &= \phi_z + (\boldsymbol{q}_\infty + \boldsymbol{q}^v) \cdot \boldsymbol{k} \\
T &= T_\infty (\rho/\rho_\infty)^{\gamma-1}
\end{aligned}
\tag{10-36}
$$

这里，速度势的导数 ϕ_x、ϕ_y 和 ϕ_z 由差分方法求出。采用能量方程计算得到温度 T，再采用等熵关系获得 ρ 和 p。

10.3.2 计算流程

为了计算复杂的直升机旋翼流场，上述嵌套网格方法、显式的多步 Runge-Kutta 迭代法、格心有限体积法、N-S 方程求解器、全位势方程求解器和自由尾迹分析方法被组合成一个耦合的混合方法，迭代方法的流程图如图 10.6 所示。

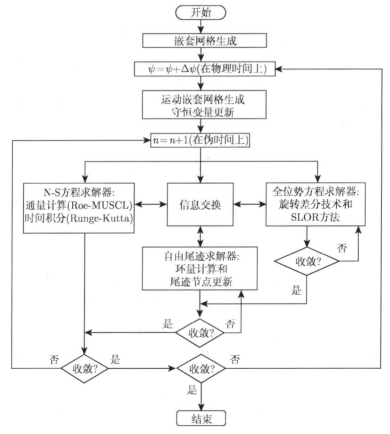

图 10.6 混合方法计算流程图

在迭代过程中给出四个收敛判据，分别为用于判断黏性区域中伪时间步和物理时间步上的守恒变量收敛 (以密度为衡量标准)、无黏区域的位势收敛以及自由尾迹的尾迹涡线位置的收敛。其中关于尾迹的收敛判据为

$$
\text{RMS} = \sqrt{\dfrac{\sum\limits_{k}^{N_a}\sum\limits_{j}^{N_c}\sum\limits_{i}^{N_s}(\boldsymbol{r}^n - \boldsymbol{r}^{n-1})^2}{N_s N_c N_a}} < \varepsilon \tag{10-37}
$$

其中，$\boldsymbol{r}$ 为涡线节点的位置矢量，ε 为一小量，用于判断收敛性。N_s 为尾随涡线的数目，N_c 每条涡线上的节点数，N_a 为桨叶方位角步长数。

10.3.3   算例及结果分析

1. 算例 1: C-T 模型旋翼

C-T 模型旋翼为矩形桨叶，翼型为 NACA0012，展弦比为 6。计算状态：悬停状态，桨尖马赫数 $Ma = 0.44$，总距为 8°。应用 NS/FPE 混合方法的计算结果 (Sankar, et al., 1993) 如图 10.7 所示。从图中可以看出，NS/FPE 混合方法与 N-S 方程计算压强系数 C_P 值一致，但时间节省约 50%。结果表明，NS/FPE 混合方法在兼顾精度的情况下，可明显提高计算效率。

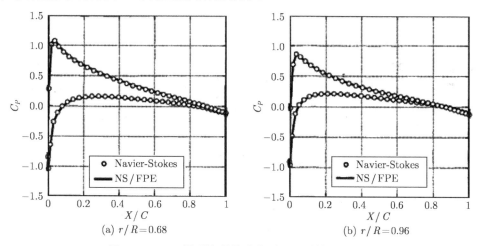

图 10.7   C-T 模型旋翼桨叶表面压强系数计算对比

图 10.8 是计算的有升力时 (桨尖马赫数为 0.794，总距角为 8°) C-T 模型旋翼桨叶展向 0.89R 处的表面压强系数分布。由图可见，采用混合方法 (N-S 方程/全位势方程/自由尾迹方法)(Zhao, et al., 2006) 捕捉到的激波位置和强度与高阶逆风通量差分裂格式和附带人工黏性的二阶中心差分方法计算得到的结果相比，更贴近试验值。

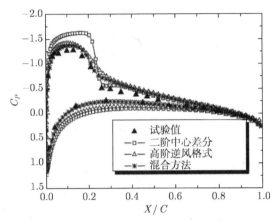

图 10.8　C-T 模型旋翼桨叶表面压强系数分布对比

选取的工作状态为：桨尖马赫数 0.877，总距角 8°。图 10.9 分别给出了桨尖涡的径向和垂向的位置，同时给出了试验结果以供对比。从图中可看出，采用中心差分方法捕捉得到的桨尖涡位置在垂向的要好于径向的，由于尾迹耗散较大的原因，在尾迹角大于 140° 之后，计算得到的涡轨迹的收缩要小于试验值；而采用该混合方法捕捉得到的桨尖涡轨迹位置要精确些，无论是径向还是垂向，计算得到的桨尖涡位移与试验值均较贴近，且可捕捉到更大范围内的桨尖涡。

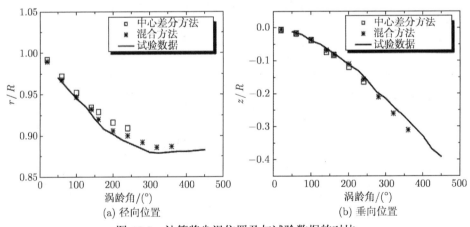

图 10.9　计算桨尖涡位置及与试验数据的对比

2. 算例 2: UH-60A 直升机旋翼

选取的工作状态为：悬停状态，桨尖马赫数为 0.628，总距角为 10°。

图 10.10 给出了该工作状态下旋翼桨叶展向 0.40R、0.675R、0.875R 和 0.99R 处的表面压强系数分布对比。由图可见，与附带人工黏性的二阶中心差分方法相

比，采用混合方法计算得到的桨叶上下表面压强系数更加贴近试验值，表明混合方法可以有效地减少旋翼尾迹数值耗散，同时也反映了混合方法可用于具有后掠桨尖以及存在负扭转的桨叶旋翼的流场特性分析。

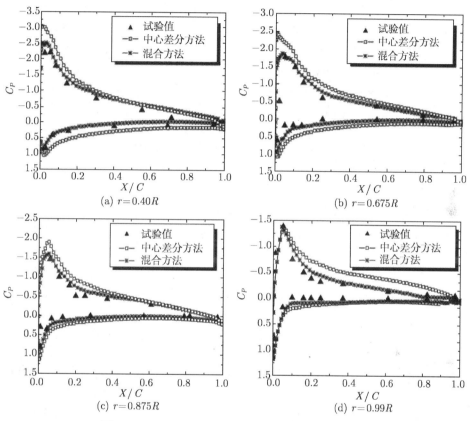

图 10.10　UH-60A 悬停旋翼桨叶表面压强系数分布

3. 算例 3：前飞状态的 C-T 旋翼

采用混合方法对 C-T 模型旋翼前飞状态进行计算，工作状态：桨尖马赫数为 0.628，前进比为 0.3，总距角为 8°，无周期变距。图 10.11 中给出了采用混合方法计算的前行桨叶 (90°)，在 $r = 0.80R$ 和 $0.89R$ 剖面的表面压强系数分布，相应地在该图中也给出了中心差分方法和高阶逆风格式的计算结果，并与 Sheffer 的计算结果进行了对比。由图可见，与后两种方法比较起来，采用混合方法无论是激波位置，还是激波强度，都与 Sheffer 的计算值吻合较好，虽然高阶逆风格式比二阶中心差分方法的数值耗散要小，但耗散依然明显。这表明混合方法在计算前飞状态下的旋翼流场的潜力。

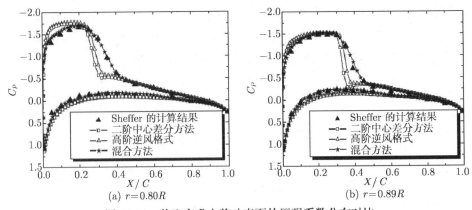

图 10.11   前飞有升力桨叶表面的压强系数分布对比

$\psi = 90°$, $\mu = 0.3$, $Ma_{\text{tip}} = 0.628$, $\theta(t) = 8.0°$ 和 $\beta(t) = 0°$

4. 算例 4: H-34 直升机旋翼

H-34 直升机旋翼由四片桨叶组成，桨叶的展弦比为 20.48，具有 −8° 的线性负扭转，翼型为 NACA0012。工作状态：桨尖马赫数为 0.544，前进比为 0.064。

图 10.12 给出了前飞状态不同方位角 (90° 和 270°) 桨叶升力沿展向的分布。从图中可以看出，混合方法的计算值比二阶中心差分方法的计算值更接近飞行试验值，表明混合方法对前飞流场计算的有效性。

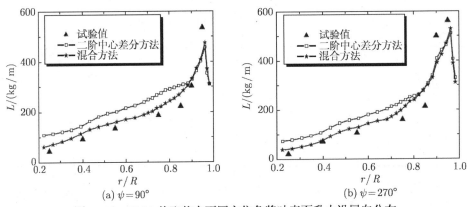

图 10.12   H-34 前飞状态不同方位角桨叶表面升力沿展向分布

对于一个典型的悬停状态，在同一种网格和同一台计算机上 (P4 2.4GHz)，且取相同的收敛判据，采用混合方法计算时间大约需要 3.5h 才可达到收敛状态，而采用单一的 N-S 方程计算时间则需要 5.5h 左右，因此采用混合方法可以节省 36%的计算时间。如果将旋翼网格的法向网格点减少 20%，采用混合方法的计算时间为 3.1h，而采用单一的 N-S 方程计算时间则需要 5.6h。因此，在这种情况下可以节省计算时间达到 44%。由此可见，采用混合方法不仅计算精度高，而且可以有效地减少计算时间。

10.4 黏性涡粒子方法及求解

10.4.1 涡运动控制方程

在高雷诺数旋翼非定常流场中，呈螺旋线形状的尾迹涡具有紧凑的结构特征，其涡量主要集中在尺寸较小的 "涡管" 内，而外部流场则可看作是不可压的。这种不可压非定常黏性流动可由 N-S 动量守恒方程和质量连续方程以及边界条件来描述，表达如下：

$$\frac{\partial \boldsymbol{u}}{\partial t} + (\boldsymbol{u} \cdot \boldsymbol{\nabla})\boldsymbol{u} = -\frac{\boldsymbol{\nabla} p}{\rho} + v \boldsymbol{\nabla}^2 \boldsymbol{u} \tag{10-38a}$$

$$\boldsymbol{\nabla} \cdot \boldsymbol{u} = 0 \tag{10-38b}$$

其中，$\boldsymbol{u}$ 为速度矢量；v 为运动黏性系数；ρ 和 p 分别为密度和压强；$\boldsymbol{\nabla} = \left[\dfrac{\partial}{\partial x}, \dfrac{\partial}{\partial y}, \dfrac{\partial}{\partial z}\right]^{\mathrm{T}}$ 为微分算子；$\boldsymbol{\nabla}^2$ 为拉普拉斯算子。

在涡方法中，涡量值是主要的研究对象，因此上述原始方程需要转换为以涡量-速度 ($\boldsymbol{\omega}$-$\boldsymbol{u}$) 为变量的形式，对式 (10-38a) 左右两端做旋度运算，得到不可压缩黏性流动的涡量动力学方程如下：

$$\frac{\partial \boldsymbol{\omega}}{\partial t} + (\boldsymbol{u} \cdot \boldsymbol{\nabla})\boldsymbol{\omega} = \boldsymbol{\omega} \cdot \boldsymbol{\nabla} \boldsymbol{u} + \nu \boldsymbol{\nabla}^2 \boldsymbol{\omega} \tag{10-39}$$

另外，由于桨叶产生升力，流场中会不断产生新生涡逸出至旋翼流场中，因此需在式 (10-39) 中加入源项 $\boldsymbol{S}$，改写为

$$\frac{\mathrm{d}\boldsymbol{\omega}}{\mathrm{d}t} = \boldsymbol{\omega} \cdot \boldsymbol{\nabla} \boldsymbol{u} + \nu \boldsymbol{\nabla}^2 \boldsymbol{\omega} + \boldsymbol{S} \tag{10-40}$$

其中，$\mathrm{d}(\cdot)/\mathrm{d}t = \partial(\cdot)/\partial t + \boldsymbol{u} \cdot \boldsymbol{\nabla}(\cdot)$，为物质导数。

利用涡量定义 $\boldsymbol{\omega} = \boldsymbol{\nabla} \times \boldsymbol{u}$ 及式 (10-38b)，则可得到泊松方程如下：

$$\boldsymbol{\nabla}^2 \boldsymbol{u} = -\boldsymbol{\nabla} \times \boldsymbol{\omega} \tag{10-41}$$

式 (10-40) 描述了涡量随时间的变化，该方程与涡运动方程 $\mathrm{d}\boldsymbol{x}/\mathrm{d}t = \boldsymbol{u}$ 一起组成了黏性涡粒子方法 (viscous vortex particle method，VVPM) (He C J and Zhao J G，2009) 的控制方程。

10.4.2 涡量场的离散

黏性涡粒子方法 (VVPM) 的核心思想是在拉格朗日描述体系下，将连续的涡量场离散为一系列无序涡元，并运用涡量-速度形式的 N-S 方程描述其输运、黏性

扩散等过程, 完成有旋流体的数值模拟。

黏性涡粒子离散涡方法是将连续的涡量场离散为一系列拉格朗日点 (涡粒子), 涡量场中任意位置的涡量表示为

$$\boldsymbol{\omega}_{\varepsilon}\left(\boldsymbol{x}, t\right) = \sum_{p=1}^{N} \boldsymbol{\alpha}_p\left(t\right) \varsigma_{\varepsilon}\left[\boldsymbol{x} - \boldsymbol{x}_p\left(t\right)\right] \tag{10-42}$$

其中, N 为离散涡元数, $\boldsymbol{x}_p$ 表示第 p 个涡元的空间位置, $\boldsymbol{\alpha}_p$ 为对应涡元的环量值; ε 为涡元核半径, 取值为 $\varepsilon = c_{\varepsilon} h_{\mathrm{res}}$, h_{res} 为离散分辨率, c_{ε} 是重叠因子; $\varsigma_{\varepsilon}\left(\boldsymbol{x}\right) = \varepsilon^{-3} \varsigma\left(\boldsymbol{x}/\varepsilon\right)$ 为空间分布函数, 截断函数 ς 需满足 $\int \varsigma\left(\boldsymbol{x}\right) \mathrm{d}\boldsymbol{x} = 1$。为了满足收敛条件, 两相邻涡核必须重叠, 因此其取值需要满足 $c_{\varepsilon} \geqslant 1.0$。对于截断函数, 这里采用高斯分布, 公式如下

$$\varsigma\left(\boldsymbol{x}\right) = \frac{1}{\left(2\pi\right)^{3/2}} \mathrm{e}^{-\boldsymbol{x}^2/2} \tag{10-43}$$

将涡量式 (10-42) 代入式 (10-40) 和涡运动方程, 有

$$\begin{cases} \dfrac{\mathrm{d}\boldsymbol{\alpha}_p}{\mathrm{d}t} = \boldsymbol{\alpha}_p \cdot \boldsymbol{\nabla}\boldsymbol{u}\left(\boldsymbol{x}_p, t\right) + \nu\boldsymbol{\nabla}^2\boldsymbol{\alpha}_p + \boldsymbol{S} \\ \dfrac{\mathrm{d}\boldsymbol{x}_p\left(t\right)}{\mathrm{d}t} = \boldsymbol{u}\left(\boldsymbol{x}_p, t\right) \end{cases} \tag{10-44}$$

其中, $\boldsymbol{u}\left(\boldsymbol{x}_p, t\right) = \boldsymbol{u}_{\infty} + \boldsymbol{u}_{\mathrm{ind}}$, $\boldsymbol{u}_{\infty}$ 为自由来流速度; $\boldsymbol{u}_{\mathrm{ind}}$ 为当地诱导速度。截断函数离散后的涡量场对应的 Biot-Savart 公式为

$$\boldsymbol{u}_{\mathrm{ind}} = -\sum_{q=1}^{N} \hat{\varepsilon}^{-3} K\left(r\right) \left(\boldsymbol{x}_p - \boldsymbol{x}_q\right) \times \boldsymbol{\alpha}_q \tag{10-45}$$

其中, $K\left(r\right)$ 为 Biot-Savart 核函数, q 为涡元标识。

$$K\left(r\right) = \frac{G\left(r\right) - \varsigma\left(r\right)}{r^2} \tag{10-46}$$

$$G\left(r\right) = \frac{1}{2r\pi^{3/2}} \int_0^{r/\sqrt{2}} \mathrm{e}^{-w^2} \mathrm{d}w \tag{10-47}$$

其中, $\hat{\varepsilon} = \sqrt{\varepsilon_p^2 + \varepsilon_q^2}\big/2$, 为对称光滑参数, $r = |x_p - x_q|/\hat{\varepsilon}$。

10.4.3   涡量输运方程的求解方法

方程 (10-44) 中的涡输运方程描述了涡量随当地流场运动时由于空气黏性作用和速度梯度的作用引起的涡量随时间发生变化的过程, 式 (10-44) 右边第一项 $\boldsymbol{\omega} \cdot \boldsymbol{\nabla}\boldsymbol{u}$ 为拉伸项, 表示由于速度梯度的影响, 导致涡的弯曲和拉伸进而对涡量产

生影响；第二项 $\nu\nabla^2\omega$ 为黏性扩散项，表示涡量的黏性扩散效应，涡量因黏性而生，因黏性而扩散，最终因黏性而耗散。在求解涡输运方程时，将采用分步法对上述两项分别进行计算。

1. 拉伸项的求解

拉伸项中速度梯度的计算可通过直接对速度式 (10-44) 第二式求导得到，此时拉伸项为

$$
\begin{aligned}
\left(\frac{\mathrm{d}\boldsymbol{\alpha}_p}{\mathrm{d}t}\right)_{\mathrm{ST}} &= \boldsymbol{\alpha}_p \cdot \boldsymbol{\nabla u}\left(\boldsymbol{x}_p, t\right) \\
&= \left[\boldsymbol{\nabla u}\left(\boldsymbol{x}_p, t\right)\right]\left[\boldsymbol{\alpha}_p\right]
\end{aligned}
\tag{10-48}
$$

其中，下标 "ST" 为拉伸项 (stretching term)，$[\boldsymbol{\nabla u}]$ 表示元素为 $(\partial\boldsymbol{u}_i/\partial\boldsymbol{x}_j)_{i,j}$ 的矩阵。

对于经过截断函数光滑化后的离散涡量场，在初始时刻能够满足离散点上涡量值的一致性，但其一阶导数值却可能不同，为此，本书采用 Cottet 等 (2000) 提出的一种转置格式来代替方程 (10-48) 进行求解，计算结果表明，该格式在计算过程中可以有效地保持涡量的守恒，其形式如下：

$$
\left(\frac{\mathrm{d}\boldsymbol{\alpha}_p}{\mathrm{d}t}\right)_{\mathrm{ST}} = \left[\boldsymbol{\nabla u}\left(\boldsymbol{x}_p, t\right)\right]^{\mathrm{T}}\left[\boldsymbol{\alpha}_p\right]
\tag{10-49}
$$

2. 黏性扩散项的求解

黏性扩散项中的拉普拉斯算子是以欧拉形式表示的，为能够适合于拉格朗日体系的求解，需要用拉格朗日形式来表示拉普拉斯算子，Mas-Gallic(1987) 提出了用基于一个积分算子近似的表示拉普拉斯算子的粒子强度交换法。采用该方法将黏性扩散项中的欧拉形式拉普拉斯算子表示为拉格朗日形式的积分式。

故涡量输运方程的黏性耗散项 (viscous diffusion term，VDT) 离散化为

$$
\begin{aligned}
\left(\frac{\mathrm{d}\boldsymbol{\alpha}_p}{\mathrm{d}t}\right)_{\mathrm{VDT}} &= \nu\boldsymbol{\nabla}^2\boldsymbol{\alpha}_p \\
&= \frac{2\nu}{\varepsilon^2}\sum_q\left(V_p\boldsymbol{\alpha}_q - V_q\boldsymbol{\alpha}_p\right)\eta_\varepsilon\left(\boldsymbol{x}_p - \boldsymbol{x}_q\right)
\end{aligned}
\tag{10-50}
$$

其中，V 为涡元体积，$\eta_\varepsilon = \varepsilon^{-3}\eta\left(\boldsymbol{x}/\varepsilon\right)$，对于高斯光滑分布，有 $\eta_\varepsilon = \varsigma_\varepsilon$。由于函数 η_ε 随距离的增加衰减很快，在实际计算中，只需考虑该涡元邻域 Q_i 内涡元的影响，而忽略远场涡元的作用，即

$$
\left(\frac{\mathrm{d}\boldsymbol{\alpha}_p}{\mathrm{d}t}\right)_{\mathrm{VDT}} = \frac{2\nu}{\hat{\varepsilon}^2}\sum_{q\in Q_i}\left(V_p\boldsymbol{\alpha}_q - V_q\boldsymbol{\alpha}_p\right)\eta_{\hat{\varepsilon}}\left(\boldsymbol{x}_p - \boldsymbol{x}_q\right)
\tag{10-51}
$$

3. 时间积分推进

时间推进方式的选择对于数值模拟过程中的数值稳定性及精度有重要影响, 为了满足计算精度的要求, 并且改善解的收敛性和稳定性, 控制方程的时间推进可采用二阶 Adams-Bashforth(A-B) 显式格式与二阶 Adams-Moulton(A-M) 隐式格式组合的预测-校正格式, 为进一步提高精度, 采用 Richardson 外推技术对 Adams 显式公式和隐式公式进行改进。

由二阶 A-B 方法和二阶 A-M 方法组成的预测-校正时间推进格式为:

1) 预测步

$$x_p^{n+1(p)} = x_p^n + \frac{\Delta t}{2}\left[3u_p(x_p^n, \alpha_i^n) - u_p(x_p^{n-1}, \alpha_i^{n-1})\right] \tag{10-52}$$

$$\begin{aligned}
\alpha_i^{n+1(p)} = \alpha_i^n + \frac{\Delta t}{2}&\left\{3\left(\left.\frac{d\alpha_p}{dt}\right|_{\mathrm{ST}}(x_p^n, \alpha_p^n) + \left.\frac{d\alpha_p}{dt}\right|_{\mathrm{VDT}}(x_p^n, \alpha_p^n)\right)\right.\\
&\left. - \left(\left.\frac{d\alpha_p}{dt}\right|_{\mathrm{ST}}(x_p^{n-1}, \alpha_p^{n-1}) + \left.\frac{d\alpha_p}{dt}\right|_{\mathrm{VDT}}(x_p^{n-1}, \alpha_p^{n-1})\right)\right\}
\end{aligned} \tag{10-53}$$

2) 校正步

$$x_p^{n+1(c)} = x_p^n + \frac{\Delta t}{2}\left[u_p(x_p^{n+1(p)}, \alpha_i^{n+1(p)}) + u_p(x_p^n, \alpha_i^n)\right] \tag{10-54}$$

$$\begin{aligned}
\alpha_i^{n+1(c)} = \alpha_i^n + \frac{\Delta t}{2}&\left\{\left(\left.\frac{d\alpha_p}{dt}\right|_{\mathrm{ST}}(x_p^{n+1(p)}, \alpha_p^{n+1(p)}) + \left.\frac{d\alpha_p}{dt}\right|_{\mathrm{ST}}(x_p^n, \alpha_p^n)\right)\right.\\
&\left. + \left(\left.\frac{d\alpha_p}{dt}\right|_{\mathrm{VDT}}(x_p^{n+1(p)}, \alpha_p^{n+1(p)}) + \left.\frac{d\alpha_p}{dt}\right|_{\mathrm{VDT}}(x_p^{n-1}, \alpha_p^{n-1})\right)\right\}
\end{aligned} \tag{10-55}$$

$$\begin{aligned}
x_p^{n+1} &= \frac{1}{6}x_p^{n+1(p)} + \frac{5}{6}x_p^{n+1(c)}\\
\alpha_p^{n+1} &= \frac{1}{6}\alpha_p^{n+1(p)} + \frac{5}{6}\alpha_p^{n+1(c)}
\end{aligned} \tag{10-56}$$

10.4.4　加速算法

旋翼尾迹离散涡元间自诱导速度及自诱导速度梯度的计算量很大, 采取直接计算时涉及计算量级为 $O(N^2)$, 涡元数目较大时会严重影响计算效率。因此, 有必要引入加速算法对计算过程进行加速。目前针对此类问题的加速算法主要有 Treecode 算法、快速多极子算法 (fast multipole method, FMM) 等, 其中快速多极子算法效率更高, 理论上上述提到的计算量级可以降到 $O(N)$。

如图 10.13 所示, 快速多极子算法将离散涡元按距离远近进行区域划分, 在较近区域求涡元之间的作用时采取直接求解 (particle to particle interaction, P2P); 对于较远区域涡元之间的诱导速度计算, 首先将每个区域中所有涡元的作用利用多极展开聚合到区域中心来表达 (multipole expansion from particles，P2M)，然后将区域中心的聚合量转移至计算区域中心 (multipole to local translation，M2L)，最后将计算区域中心的转移量局部展开到该组中的各个涡元上 (local expansion to particles，L2P)。通过该途径降低计算过程的整体操作数，以达到加速效果。为了表明快速多极子加速算法的速度优势，计算对比加速前后的效率，计算平台为普通台式机，处理器为 Intel E5300 2.6GHz，计算过程中加速算法的相对误差控制在 10^{-4}以内。图 10.14 给出了有、无加速算法在计算自诱导速度及速度梯度时的耗时对比结果。从图中可以看出，由于快速多极子加速算法较直接计算过程复杂一些，当涡元数较少时反而更耗时，然而随着涡元数的不断增加，加速算法的优势被明显地体现出来。

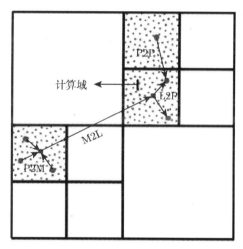

图 10.13　快速多极子算法二维示意图

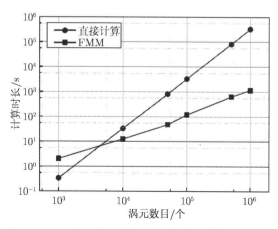

图 10.14　加速前后的诱导速度及梯度计算耗时对比

10.5   VVPM/N-S 混合 CFD 方法的建立

10.5.1   混合方法的实现

考虑到自由尾迹方法对黏性模拟的不足, 又鉴于黏性涡方法在这方面的优势, 将黏性涡方法与 CFD 方法的优点充分结合, 建立拉格朗日-欧拉混合计算方法。该方法的核心思想是将旋翼流场的求解问题按流动特性分为两个部分 (图 10.15): 在离桨叶较远区域, 尾迹的影响占据着主导地位, 采用基于拉格朗日描述的黏性涡方法进行尾迹预测; 而围绕桨叶的旋翼近体流场则应用基于欧拉描述的 CFD 方法进行求解, 以捕捉该流场区域的各种非线性特征以及近尾迹影响。

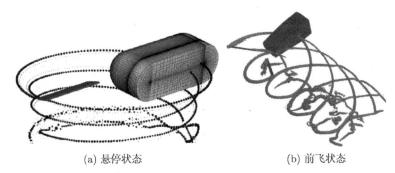

(a) 悬停状态   (b) 前飞状态

图 10.15   VVPM/CFD 混合方法的计算示意图

实际计算过程中, 黏性涡方法和 CFD 方法分别在不同的描述体系下求解, 为了保证耦合过程的成功实施, 混合计算方法需要满足如下条件: 保证两个计算域各自解的正确性; 保证两个计算域流场信息的合理交换; 保证两个计算方法在时间推进上的协调一致。

10.5.2   计算域间的信息交换

VVPM/CFD 混合方法中, 计算域间的信息交换对于成功进行耦合计算至关重要, 合理的交换策略必须尽可能地避免信息交换过程中引入误差甚至丢失部分信息。在具体实施过程中, 计算域间的流场物理量信息涉及双向交换的问题: 一是基于黏性涡方法的旋翼尾迹模型必须从 CFD 计算域得到新生涡量信息; 二是基于 CFD 的桨叶近体流场模型必须从 VVPM 计算域获取边界条件。

1. CFD 计算域至 VVPM 计算域

CFD 计算域至黏性涡 (VVPM) 计算域的信息传递可采用两种方式: 集中涡源法和分布涡方法。其中, 分布涡方法直接将 CFD 计算域捕捉的涡量分布传递给拉格朗日计算域, 物理意义更为明确, 但该方法容易将 CFD 计算域的数值耗散引入到拉格朗日计算域, 同时也存在着计算工作量大的问题。从计算效率角度考虑, 常以集中涡源法为主。该方法通过 CFD 计算沿翼型周向对压强进行积分, 得到升力系数 C_l 后, 通过式 (10-57) 直接求得环量。

依据库塔-儒科夫斯基 (Kutta-Joukowski) 环量/升力定理, 桨叶展向附着涡环量分布与翼型升力分布的关系如下

$$\rho V \Gamma_b = \mathrm{d}l = \frac{1}{2}\rho V^2 c C_l \tag{10-57}$$

其中, Γ_b 为附着涡环量值, c 为桨叶剖面翼型弦长, V 为剖面来流速度, C_l 是桨叶剖面升力系数, 在混合模型中, 该值由 CFD 计算域的桨叶表面压强积分求得。

求得桨叶附着涡沿展向分布后, 依据开尔文环量守恒定理, CFD 计算域向 VVPM 计算域传递的新生涡元环量信息用公式表达为

$$\gamma_\omega = V_b \boldsymbol{\nabla} \cdot \Gamma_b - \frac{\mathrm{d}\Gamma_b}{\mathrm{d}t} \tag{10-58}$$

其中, γ_ω 表示新生涡环量值, V_b 为桨叶剖面相对气流速度, 包括来流速度、旋翼旋转速度以及桨叶挥舞运动速度。

2. VVPM 计算域至 CFD 计算域

采用边界修正法来实现 VVPM 到 CFD 计算的信息传递。该方法中, 对于 CFD 计算域的最外层单元格心的速度值, 直接采用 VVPM 计算得到诱导速度, 并叠加自由来流速度, 该值在伪时间迭代步保持不变。由于无需计算内部大量单元的诱导速度, 该方法计算量相对较小, 因此得到了较广泛的应用。

CFD 计算域的速度边界条件直接由 VVPM 计算域计算得到

$$\begin{cases} u_b = u_i + u_\infty \\ v_b = v_i + v_\infty \\ w_b = w_i + w_\infty \end{cases} \tag{10-59}$$

其中, u_b 表示边界处的速度, u_i 表示尾迹的诱导速度。

除速度边界条件外, CFD 计算域的外场边界处还需要确定密度值和能量值, 假定 CFD 计算域大小适当, 桨叶网格外边界处流场的压缩性可以忽略, 此时密度可以直接取远场处密度, 而能量边界条件为

$$e = \frac{1}{\gamma(\gamma-1)} + \frac{Ma^2}{2} \tag{10-60}$$

其中, Ma 表示当地马赫数。

10.5.3   耦合方法的计算流程

图 10.16 给出了 VVPM/CFD 耦合方法计算流程图, 由于双时间推进 CFD 计算受到 CFL 条件限制, 较大的方位角步长常常会导致发散, 计算时一般取 0.25° 或 0.5°, 而 VVPM 计算则不存在类似的约束, 一般取为 1° 以上。实际计算中, VVPM 计算步长取为 CFD 步长的整数倍 N, 即有

$$\Delta t_{\text{VVPM}} = N \times \Delta t_{\text{CFD}} \tag{10-61}$$

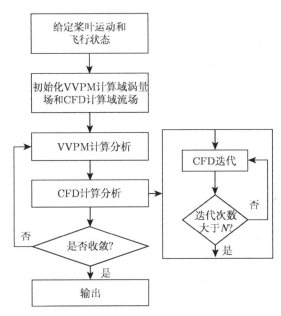

图 10.16   VVPM/CFD 混合方法的计算流程图

耦合方法的具体步骤表述如下:

第 1 步: 采用远场值初始化 CFD 计算域; 采用升力线理论预估 VVPM 计算环量值, 并进行初始化。

第 2 步: 进行单步 VVPM 计算, 其涡源信息由 CFD 计算得到。

第 3 步: 进行 N 步 CFD 计算, 其每步远场边界皆采用 VVPM 计算得到的涡量信息进行修正。

第 4 步: 重复进行步骤 2 ~ 步骤 3, 直至计算收敛。

10.5.4   算例分析

以 C-T 模型旋翼为例, 计算状态为悬停状态, 旋翼总距为 8°, 桨尖马赫数为 0.439。

图 10.17 为黏性涡方法计算的涡元分布图, 其中涡元的体积表征环量值的大

小, 可以看出, 受下方尾迹的诱导作用, 旋翼桨尖涡在离开桨叶后迅速收缩。随着涡龄角的增大, 收缩运动逐渐减缓, 而桨尖涡部分区域出现非规则畸变, 这导致大约在两圈以后相互靠近的桨尖涡间开始出现严重干扰现象, 桨尖涡间的这种干扰现象导致旋翼涡系发生破坏并最终形成湍流状态。

图 10.17　黏性涡方法计算获得的涡元分布图

图 10.18 则相应给出了单独 CFD 方法计算 4 圈后的旋翼尾迹空间涡量等值面图, 其中, 图 10.18(a) 采用粗网格分布, 图 10.18(b) 为密网格分布。相比于图 10.17 中采用黏性涡方法计算得到的涡分布, 嵌套网格方法由于数值耗散的缘故, 桨尖涡出现了严重的非物理耗散, 尤其是粗网格算例 (图 10.18(a)) 结果中桨尖涡在半圈后已经耗散到非常小的量级。

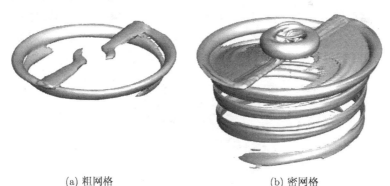

(a) 粗网格　　　　　　　　　　　　　(b) 密网格

图 10.18　全 CFD 方法计算获得的涡量等值面图

桨尖涡的收缩畸变是旋翼涡流场的重要特征, 准确地捕捉该畸变对于旋翼气动分析具有重要意义。图 10.19 对比了黏性涡方法以及单独 CFD 方法计算得到的桨尖涡径向位置 r/R 及垂向位置 z/R 随尾迹涡龄角的变化趋势。由图 10.19 可见, 黏性涡方法的桨尖涡轴向位置计算值在小尾迹涡龄角时变化缓慢, 当涡龄角达到

180° 时, 桨尖涡受另外一片桨叶桨尖涡的诱导影响, 垂向位移明显加快, 这与实际旋翼尾迹运动特性相符合, 也与试验值吻合很好, 同时其径向收缩量也与试验值得到了很好吻合; 然而单独 CFD 方法受数值耗散的影响, 仅捕捉到了半圈 (涡龄角为 180°) 内的明显桨尖涡, 而且在径向和垂向两个方向都与试验值相差更大, 说明仍需要增加背景网格域内的网格数量才能捕捉到较好的尾迹形状。

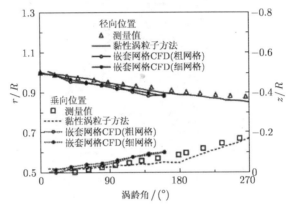

图 10.19   计算与试验的桨尖涡径向位置及垂向位置对比图

图 10.20 为采用混合方法计算收敛后的涡量图, 其中 CFD 计算域的涡量采用桨叶网格外表面的涡量云图表示, 黏性涡粒子计算域的涡量则以涡量等值面显示 (为显示直观, 仅突出显示桨尖涡)。得益于黏性涡粒子方法在涡捕捉方面的优势, 混合方法可以准确地预测旋翼桨尖涡的畸变、耗散等现象, 同时当黏性涡粒子计算域的桨尖涡穿入 CFD 计算域时, CFD 计算域边界处的相应位置也出现了涡量集中区域, 这表明黏性涡粒子计算域的涡量信息成功完成了传递。

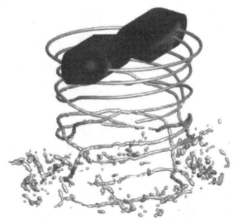

图 10.20   VVPM/CFD 混合方法计算获得的涡量等值面图 (见图版)

　　表 10.1 从计算时间方面, 将混合方法与嵌套 CFD 方法进行了对比。由表 10.1
可知, 细网格的算例在计算 4 圈后耗时 301.8h, 采用粗网格后计算 4 圈仍需要
108.29h, 而混合方法计算 8 圈的总计算时长为 17.56h, 相比之下优势明显。

表 10.1　混合方法与全 CFD 方法计算时间的对比

参数	CFD 方法 (细网格)	CFD 方法 (粗网格)	混合方法
计算圈数	4	4	8
总计算时间/h	301.8	108.29	17.56

　　相比黏性涡粒子方法和单独 CFD 方法, 混合方法兼顾两者的特点, 既可精确
地捕捉桨叶近体流场的细节变化, 又可准确预测尾迹的输运过程, 同时还具备较
单独 CFD 方法更高的计算效率, 因此在复杂非定常旋翼流场计算方面具有一定的
优势。

参 考 文 献

孙志忠, 袁慰平, 闻震初. 2002. 数值分析. 南京: 东南大学出版社.

魏鹏, 史勇杰, 徐国华. 2013. 复杂旋翼流场的耦合欧拉-拉格朗日数值方法. 航空学报, 34(7):
　　1538-1547.

招启军, 徐国华. 2005. 基于嵌套网格和计入尾迹影响的旋翼流场数值模拟. 南京航空航天大
　　学学报, 37(6): 675-679.

赵景根, 高正. 2000. 直升机旋翼/机身气动干扰的计算方法. 南京航空航天大学学报, 32(3):
　　369-374.

赵景根, 徐国华. 1999. 旋翼桨叶跨音速绕流的全势方程计算方法. 南京航空航天大学学报,
　　31(3): 245-251.

赵景根, 徐国华, 招启军. 2006. 基于自由尾迹分析的直升机旋翼下洗流场计算方法. 兵工学
　　报, 27(1): 63-68.

Bagai A. 1995. Rotor free-wake modeling using a pseudo-implicit technique—including com-
　　parisons with experimental data. Journal of the American Helicopter Society, 40(3):
　　29-41(13).

Berkman M E, Sankar L N, Berezin C R, et al. 1997. Navier-Stokes/full potential/free-wake
　　method for rotor flow. Journal of Aircraft, 34(5): 635-640.

Chang I C. 1984. Transonic flow analysis for rotors. Part 1: three-dimensional quasi-steady
　　full-potential calculation. NASA TP-2375.

Cottet G H, Koumoutsakos P. 2000. Vortex methods: theory and practic. Cambridge:
　　Cambridge University Press.

Greengard L, Rokhlin V. 1987. A fast algorithm for particle simulations. Journal of Com-
　　putational Physics, 73(2): 325-348.

He C J, Zhao J G. 2009. Modeling rotor wake dynamics with viscous vortex particle method, AIAA Journal, 47(4): 902-915.

Jameson A, Caughey D A. 1977. Numerical calculation of the transonic flow past a swept wing. NASA CR-153297.

Mas-Gallic S. 1987. Contribution à l'analyse numérique des méthodes particulaires. Paris 6.

Sankar L N, Bharadvaj B K, Tsung F L. 1993. Three-dimensional Navier-Stokes/full-potential coupled analysis for viscous transonic flow. AIAA Journal, 31(10): 1857-1862.

Sheffer S G, Alonso J J, Martinelli L, Jameson A, 1997. Time-accurate simulation of helicopter rotor flows including aeroelastic effects. AIAA Paper, 1997-0399.

Vatistas G H. 1998. New model for intense self-similar vortices. Journal of Propulsion and Power, 14(3): 462-469.

Zhao Q J, Xu G H, Zhao J G. 2006. New hybrid method for predicting the flowfields of helicopter rotors. Journal of Aircraft, 43(2): 372-380.

Zhong Y, Sankar L N, Smith M J, et al. 2002. Recent improvements to a hybrid method for rotors in forward flight. Journal of Aircraft, 39(39): 804-812.

第11章　动量源方法

目前，对于直升机旋翼流场的数值模拟主流方法可以分为三种：涡流理论方法、贴体 CFD 方法以及动量源 (momentum source) 方法，前两种方法在以上的章节均有所提及。涡流方法的主要不足在于它对于旋翼流场细节特征的模拟不够精确，而贴体 CFD 方法需要在每片桨叶周围生成贴体网格，同时为了提高远场尾迹的计算精度也必须保证远场的网格密度，这将导致网格数目过大、计算代价高。因此，为了降低计算代价和提高模拟旋翼下洗流场的模拟效率，动量源方法应运而生。本章将着重介绍动量源方法的原理以及其在 CFD 计算中的应用。

动量源方法早在 20 世纪 70 年代就被提出并被应用在流管、风力机流场计算等方面，但直到 90 年代初期才被 Rajagopalan 和 Lim(1991) 运用到直升机领域。其基本思想是以作用盘代替旋翼，将桨叶对气流的作用以动量源的形式来代替。采用动量源方法可以在保证旋翼下洗流场本质属性的前提下，完成旋翼下洗流对周围机身等流场干扰特性的有效模拟。同时，由于采用整个桨盘的面网格来取代围绕桨叶的贴体网格，不用考虑桨叶附面层网格的生成，在极大程度上降低了网格生成的难度和网格数目，从而有效地节省了计算时间。

目前，对动量源方法的研究可以分为两类：定常动量源方法、非定常动量源方法。定常动量源方法又称为作用盘模型，其主要特点是将桨叶对空气周期性的流动通过时间平均的方法转化为 "准定常" 流动。在单位时间内，N_b 片桨叶对某微面处的平均作用力作为动量源项，计入旋翼位置网格单元内。然而，真实的旋翼是由孤立桨叶构成的，旋翼对流场的作用是随时间变化的，因此又发展出了非定常动量源方法。非定常动量源方法不再采用时间平均的方法，而是只在某一时刻桨叶真实所在位置背景网格内加入动量源项。本章将具体介绍这两种方法及其应用。

11.1　定常动量源方法

所谓定常动量源 (steady rotor momentum source，SRMS)，其效应是将旋翼桨叶对空气周期性的扰动作用通过时间平均的方法转化为 "准定常" 流动。采用定常动量源方法能够在保证旋翼下洗流场的本质属性的前提下，舍去求解旋翼桨叶周围流场的流动细节给计算精度提出的要求。因此，在忽略桨盘表面流动细节并同时满足高计算效率的情况下，采用定常动量源方法可以获得较好的效果。

接下来，将对具体的动量源项求解以及如何将定常动量源方法应用到旋翼 CFD

求解中进行详细介绍。

11.1.1　坐标系转换

在进行动量源项求解之前，首先需要了解计算中可能用到的几种坐标系及其转换关系。

1. 桨盘直角坐标系和计算域直角坐标系的转化

设桨盘直角坐标系和计算域直角坐标系分别用 (ξ, η, ζ) 和 (x, y, z) 表示，如图 11.1 所示，两者转换关系为

$$
\begin{bmatrix} \xi \\ \eta \\ \zeta \end{bmatrix} = \begin{bmatrix} \cos\beta_{1c} & \sin\beta_{1s}\sin\beta_{1c} & -\cos\beta_{1s}\sin\beta_{1c} \\ 0 & \cos\beta_{1s} & \sin\beta_{1s} \\ \sin\beta_{1c} & -\sin\beta_{1s}\cos\beta_{1c} & \cos\beta_{1s}\cos\beta_{1c} \end{bmatrix} \times \begin{bmatrix} x - x_c \\ y - y_c \\ z - z_c \end{bmatrix} \tag{11-1}
$$

其中，β_{1s}、β_{1c} 分别表示桨盘侧倾角和后倾角，当悬停时，β_{1s} 和 β_{1c} 均为 0；(x_c, y_c, z_c) 是旋翼旋转中心在计算域内的坐标。

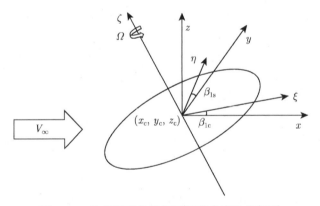

图 11.1　计算域直角坐标系和桨盘直角坐标系

2. 桨盘直角坐标系与桨盘圆柱坐标系的转化

为了便于计算，进一步可以定义桨盘圆柱坐标系 (r, ψ, ζ)，与基于桨盘的直角坐标系 (ξ, η, ζ) 的关系，如图 11.2 所示，两者矢量转换通过式 (11-2) 完成。

$$
\begin{bmatrix} e_r \\ e_\psi \\ e_\zeta \end{bmatrix} = \begin{bmatrix} \cos\psi & -\sin\psi & 0 \\ \sin\psi & \cos\psi & 0 \\ 0 & 0 & 1 \end{bmatrix} \times \begin{bmatrix} e_\xi \\ e_\eta \\ e_\zeta \end{bmatrix} \tag{11-2}
$$

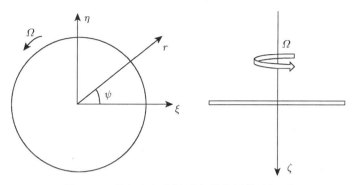

图 11.2 桨盘直角坐标系和桨盘圆柱坐标系

3. 桨盘圆柱坐标系与桨叶偏转坐标系的转化

如果考虑桨叶发生的变形，还需建立一个桨叶偏转坐标系 (n, ψ, s)，它与桨盘圆柱坐标系 (r, ψ, ζ) 的关系如图 11.3 所示，桨叶偏转坐标系与桨盘圆柱坐标系之间的转换式为

$$
\begin{bmatrix} \boldsymbol{e}_n \\ \boldsymbol{e}_\psi \\ \boldsymbol{e}_s \end{bmatrix} = \begin{bmatrix} \sin\delta & 0 & -\cos\delta \\ 0 & 1 & 0 \\ \cos\delta & 0 & \sin\delta \end{bmatrix} \times \begin{bmatrix} \boldsymbol{e}_r \\ \boldsymbol{e}_\psi \\ \boldsymbol{e}_\zeta \end{bmatrix} \tag{11-3}
$$

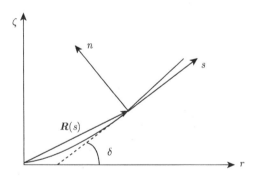

图 11.3 桨盘圆柱坐标系和桨叶偏转坐标系

在图 11.3 中，$\boldsymbol{R}(s)$ 由下式确定

$$
\boldsymbol{R}(s) = \boldsymbol{e}_r \int_0^s \cos\delta(s)\mathrm{d}s + \boldsymbol{e}_\zeta \int_0^s \sin\delta(s)\mathrm{d}s \tag{11-4}
$$

11.1.2 动量源项推导

将翼型剖面的气流速度 (包含了诱导速度) 在计算域直角坐标系下的速度分量 (u, v, w)，按式 (11-1) 转化为桨盘直角坐标系下的速度分量 (u_ξ, v_η, w_ζ)。选取任意方位角 ψ 和半径 r 处的微段 $\mathrm{d}r$，图 11.4 表示其中一个剖面。

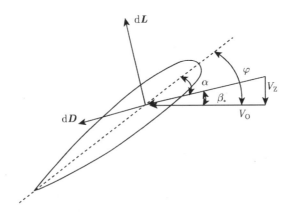

图 11.4　桨叶剖面气动力和来流示意图

这里以仅记入桨叶的一阶挥舞项的情况为例，即 $\beta = a_0 - \beta_{1c} \cos\psi - \beta_{1s} \sin\psi$，则该剖面处的挥舞速度 $V_\beta = \dot\beta r$，其方向垂直于剖面。该剖面处的周向速度还包括桨叶旋转速度，大小为 Ωr。综合可得，该剖面处气流的周向速度、径向速度和垂向速度分别为

$$
\begin{aligned}
V_{\mathrm{O}} &= v_\eta \cos\psi - u_\xi \sin\psi - \Omega r \cos\beta \\
V_{\mathrm{R}} &= (v_\eta \sin\psi + u_\xi \cos\psi)\cos\beta + w_\zeta \sin\beta \\
V_{\mathrm{Z}} &= w_\zeta \cos\beta - (v_\eta \sin\psi + u_\xi \cos\psi)\sin\beta - V_\beta
\end{aligned}
\tag{11-5}
$$

根据《直升机空气动力学》(王适存, 1985) 的定义，来流角 $\beta_* = \arctan\dfrac{V_{\mathrm{Z}}}{V_{\mathrm{O}}}$。

根据桨叶负扭转和根部安装角可以得出半径 r 处的桨叶安装角 φ，则该微段处的迎角为 $\alpha = \varphi - \beta_*$。

设该微段处的弦长为 c，根据翼型的阻力和升力特性曲线可以查表得到对应迎角下的阻力系数 C_{d} 和升力系数 C_{l}，则该微段的升力和阻力分别为

$$
\left\{
\begin{aligned}
\mathrm{d}L &= \frac{1}{2}\rho V^2 C_{\mathrm{l}} c \mathrm{d}r \\
\mathrm{d}D &= \frac{1}{2}\rho V^2 C_{\mathrm{d}} c \mathrm{d}r
\end{aligned}
\right.
\tag{11-6}
$$

其中，$V = \sqrt{V_{\mathrm{O}}^2 + V_{\mathrm{R}}^2 + V_{\mathrm{Z}}^2}$，为该桨叶微段处的来流合速度。

将升力 $\mathrm{d}L$ 和阻力 $\mathrm{d}D$ 转化到桨盘直角坐标系 (ξ, η, ζ) 下，得到该剖面处的拉力 $\mathrm{d}\boldsymbol{T}$ 和阻力 $\mathrm{d}\boldsymbol{Q}$ 分别为

$$
\left\{
\begin{aligned}
\mathrm{d}\boldsymbol{T} &= \mathrm{d}\boldsymbol{L} \cos\beta_* - \mathrm{d}\boldsymbol{D} \sin\beta_* \\
\mathrm{d}\boldsymbol{Q} &= -\mathrm{d}\boldsymbol{L} \sin\beta_* - \mathrm{d}\boldsymbol{D} \cos\beta_*
\end{aligned}
\right.
\tag{11-7}
$$

忽略径向力，根据牛顿第三定律，在桨盘直角坐标系下桨叶剖面对气流的作用力为 $\mathrm{d}\boldsymbol{F}' = -\mathrm{d}\boldsymbol{T} - \mathrm{d}\boldsymbol{Q}$，此力是一个瞬时力。

如图 11.5 所示，在桨盘中取半径为 r 处的微面，其径向长度为 $\mathrm{d}r$，宽度为 $r\Delta\psi$。桨叶旋转一周所用时间为 $2\pi/\Omega$，那么单位时间转过的角度为 $\Omega/2\pi$，转过 $\Delta\psi$ 所用的时间为 $\Delta\psi/\Omega$。此时单位时间内单片桨叶对该微面处气流的作用力为 $\mathrm{d}\boldsymbol{F}' \cdot \dfrac{\Delta\psi}{\Omega} \cdot \dfrac{\Omega}{2\pi} = \mathrm{d}\boldsymbol{F}' \cdot \dfrac{\Delta\psi}{2\pi}$。旋翼旋转一周，共有 N_b 片桨叶经过该方位角，所以单位时间内作用在该微面处气流的力为

$$\boldsymbol{F}'_{\Delta} = N_b \cdot \mathrm{d}\boldsymbol{F}' \cdot \frac{\Delta\psi}{2\pi} \tag{11-8}$$

其中，$\boldsymbol{F}'_{\Delta}$ 是动量源项，该项为矢量。

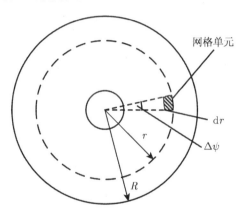

图 11.5　桨盘平面及动量源推导示意图

最后，将 $\boldsymbol{F}'_{\Delta}$ 转换到计算域坐标系 (x, y, z) 下，便可得到动量源项 (S_x, S_y, S_z)。在每个时间步长内计算一次通量值，将所得到的动量源项以通量的形式加到相应网格单元的控制方程中。

上面是结构网格的情况，非结构网格动量源的计算过程与之类似。以四面体非结构网格为例，微面为三角形微面，所以需要将作用在上述四边形微面的力矢量转化为作用在三角形微面的力矢量，其转化关系为

$$\boldsymbol{F}''_{\Delta} = \frac{\boldsymbol{F}'_{\Delta}}{r \cdot \Delta\psi \cdot \mathrm{d}r} \cdot S_{\Delta} = N_b \cdot \mathrm{d}\boldsymbol{F}' \frac{\Delta\psi}{2\pi} \frac{S_{\Delta}}{r \cdot \Delta\psi \cdot \mathrm{d}r} = \frac{N_b \cdot \mathrm{d}\boldsymbol{F}'}{2\pi r \mathrm{d}r} S_{\Delta} \tag{11-9}$$

图 11.6 给出了动量源项求解流程图。

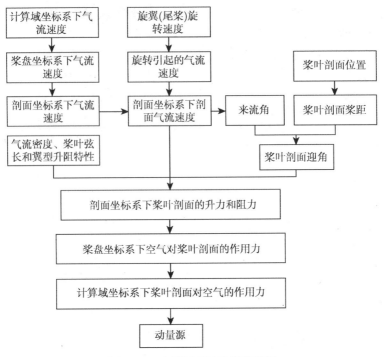

图 11.6   动量源项的计算流程图

11.1.3   带有动量源项的流场求解

1. 主控方程

带有动量源项的三维可压 RANS 方程可写为

$$\frac{\partial}{\partial t} \iiint\limits_{V} \boldsymbol{W} \mathrm{d}V + \iint\limits_{S} (\boldsymbol{F}_{\mathrm{c}} - \boldsymbol{F}_{\mathrm{v}}) \cdot \boldsymbol{n} \mathrm{d}S = \iiint\limits_{V} \boldsymbol{S} \mathrm{d}V \qquad (11\text{-}10)$$

其中，$\boldsymbol{W} = \left\{ \begin{array}{c} \rho \\ \rho u \\ \rho v \\ \rho w \\ \rho e \end{array} \right\}$, $\boldsymbol{F}_{\mathrm{c}} = \left\{ \begin{array}{c} \rho \boldsymbol{V} \\ \rho u \boldsymbol{V} + n_x p \\ \rho v \boldsymbol{V} + n_y p \\ \rho w \boldsymbol{V} + n_z p \\ \rho h \boldsymbol{V} \end{array} \right\}$, $\boldsymbol{F}_{\mathrm{v}} = \left\{ \begin{array}{c} 0 \\ n_x \tau_{xx} + n_y \tau_{xy} + n_z \tau_{xz} \\ n_x \tau_{yx} + n_y \tau_{yy} + n_z \tau_{yz} \\ n_x \tau_{zx} + n_y \tau_{zy} + n_z \tau_{zz} \\ n_x \Theta_x + n_y \Theta_y + n_z \Theta_z \end{array} \right\}$,

$\boldsymbol{S} = \left\{ \begin{array}{c} 0 \\ \mathrm{S}_x \\ \mathrm{S}_y \\ \mathrm{S}_z \\ 0 \end{array} \right\}$。

其中，ρ、p、e、h 分别是流体的密度、压强、单位质量的总能和单位质量的总焓；u, v, w 分别为速度在 x、y、z 方向的分量；S_x、S_y、S_z 代表动量源项在 x、y、z 方向的分量。

已知理想气体的比热容为 γ，则流体的单位质量总能和总焓的关系可表示为

$$e = \frac{p}{\rho(\gamma - 1)} + \frac{u^2 + v^2 + w^2}{2} \tag{11-11}$$

$$h = e + \frac{p}{\rho} \tag{11-12}$$

2. 空间离散

将积分形式的主控方程应用于计算域内的每个控制体 (网格单元) 中，由于各控制体的体积不随时间变化，式 (11-10) 可改写为

$$\frac{\partial \boldsymbol{W}}{\partial t} = -\frac{1}{V} \left[\iint\limits_{S} (\boldsymbol{F}_{\mathrm{c}} - \boldsymbol{F}_{\mathrm{v}}) \cdot \boldsymbol{n} \mathrm{d}S - \iiint\limits_{V} \boldsymbol{S} \mathrm{d}V \right] \tag{11-13}$$

该方程仅仅是一个半离散方程 (尚未进行时间离散)，接下来还需要按时间步长推进，才能得到所需要的定常解。在此之前，首先要对式 (11-13) 进行空间离散，得到一个关于时间的常微分方程，对于结构网格可以改写为

$$\frac{\mathrm{d}\boldsymbol{W}_{I,J,K}}{\mathrm{d}t} = -\frac{1}{V_{I,J,K}} \left[\sum_{m=1}^{N_F} (\boldsymbol{F}_{\mathrm{c}} - \boldsymbol{F}_{\mathrm{v}})_m \cdot \Delta \boldsymbol{S}_m - (\boldsymbol{SV})_{I,J,K} \right] \tag{11-14}$$

对于非结构网格来说，式 (11-13) 可改写为

$$\frac{\mathrm{d}\boldsymbol{W}_I}{\mathrm{d}t} = -\frac{1}{V_I} \left[\sum_{m=1}^{N_F} (\boldsymbol{F}_{\mathrm{c}} - \boldsymbol{F}_{\mathrm{v}})_m \cdot \Delta \boldsymbol{S}_m - (SV)_I \right] \tag{11-15}$$

3. 人工耗散项

与求解传统的 RANS 方程一样，针对中心差分具有奇偶失关联及高频误差难消除等的缺点，另加入了由二、四阶混合导数组成的人工黏性项，同时也避免了非线性 (如激波) 数值振荡。具体添加方法在第 7 章已进行具体介绍。

4. 时间推进

为了获得定常解，需要对以下方程进行时间积分。

$$\frac{\mathrm{d}\boldsymbol{W}_k}{\mathrm{d}t} = \boldsymbol{R}_k \tag{11-16}$$

其中，方程的右侧为第 k 个单元中心的残值。

对于显式五步 Runge-Kutta 格式来说，时间推进可以写为

$$\boldsymbol{W}^{(0)} = \boldsymbol{W}^n$$
$$\boldsymbol{W}^{(m)} = \boldsymbol{W}^{(0)} + \alpha_m \Delta t \boldsymbol{R}^{(m-1)} \qquad (m = 1, \cdots, 5) \tag{11-17}$$
$$\boldsymbol{W}^{n+1} = \boldsymbol{W}^{(5)}$$

其中，n 表示当时的时间步数，$(n+1)$ 表示新的时间步数。

式 (11-17) 中的 $\alpha_m (m = 1, \cdots, 5)$ 分别为

$$\alpha_1 = 1/4, \quad \alpha_2 = 1/6, \quad \alpha_3 = 3/8, \quad \alpha_4 = 1/2, \quad \alpha_5 = 1 \tag{11-18}$$

为了降低计算代价，实际计算时只在第一步计算人工耗散项 $\boldsymbol{D}$，且在接下来的各步计算中 $\boldsymbol{D}$ 保持第一步的值不变。

对于固定形状的网格，采用以下的表达式来求得时间步长

$$\Delta t = \mathrm{CFL} \frac{V}{a\sqrt{(i \cdot n)^2 + (j \cdot n)^2 + (k \cdot n)^2} + \sum_{i=1}^{N_F} |(u_i i + v_i j + w_i k) \cdot n|} \tag{11-19}$$

5. 动量源项的添加

桨盘动量源项添加方法主要可以分为两种：

第一种方法是预先在桨盘平面位置生成加密的面网格，将这些面网格单元组成的平面作为桨盘平面，动量源也是加到这一平面的面元中而不是直接加到桨盘网格单元。由于桨盘平面上下两个网格单元共有一网格面，所以面元的动量源项是平均分配到这两个单元。

第二种方法是通过预先生成一个由点构成的虚拟桨盘来模拟真实桨盘，如图 11.7 所示。桨盘上点的位置和密度可以进行调节以满足计算精度和计算资源的要

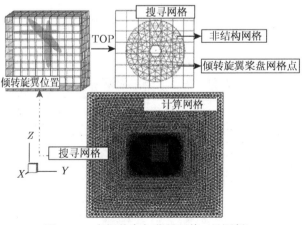

图 11.7   虚拟桨盘与背景网格 (见图版)

求。该方法可以在桨盘位置发生改变时，不需要重新生成网格。但是需要注意的是，虚拟桨盘点的划分密度必须要足够大，以便使得桨盘处每一个网格单元都至少包含一个虚拟点，否则这种方法不能真实地模拟桨盘对周围气流的作用。第二种方法的最大特点就是桨盘动量源项的添加不受桨盘处网格特征的限制，通过虚拟桨盘的定位可以将动量源项添加到任意需要的网格单元，特别适用于计算桨盘位置不固定的情况 (例如倾转旋翼机的倾转过渡过程中的旋翼模拟等)。

11.2 非定常动量源方法

所谓的非定常动量源方法，是相对于定常动量源方法而言的。非定常动量源方法考虑到了真实桨叶的旋转非定常特性，不再将旋翼看作是作用盘，而是跟随桨叶运动，只在某一时刻桨叶真实存在位置添加动量源项。这种方法在本质上与定常动量源方法是一致的：相对于通过时间平均的方法模拟旋翼运动的定常动量源项，只是在桨叶实际运动时所处的真实位置添加动量源项。

目前，对于非定常动量源方法的研究还处于起步阶段，其方法可以分为具有代表性的三种。

11.2.1 Rajagopalan 方法

Guntupalli 和 Rajagopalan(2012) 提出了一种离散桨叶动量源方法 (discrete blade momentum source method)，它在计算动量源项时继承了传统动量源的方法。

在定常动量源方法中，对一个 N_b 片桨叶的旋翼来说，时间平均的动量源项可以写为

$$S = \frac{N_b \Delta \psi}{2\pi}(-F) \tag{11-20}$$

其中，$\Delta \psi$ 是一片桨叶在控制体单元内转过的角度，$-F$ 是作用在控制体单元上的瞬时力，这里的源项之所以除以 2π 是因为旋翼定义为一个时间平均作用的圆盘。

而在这种非定常动量源方法中，旋翼模型不再是作为一个简单的作用盘，而是由离散的桨叶构成。在处理桨叶时，又进一步将其离散成桨叶单元，如图 11.8 所示。桨叶的几何特性，例如桨叶弦长、厚度、扭转等在一个单元中都看成是不变的，每个桨叶单元都在体心位置作用着一个源项。为了体现桨叶的旋转效应，需要在每个时刻都跟踪桨叶所在背景网格中的位置。桨叶的位置是随时间线性变化的，某一时刻其方位角为

$$\psi = \Omega \times t \tag{11-21}$$

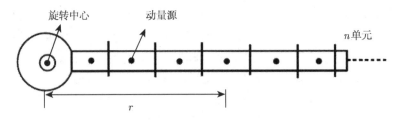

图 11.8　桨叶离散示意图

在一个时间步长开始时桨叶可能处在一个网格单元一半的位置，结束时运动到了另一个网格单元的一半处。又或者是更一般的情况，桨叶在一个时间步长内遍历了 N 个单元，有些是完全扫掠，有些却是部分扫掠。此时，对于部分扫掠的网格单元，是不应该添加全部大小的旋翼力的。因此，将 $\Delta\psi$ 记为一片桨叶在控制体单元内扫掠的角度，再除以桨叶在一个时间步长内运动的总角度 $\Omega\Delta t$，那么非定常动量源项可以写为

$$S = \frac{\Delta\psi}{\Omega\Delta t}(-F) \tag{11-22}$$

如果将时间步长取得足够大，使得在一个时间步长内桨叶旋转一圈，那么有 $\Omega\Delta t = 2\pi$，此时式 (11-22) 则变成了式 (11-20) 在桨叶片数为 1 的情况。由此可以看出，定常动量源方法可以看成是非定常动量源方法的特殊情况。

但是该方法将桨叶简化成线，使得在局部网格上加入动量源项时带入了较大的扰动，因此这种方法的关键问题在于时间步长的选取。理想的时间步长应当取为桨叶扫掠一个网格单元的时间。换句话说，就是时间步长应当足够小，使得桨叶在一个时间步长内不会扫掠多个网格，从而在桨叶旋转时保证其所在的空间位置均能受到桨叶的作用来获取较好的鲁棒性。

11.2.2　Kim 和 Park 方法

传统动量源方法在处理桨叶尖部时由于考虑到三维效应明显，单纯的二维升阻曲线结果已经不能满足精度要求，一般在尖部加入了修正系数。在处理非定常动量源时，Kim 和 Park(2013) 在处理沿桨叶垂直速度和水平速度的时候采用了 Peters-He 动态入流模型，并通过在计算翼型剖面迎角引入迭代修正的方法进行非定常动量源的研究，旨在使非定常动量源模型更加精确地模拟流场信息。

1. 动态入流模型

在计算动量源项时，为了得到桨叶的非定常气动载荷，需要确定每个叶素当地速度的大小和方向。V_P 和 V_T 是合速度 V 的法向和切向分量，具体为

$$
\begin{aligned}
V_T &= \Omega r \cos\beta + V_\infty \cos\alpha_r \sin\psi \\
V_P &= V_\infty \sin\alpha_r \cos\beta + r\dot{\beta} + V_\infty \cos\alpha_r \cos\psi \sin\beta + v_i
\end{aligned}
\tag{11-23}
$$

其中，V_∞ 是来流速度，Ω 是旋翼旋转角速度，v_i 是诱导速度，ψ 是方位角，β 是挥舞角，α_r 是桨盘迎角。α_r 和 β 是已知的，需要通过 Peters-He 动态入流模型求得诱导速度 v_i 来得到 V_P 和 V_T。

2. 迎角迭代修正

迎角迭代修正方法首先给出了一个弦向升力分布函数 $f(x)$

$$f(x) \cong \begin{cases} 69.99\dfrac{x}{c}, & 0 \leqslant x \leqslant 0.01c \\[2mm] 0.703\sqrt{\dfrac{c-x}{x}}, & 0.01c \leqslant x \leqslant c \end{cases} \tag{11-24}$$

其中，c 表示桨叶弦长。

为了提高非定常动量源项模拟旋翼流场的精度，该方法引入了迎角迭代的思想，通过对迎角按时间迭代，从而得到每个时间步的合速度 V。

$$\begin{aligned} \alpha - (\alpha)_{\text{old}} &= \varphi - \arctan\frac{V_P}{V_T} \\ \beta_* &= \varphi - \alpha \\ V &= V_T\sqrt{1 + \tan^2\beta_*} \end{aligned} \tag{11-25}$$

其中，φ 是安装角，α 为迎角。

从而求出第 k 个网格单元中叶素的升力和阻力为

$$\begin{aligned} (\text{d}L)_k &= \left(\frac{1}{2}\rho V^2 C_l c\Delta r\right)\left(\int_{x_{c_1}}^{x_{c_2}} f(x_c)\text{d}x_c\right) \\ (\text{d}D)_k &= \left(\frac{1}{2}\rho V^2 C_d c\Delta r\right)\frac{\Delta x_c}{c} \end{aligned} \tag{11-26}$$

其中，x_{c_1} 和 x_{c_2} 为桨叶翼型弦向的坐标，分别代表叶素落在网格单元内的起始和终止位置，$\Delta x_c = x_{c_2} - x_{c_1}$。

11.2.3 BFMS 方法

BFMS(body fitted momentum source) 方法是李鹏 (2016) 提出的一种非定常动量源方法，也是一种综合了运动嵌套网格和动量源模拟的思想方法。

与常规基于 RANS 嵌套网格的方法不同，BFMS 方法只需采用表征物面网格进行流场求解。通过查找桨叶面网格在背景网格中所在的位置来寻找其影响范围，加入动量源来表征桨叶的影响，桨叶网格与背景网格的嵌套关系如图 11.9 (a) 所示。在处理翼型剖面的速度和迎角时，结合嵌套网格的思想，选取距物面一定距离的背景网格的流场变量进行插值。由于桨叶尖部气流三维效应明显，因此要适当缩小外边界范围，如图 11.9 (b) 所示。

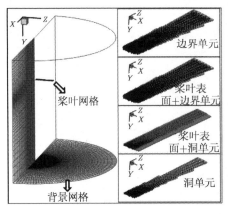
(a) 边界单元和洞单元

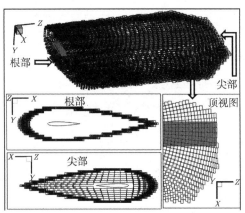
(b) 桨叶网格和外边界网格

图 11.9　非定常动量源方法的网格系统 (见图版)

　　为了能够准确地获得翼型剖面的拉力和阻力系数, 需要预先准确地确定当地速度的方向和大小, 并计算出相应的翼型攻角。在该方法中, 翼型的流场依照距离物面的距离可以分解为两部分: 一部分是受翼型影响较强的近场区域 (near field, NF); 另一部分是受翼型影响较弱的远场区域 (far field, FF), 分割的依据是采用一个较小的速度梯度作为阈值。将分割两部分的界线作为翼型影响边界, 距离翼型表面一般为 $c \sim 2c$, 图 11.10 给出了翼型影响边界示意图。

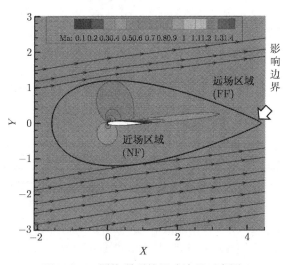

图 11.10　围绕翼型的影响边界示意图

　　在 BFMS 方法中, 桨叶翼型微元气动力分布将由查表获得, 并将此微元力作为动量源项加入到旋翼流场求解方程中进行迭代计算, 以体现桨叶对流场的离散效应作用。其中翼型气动力数据表 (库) 由 CFD 方法计算翼型在雷诺数 Re 和攻角的不同组合时获得。查表的具体过程是先获得翼型影响边界上的速度, 再计算翼型雷诺数 Re 和攻角值, 进而从数据库中获得翼型微元气动力系数分布。

翼型影响边界上的速度计算方法为

$$\begin{cases} \overline{V}_x = \dfrac{1}{c} \int_0^c V_{x\mathrm{FF}} \mathrm{d}c \\[2mm] \overline{V}_y = \dfrac{1}{c} \int_0^c V_{y\mathrm{FF}} \mathrm{d}c \\[2mm] \overline{V}_z = \dfrac{1}{c} \int_0^c V_{z\mathrm{FF}} \mathrm{d}c \\[2mm] V_\mathrm{n} = \overline{V}_y \\[2mm] V_\mathrm{t} = \overline{V}_x - \Omega r \end{cases} \tag{11-27}$$

翼型微元的拉力和阻力可以由下式计算所得

$$\begin{cases} \mathrm{d}L^{\mathrm{dc}} = \dfrac{1}{2} \rho V_{\mathrm{NF}}^2 C_l^{\mathrm{dc}} \mathrm{d}c \mathrm{d}r \\[2mm] \mathrm{d}D^{\mathrm{dc}} = \dfrac{1}{2} \rho V_{\mathrm{NF}}^2 C_d^{\mathrm{dc}} \mathrm{d}c \mathrm{d}r \end{cases} \tag{11-28}$$

其中, $\mathrm{d}c$ 是翼型微元的长度, V_{NF} 是网格单元的近场合速度, C_l^{dc} 和 C_d^{dc} 是翼型微元的升力和阻力系数, 如图 11.11 所示。

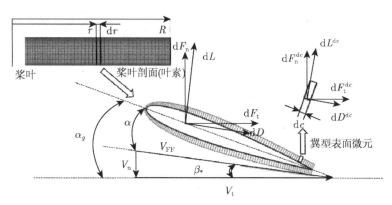

图 11.11 离散叶素示意图

通过将翼型微元的拉力 $\mathrm{d}L^{\mathrm{dc}}$ 和阻力 $\mathrm{d}D^{\mathrm{dc}}$ 转化为法向 $\mathrm{d}F_\mathrm{n}^{\mathrm{dc}}$ 和切向 $\mathrm{d}F_\mathrm{t}^{\mathrm{dc}}$, 从而计算出翼型微元的合力 $\mathrm{d}\boldsymbol{F}$, 具体为

$$\begin{cases} \mathrm{d}F_\mathrm{n}^\mathrm{dc} = \mathrm{d}L^\mathrm{dc}\cos\beta_* - \mathrm{d}D^\mathrm{dc}\sin\beta_* \\ \mathrm{d}F_\mathrm{t}^\mathrm{dc} = \mathrm{d}L^\mathrm{dc}\sin\beta_* + \mathrm{d}D^\mathrm{dc}\cos\beta_* \\ \mathrm{d}\boldsymbol{F} = \mathrm{d}F_\mathrm{n}^\mathrm{dc}\cdot\boldsymbol{n} + \mathrm{d}F_\mathrm{t}^\mathrm{dc}\cdot\boldsymbol{t} \end{cases} \tag{11-29}$$

桨叶剖面翼型微元对流场的反作用力为 $-\mathrm{d}\boldsymbol{F}$, 作为动量源项, 将其添加到桨叶所在的网格区域内。并且动量源项沿 x, y, z 方向的 3 个分力分别为

$$\begin{cases} \mathrm{d}f_x^\mathrm{dc} = -\mathrm{d}F_\mathrm{t}^\mathrm{dc}\sin\psi = -(\mathrm{d}L^\mathrm{dc}\sin\beta_* + \mathrm{d}D^\mathrm{dc}\cos\beta_*)\sin\psi \\ \mathrm{d}f_y^\mathrm{dc} = -\mathrm{d}F_\mathrm{n}^\mathrm{dc} = -\mathrm{d}L^\mathrm{dc}\cos\beta_* + \mathrm{d}D^\mathrm{dc}\sin\beta_* \\ \mathrm{d}f_z^\mathrm{dc} = -\mathrm{d}F_\mathrm{t}^\mathrm{dc}\cos\psi = -(\mathrm{d}L^\mathrm{dc}\sin\beta_* + \mathrm{d}D^\mathrm{dc}\cos\beta_*)\cos\psi \end{cases} \tag{11-30}$$

11.2.4　不同非定常动量源方法对比

上述的三种非定常动量源方法在处理实际计算问题时各有千秋。Rajagopalan 方法将桨叶简化为由点组成的线, 虽然不能体现桨叶几何形状, 得到桨叶表面的细节, 但是可以较高效率地模拟整体旋翼非定常流动。Kim 和 Park(2013) 的方法主要对动量源方法的桨尖修正模型进行优化, 通过在流场迭代中计入旋翼流动的非定常效应来取代修正模型, 从而较好地模拟旋翼非定常流动。而 BFMS 方法则综合了上述两者的优势, 通过引入嵌套网格的思想, 并通过控制外边界范围来考虑桨尖三维绕流; 通过将桨叶网格简化为物面网格点来体现几何形状, 模拟表面细节流动。

图 11.12 是采用传统动量源方法和 BFMS 方法计算得到的 C-T 模型旋翼涡量图。从图中可以看出, 由于传统动量源方法 (SRMS) 将旋翼对流场的作用在桨盘平面进行时间平均, 因此旋翼涡量呈均匀的环状分布。而 BFMS 方法由于考虑到桨叶真实所在的位置, 只在某一时刻桨叶所在的网格内添加动量源项, 由此可见 BFMS 方法在描述桨叶的离散效应方面相比于传统动量源方法有明显提高。

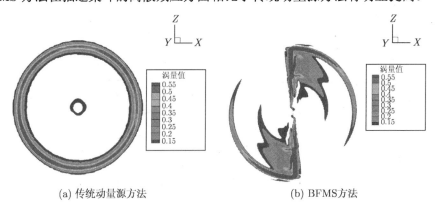

(a) 传统动量源方法　　　　　　　　　　(b) BFMS方法

图 11.12　不同计算方法的旋翼涡量图对比 (见图版)

图 11.13 是采用上述第一种和第三种非定常动量源方法计算 C-T 模型旋翼桨叶展向升力系数分布的结果对比, 从图中可以看出, 由于第一种方法采用定常动量源方法离散桨叶, 因此在尖部三维绕流明显区域不能准确模拟, 而第三种方法则可以在不加桨尖修正系数的情况下, 对升力曲线的尖部也能进行较精确的模拟。

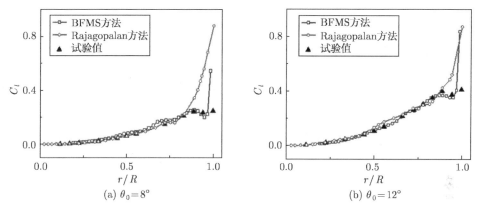

图 11.13 非定常动量源方法计算结果的对比

11.3 动量源方法的应用

到目前为止, 动量源方法已被广泛应用于流体力学中的多个领域, 包括直升机旋翼、涵道尾桨、涡轮机的流场模拟等方面。

11.3.1 在直升机旋翼中的应用

计算模型选取典型两片桨叶的旋翼开展研究, 旋翼参数如表 11.1 所示。

表 11.1 典型旋翼 (NACA0012) 的基本参数

桨叶		模拟条件	
参数	数值	参数	数值
桨叶半径 R	0.914m	转速 Ω	122.2 rad/s
弦长 C	0.1m	桨距 θ_0	11°
负扭度	0°	桨盘距地面高度	3.6R
桨叶根切	0.25R		

图 11.14 给出了桨盘下方的动压计算值与试验值对比, 采用动量源方法捕捉到的旋翼下洗流场的动压分布和试验值的变化趋势基本一致, 而且计算结果给出的轴对称特性与试验状态下的下洗流场特征相符, 这表明 SRMS 方法能够有效地模拟旋翼下洗流场。

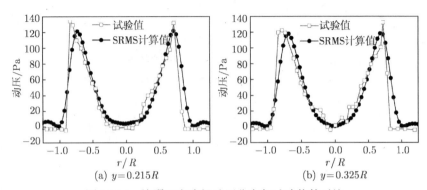

(a) $y = 0.215R$　　　　　(b) $y = 0.325R$

图 11.14　旋翼下方流场动压分布与试验值的对比

　　图 11.15 是孤立 C-T 旋翼桨叶沿展向各剖面压强系数分布计算值与试验值的对比, 数值方法为非定常动量源方法与贴体 CFD 方法, 此时桨尖马赫数为 0.439, 总距为 8° 时, 可以看出, 非定常动量方法与贴体 CFD 方法及试验值均较为接近, 验证了该方法的可行性。表 11.2 给出了定常动量源、非定常动量源、贴体 CFD 方法的计算时间对比, 这种非定常动量源方法在计算时间上和定常动量源方法相当, 但仅为贴体 CFD 方法的 1/5 左右。

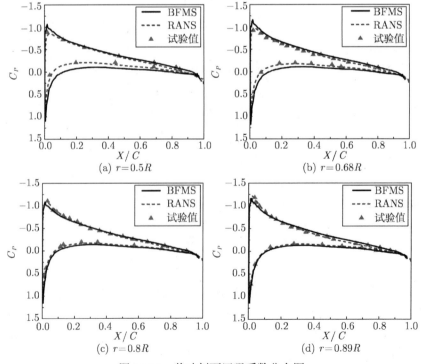

(a) $r = 0.5R$　　　　　　(b) $r = 0.68R$

(c) $r = 0.8R$　　　　　　(d) $r = 0.89R$

图 11.15　桨叶剖面压强系数分布图

表 11.2   不同旋翼模拟方法的计算时间

算例	背景网格	桨叶网格	总体网格数	计算时间
BFMS	91×93×88	193×1×58	755938cells	6074s
SRMS	91×93×88	193×1×58	755938cells	6051s
RANS	91×93×88	215×49×58	1355774cells	32461s

　　动量源方法被经常运用于一些特定的飞行状态的研究, 例如用来模拟近地飞行直升机旋翼下洗流造成的 "沙盲" 效应, Daniel(2013) 给出了图 11.16 的结果。图中对比的是孤立旋翼和存在机身时, 在离地不同高度情况下流场的流线及粉尘浓度随时间的变化图。从图中可以看出, 机身的存在使得相同情况下的沙盲效应更加明显, 从图 11.16(a) 可以看出, $t = 15\text{s}$ 时, 在孤立旋翼情况下, 桨尖涡的方向是偏向旋翼旋转中心的, 但图 11.16(b) 中机身的存在改变了桨尖涡的方向, 增大了桨尖涡对地面沙粒的卷起效应。

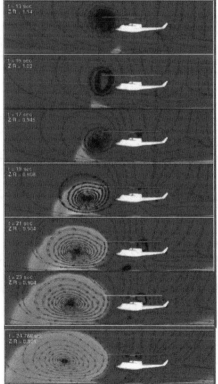

(a) 无机身   (b) 有机身

图 11.16   不同高度下流场沙粒密度随时间变化图

图 11.17 为前进比 0.02~0.05, 旋翼离地高度 $h/R = 0.53$ 时, 计算的 UH-60A 直升机旋翼的流场图。该流场图表明旋翼尾迹碰到地面并受来流的影响, 前部向后卷起, 形成马蹄涡, 这就是所谓的地面涡。通过三维空间流线图和纵横向对称面流场图, 可以直观地显示地面涡的空间位置和形状。地面涡呈马蹄形, 前部离地较近, 涡较集中; 后部逐渐抬高, 涡量逐渐扩散。从图中看出, 随着前进比的增大, 地面涡逐渐出现, 变化趋势为沿纵向顺来流方向移动、轴向位置向地面移动, 地面涡不断扩散, 直至最后不断减弱消失。由于前飞时旋翼尾流向后方倾斜, 地面对尾流的阻挡作用减弱, 因而地面效应随前进比的增大而迅速减弱以至消失。

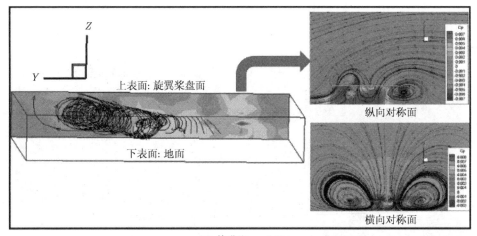

(a) 前进比 μ=0.02

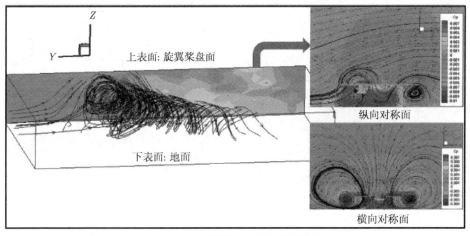

(b) 前进比 μ=0.03 (见图版)

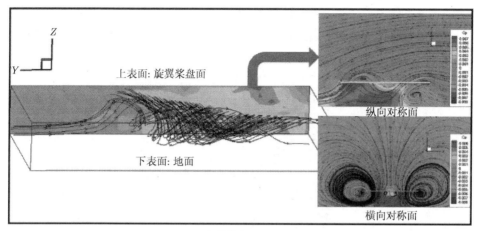

(c) 前进比 $\mu=0.04$

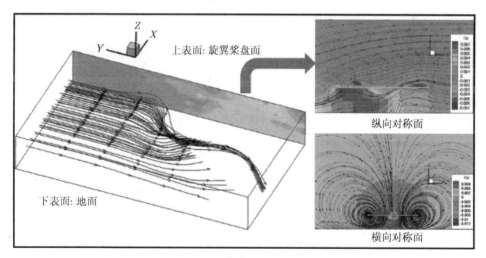

(d) 前进比 $\mu=0.05$

图 11.17　不同前进比时旋翼流场图

11.3.2　在倾转旋翼中的应用

　　动量源方法还在各种新型旋翼飞行器的流场计算中得到应用, 图 11.18 是运用动量源方法求解倾转旋翼机流场时的网格划分。图 11.19 是采用动量源计算出的整个干扰流场的气流分布情况与 Hormoz 和 Rajagopalan(1999) 采用 CFD 计算出的"喷泉效应"的对比。可以看出, 两桨盘外侧的下洗流由于没有机翼的干扰, 可以顺利地向下流动。而两桨盘内侧的下洗流由于受到机翼及机身的干扰, 气流出现横向移动。尤其在机身上方, 两边的气流沿机翼向内运动在此相遇, 然后相互卷起向上流动, 形成倾转旋翼机悬停流场最显著的特点 ——"喷泉效应"。向上卷起的气流在超过桨盘平面高度以后, 在桨盘的吸附作用下, 又向下流过桨盘平面形成了一个循环气流, 与文献 (Hormoz and Rajagopalan, 1999) 中的计算结果较为一致。

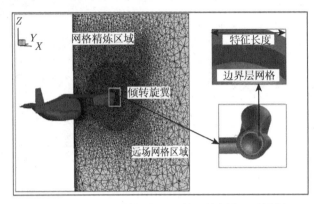

图 11.18　倾转旋翼机流场计算网格划分 (见图版)

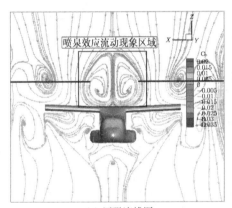

(a) 压强流线图

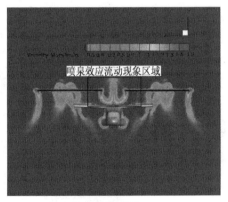

(b) 涡量图

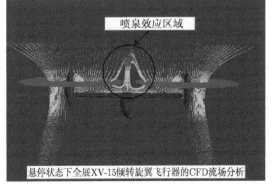

(c) 文献(Hormoz and Rajagopalan, 1999)中的 "喷泉效应" 流线图

图 11.19　悬停状态下倾转旋翼机的 "喷泉效应"

图 11.20 给出了悬停状态倾转旋翼机的机体表面压强系数和流线分布图。可以看出，机翼上表面出现了明显的高压区域，并从高压中心向外逐渐减弱。这表明桨盘下洗流最大处对应于这一高压区域。同时对比流线图，气流从上表面高压区出发，一部分沿着机翼翼展方向贴着机翼上表面向内 (对称面) 流动，而另一部分则偏离翼展方向，从机翼的前缘及后缘流出机翼上表面，进而继续向下流动。从机翼根部溢出的部分沿机身向下流动，遇到机翼下方凸台后向上卷起，在机翼下方出现一对涡。从机翼尖部溢出的部分主要受桨根涡的影响，向上卷起后在机翼下表面靠尖部位置形成了一个涡，同时由于桨尖涡的作用，机翼下表面出现了气流分离。这一现象的捕捉，说明动量源方法能够有效地模拟旋翼下洗流，可以用来研究倾转旋翼/机身干扰问题。

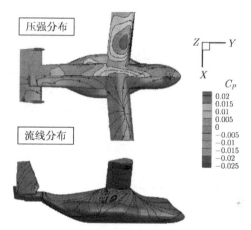

图 11.20　悬停状态下倾转旋翼机压力-流线图

11.3.3　在涵道尾桨中的应用

在进行直升机涵道尾桨流场模拟时，相比于求解 Euler 方程所使用的计算网格，求解湍流 N-S 方程所需要的黏性计算网格生成难度较大，网格质量较难控制。网格的光滑性、正交性及适应当地流场梯度的合理的网格分布等对计算网格的质量影响很大。由于网格质量原因导致计算失败在网格生成的开始阶段经常出现。因此，在计算悬停和侧飞状态时，将大量网格点布置在桨盘上方和桨盘下方区域，涵道外壁处布置了较少的网格点。计算前飞状态时，气流直接 “撞击” 到涵道外壁并发生偏折，速度变化比较剧烈，所以需要增加涵道外壁上布置的网格点数量。另外，涵道唇口处气流速度较大，在逆压梯度的作用下，容易发生气流分离，需要布置较多的网格点。气流经过桨盘后被加速，在涵道扩散段内应布置较多的网格点。该套涵道尾桨网格的计算域选择的足够大，满足了计算不同飞行状态的需要。图 11.21

为生成的涵道尾桨整体网格，由三部分组成，分别为绕中心体的网格、绕外涵道的
网格及外部区域网格。图 11.22 给出了块 1、块 2 及块 3 的网格。图 11.23 示出的
是桨盘平面网格，沿桨盘周向等间距布置了 60 个网格点。

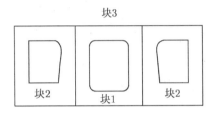

图 11.21　网格分区示意图 ($X = 0$ 剖面)

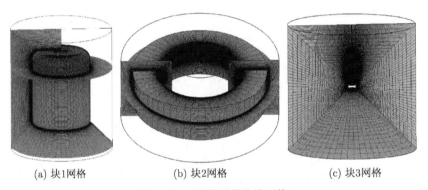

(a) 块1网格　　　　　　(b) 块2网格　　　　　　(c) 块3网格

图 11.22　涵道尾桨分块网格

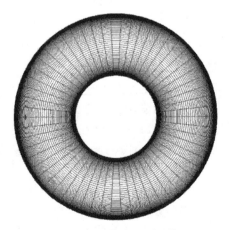

图 11.23　桨盘平面网格

1. 悬停状态

图 11.24、图 11.25 分别给出了悬停状态根部安装角为 40° 时，计算得到的 TsAGI 涵道尾桨模型在 $y = 0$ 剖面的合速度等值线及速度流线图。由图可见，在涵道唇口处气流速度较大。由于逆压梯度的作用，在涵道唇口处发生了气流分离。中心体上下及涵道下方均出现了旋涡。气流在通过涵道排气段后不断扩散，速度和动压逐渐减小，静压逐渐恢复至自由来流压力。

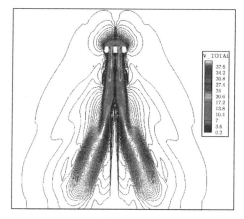

图 11.24   TsAGI 涵道尾桨模型 $y = 0$ 剖面合速度等值线 (单位: m/s)

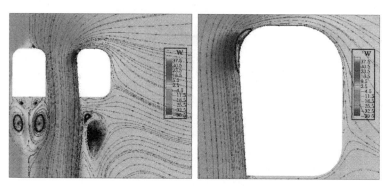

图 11.25   TsAGI 涵道尾桨模型 $y = 0$ 剖面流场部分区域轴向速度流线 (单位: m/s)

图 11.26 给出了不同总距时 FANTAIL 尾桨拉力和涵道尾桨总拉力与试验值对比，由图可以看出，计算结果与试验值吻合良好，而且尾桨拉力和总拉力均随总距角增大而增加，与试验结果变化趋势一致。由此表明，采用动量源方法模拟涵道尾桨气动特性是有效的。

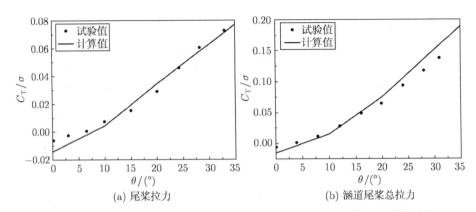

图 11.26　不同总距时涵道尾桨拉力和涵道尾桨总拉力计算值与试验值对比

　　图 11.27 给出了悬停状态下 FANTAIL 涵道尾桨拉力、涵道拉力及总拉力系数的收敛历程。从图中可以看出，悬停时涵道壁面产生的涵道拉力几乎与尾桨拉力相当。同时可以看出，尾桨拉力系数只需迭代较少的步数就可以达到收敛状态，而涵道拉力系数在迭代过程中震荡比较剧烈，且需迭代较多的步数才能够达到收敛，这可能是因为气流在涵道壁附近容易发生气流分离，导致收敛较难。

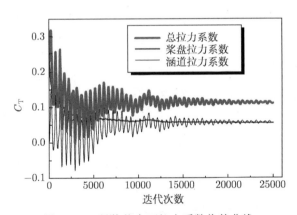

图 11.27　悬停状态下拉力系数收敛曲线

　　2. 前飞状态

　　图 11.28 给出了前飞速度 $V = 77.17\text{m/s}$、总距角为 20° 时 $y = 0$ 剖面合速度云图及速度矢量图。由图可以看出，在涵道风扇的抽吸作用下，气流发生了偏折。由于高速气流直接 “撞击” 到涵道壁面，涵道周围的流场比较复杂，出现了很多旋涡。图 11.29 则为涵道尾桨表面压强云图，自由来流沿 x 轴正向，处于气流运动方向下方的涵道内壁面上出现了很大的静压。

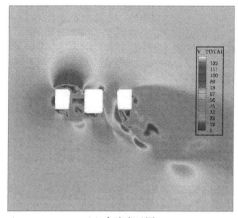
(a) 合速度云图

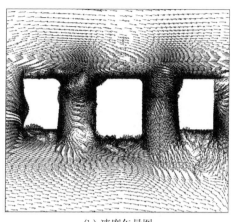
(b) 速度矢量图

图 11.28　前飞状态 (77.17m/s, 20° 总距角) $y = 0$ 剖面合速度云图及速度矢量图

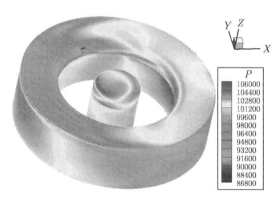

图 11.29　前飞状态 (77.17m/s, 20° 总距角) 涵道尾桨表面压强云图 (单位: Pa)

　　动量源方法除了主要应用于旋翼以及涵道尾桨的模拟外, 由于其高效性还应用到其他各个领域, 例如水涡轮机、风力机等。

参 考 文 献

高延达. 2009. 涵道尾桨气动特性的 CFD 模拟及结构参数影响分析, 南京: 南京航空航天大学.

李鹏. 2016. 倾转旋翼机非定常气动特性分析及气动设计研究. 南京: 南京航空航天大学.

李鹏, 招启军, 汪正中, 等. 2015. 过渡状态倾转旋翼气动力模拟的高效 CFD 方法. 南京航空航天大学学报, 47(2): 189-197.

倪同兵, 招启军, 赵国庆, 等. 2011. 应用多块对接结构网格方法的直升机涵道尾桨气动特性分析. 空气动力学学报, 29(6): 688-696.

倪同兵. 2011. 基于贴体嵌套网格技术的直升机涵道尾桨气动特性 CFD 分析. 南京：南京航空航天大学.

王适存. 1985. 直升机空气动力学, 航空专业教材编审组出版.

朱明勇, 招启军, 王博. 2016. 基于 CFD 和混合配平算法的直升机旋翼地面效应模拟, 航空学报, 37(8).

朱秋娴. 2015. 基于非定常动量源方法的倾转旋翼机气动分析及性能优化. 南京：南京航空航天大学.

Daniel P G. 2013. Simulation of landing maneuvers of rotorcraft in brownout conditions. International Powered Lift Conference.

Gaden D L F, Bibeau E L. 2010. A numerical investigation into the effect of diffusers on the performance of hydro kinetic turbines using a validated momentum source turbine model. Renewable Energy, 35(6): 1152-1158.

Guntupalli K, Rajagopalan R G. 2012. Development of discrete blade momentum source method for rotors in an unstructured solver. 50th AIAA Aerospace Sciences Meeting.

Hormoz T, Rajagopalan R G. 1999. A user's manual for ROTTILT solver: tiltrotor fountain flow field prediction, NASA/CR-1999-208973.

Kim Y H, Park S O. 2013. Unsteady momentum source method for efficient simulation of rotor aerodynamics. Journal of Aircraft, 50(1): 324-327.

Rajagopalan R G, Lim C K. 1991. Laminar flow analysis of a rotor in hover. Journal of the American Helicopter Society, 36(1): 12-23.

Watters C S, Masson C. 2007. Recent advances in modeling of wind turbine wake vortical structure using a differential actuator disk theory. Journal of Physics Conference Series.

第12章 直升机 CFD 方法的验证

CFD 方法在航空领域的应用已较为广泛，并且目前已有一些商业 CFD 软件可以成功地用于固定翼飞行器的流场数值模拟，如 Fluent、CFX、STARCCM+ 等。而针对存在复杂运动的直升机旋翼而言，虽然国外一些科研机构已发展了几种独立的 CFD 分析代码 (如美国 NASA 的 Helios、法国 ONERA 的 EROS 等)，但目前仍没有一款商业软件能够完整地对复杂的旋翼非定常流场进行求解。为此，在国内外相关研究资料基础上，作者的团队开发了专门针对直升机旋翼非定常流场模拟的 CLORNS(China laboratory of rotorcraft Navier-Stokes) 代码。本章将详细阐述 CLORNS 代码的架构以及其在旋翼非定常流场及气动特性、计算中的应用，并与试验结果及国外相应代码的计算结果进行对比，以验证 CLORNS 代码的有效性。

12.1 CLORNS 代码介绍

一般来说，CFD 软件主要包括前处理、核心求解器、后处理三个组成模块。图 12.1 给出了前处理、求解器及后处理三大模块的作用示意图。

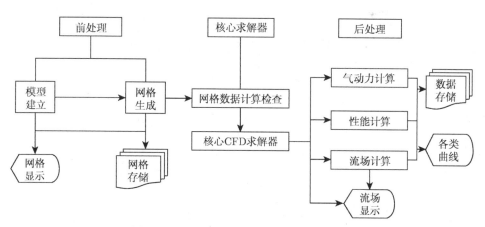

图 12.1 CFD 软件的三个主要模块示意图

前处理首先需要建立所要进行模拟对象的几何模型，并采用第 3 章中的布点方法针对所建立的几何模型进行表面网格点划分，在此基础上生成 CFD 求解器所需的计算网格，存储并显示网格。

　　求解器是 CFD 软件的核心部分，该模块首先需要读入已生成的计算网格和计算状态数据，然后对网格面矢量、体积等数据进行计算并检查网格质量，在此基础上依据设定状态对计算流场进行初始化，以 CFD 分析方法对流场进行计算直至收敛，并将计算结果进行输出以便后处理。

　　后处理模块的作用是计算速度场、温度场、压力场，并以可视化软件 (如 Tecplot 软件) 进行流场显示，通过流场相关结果的积分处理获得气动力、气动性能以及所需指定数据，并通过相应软件 (如 Origin 软件) 绘制相应的特性曲线。

12.1.1　CLORNS 代码架构

　　CLORNS 代码是专为直升机旋翼 (包括旋翼/机身干扰、旋翼/机身/尾桨整机干扰以及倾转旋翼机等) 非定常涡流场数值模拟开发的 CFD 代码。CLORNS 代码主要包含了网格生成模块、运动嵌套网格模块和高效、高精度的 CFD 计算模块等，如图 12.2 所示。

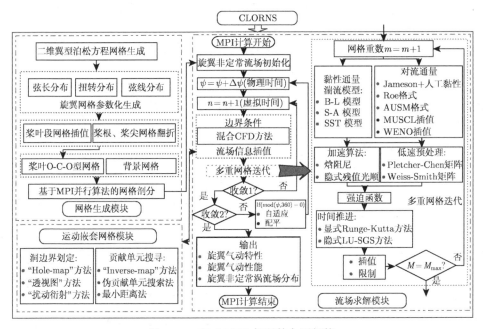

图 12.2　CLORNS 代码的主要架构

　　前处理的网格生成模块主要以参数化方法生成围绕旋翼的结构化网格，网格质量修正 (包括网格正交性、疏密和光滑程度) 采用泊松方程迭代方法；在此基础上，结合笛卡儿背景网格组成嵌套网格系统，并采用新型高效、鲁棒的多种背景网格洞边界划定方法 ("透视图" 方法和 "扰动衍射" 方法) 和贡献单元搜寻策略 ("伪贡献单元搜索" 法和 "最小距离" 法), 在非定常计算的每一时间步生成网格的嵌套关系。

在核心 CFD 求解器方面, 采用第 10 章描述的基于 Navier-Stokes 方程/全位势方程/自由尾迹方法的混合 CFD 方法, 对旋翼非定常涡流场进行高效、高精度求解。首先, 针对悬停和前飞状态分别建立基于旋转坐标系和惯性坐标系的 Navier-Stokes 方程。该模块可选用多种空间离散方法: 基于 Jameson 中心格式结合标量人工黏性的空间离散方法; 将通量差分分裂方法 (Roe 格式)、逆风分裂格式 (AUSM+类格式) 与面流场变量重构的 MUSCL 格式、WENO 格式相结合的空间离散方法。在黏性通量计算方面选用多种湍流模型: B-L 湍流模型、一方程的 S-A 模型和二方程的 k-ω SST 模型。

为模拟旋翼流场的非定常特性, 采用了双时间方法, 其中伪时间迭代可选用显式多步 Runge-Kutta 推进和隐式无矩阵存储的 LU-SGS 方法 (隐式方法可以增大流场计算的时间步长)。针对旋翼流场中可压流动与不可压流动并存的特点, CLORNS 代码中采用了两种低速预处理方法, 分别基于 Pletcher-Chen 预处理矩阵和 Weiss-Smith 预处理矩阵。为进一步提高计算效率, 求解模块中含有基于网格剖分的 MPI 多机并行计算方法, 并在每个网格块中采用聚合多重网格方法以加快数值模拟的收敛。

CLORNS 代码设置了与后续模块的接口, 分别为 CFD/CSD(computational structural dynamics) 耦合的 CLORNS_CSD 模块, 旋翼气动噪声分析的 CLORNS_N 模块, 旋翼桨叶气动外形优化的 CLORNS_D 模块。图 12.3 给出了 CLORNS 代码与其他分析模块的接口示意图。

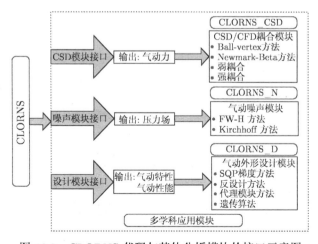

图 12.3 CLORNS 代码与其他分析模块的接口示意图

12.1.2 CLORNS 代码各模块流程图

CLORNS 代码采用模块化的设计方法,这有利于各模块内部的拓展以及各模块之间的对接。本节将对各模块的实现流程进行介绍。

图 12.4 给出了旋翼运动嵌套网格生成的流程图,可以看出,网格生成的具体过程如下:

(1) 首先读入文件中保存的旋翼桨叶的外形参数以及构成桨叶的翼型数据,包括桨叶的扭转、弦长的一维分布函数、桨叶四分之一弦线分布的二维函数及各组成翼型的二维网格点坐标文件等。

(2) 根据读入的文件数据,采用 3.6 节三维桨叶网格生成方法对旋翼的结构化网格进行参数化生成,并将网格坐标信息进行存储,同时进行显示并检查网格质量。

(3) 读入背景网格数据,根据设定的背景网格初始洞边界进行洞边界的划定,根据设定计算条件选用合适的挖洞策略,具体的挖洞方法的详细过程可参照 4.4 节所述。洞边界划定之后对洞边界单元进行存储和显示,并判断挖洞的准确性。

(4) 进行边界单元贡献单元的搜索。对于旋翼桨叶网格外边界单元在背景网格中的贡献单元可通过三个简单的一维搜索得到,而背景网格洞边界单元在旋翼网格中的贡献单元需要通过高效的搜索方法进行,各方法的具体流程可参见 4.5 节。贡献单元搜索完毕需对搜索结果进行存储并显示,以检验搜索结果的准确性。

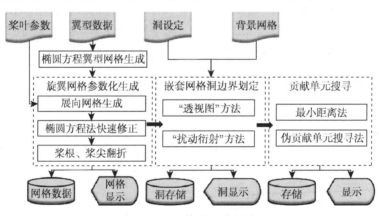

图 12.4 网格生成流程图

图 12.5 为旋翼非定常流场 Navier-Stokes 方程求解的流程图,其求解的具体流程如下:

(1) 读入旋翼网格及背景网格数据,同时读入旋翼的工作状态参数,对旋翼非定常流场进行初始化。

(2) 若计算为悬停状态,则只在初始步进行网格嵌套关系的确定;若计算为前飞状态则在每一物理时间步均需要进行网格嵌套关系划定。

(3) 对 Navier-Stokes 方程的对流通量进行离散，可选用多种数值计算格式，包括中心格式、Roe 格式以及 AUSM+ 类格式。各计算格式具体实施情况可参见第 7 章。

(4) 以各种湍流模型计算出湍流黏性系数 (可选用 B-L 模型、S-A 模型和 k-ω SST 模型)，结合 Surtherland 定理计算的层流黏性系数，对 Navier-Stokes 方程的黏性通量进行计算。

(5) 计算时间步长，并可选用显式或者隐式方法对方程进行时间推进。若为悬停状态，则为准定常时间推进，若为前飞状态，则采用双时间推进方法。

(6) 若采用多重网格方法，则采用 9.3 节的多重网格实施步骤，在粗、细网格中分别进行数据插值、限制和时间推进。

(7) 循环步骤 (2)~步骤 (6)，直至一个旋翼旋转周期结束，积分计算旋翼的性能参数，并根据性能参数进行旋翼操纵量的配平。

(8) 重复几个周期的流场计算，直到计算收敛，输出旋翼的气动力、流场信息，并积分获得旋翼的气动性能。

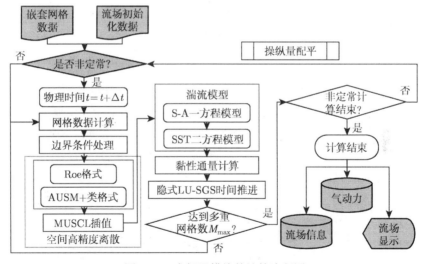

图 12.5 求解器模块的计算流程图

12.2 旋翼悬停流场的模拟

12.2.1 桨尖涡的模拟

1. C-T 模型旋翼

相对于传统的理论方法，旋翼 CFD 方法在捕捉旋翼涡尾迹方面有着明显的优势。首先，以悬停状态 C-T 旋翼为研究对象，针对其桨尖涡的生成、发展情况进行了 CFD 计算。C-T 旋翼含有两片矩形桨叶，剖面翼型为 NACA0012，展弦比为 6，无负扭转。计算状态：桨尖马赫数为 $Ma_{tip} = 0.436$，桨叶总距为 $\theta_0 = 8°$。

图 12.6 给出了 CLORNS 代码的不同计算格式计算获得的桨尖涡空间位置与试验值 (Caradonna, et al., 1981) 的对比。可以看出，计算得到桨尖涡的轴向位置和径向位置的计算值与试验值基本吻合，高精度的 ROE-WENO 格式的计算结果更加贴近试验值。

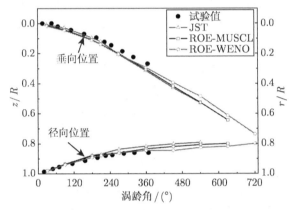

图 12.6　悬停状态 C-T 旋翼桨尖涡涡核位置的计算值与试验值比较

图 12.7 是 CLORNS 代码计算得到的涡量等值线分布和不同方位截面位置处的涡量云图，B1 和 B2 分别表示 1 号和 2 号桨叶。可以看出，当涡量值取为 0.5 时，CFD 方法能够很好地描述旋翼涡流场的流动特征，而且不同计算格式的计算结果差异明显，精度越高的计算格式，所捕捉的涡量细节越为丰富。

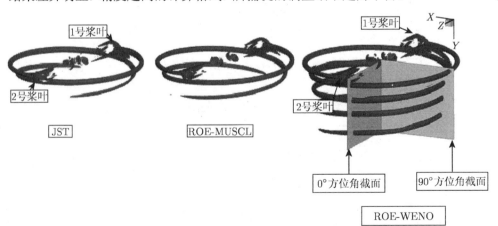

(a) C-T旋翼整体涡量等值线分布图

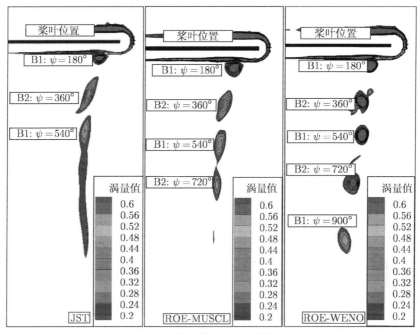

(b) 0°方位角截面位置处涡量云图

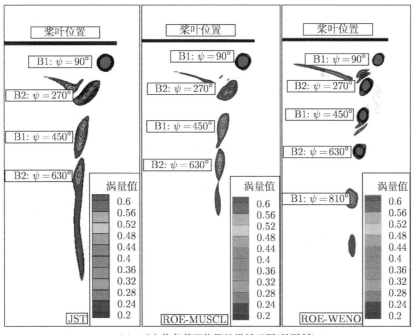

(c) 90°方位角截面位置处涡量云图(见图版)

图 12.7　C-T 旋翼悬停流场涡量等值线分布图

2. Lynx 实验旋翼

针对 "Lynx 实验旋翼" 进行了桨尖涡尾迹的计算。该旋翼含有四片桨叶，剖面翼型为 NPL961 翼型，弦长 0.18m，无扭转和尖削。计算状态：桨尖马赫数为 0.56，总距角为 15°。

为更准确地对旋翼桨尖涡位置进行捕捉，在采用 CLORNS 代码计算时进行了两次网格自适应处理。图 12.8 给出了计算的桨尖涡径向 (r/R) 与文献试验值 (Light，1993) 及计算值的对比。在旋翼的该工作状态，试验观察得到的结果表明旋翼下方的桨尖涡轨迹在径向具有先收缩再扩张再收缩的特征，经过两次自适应以后得到的计算结果比较准确地反映了这一趋势，而未经自适应的粗网格系统上则未能对该种现象进行有效的捕捉。可见网格自适应方法能有效提高旋翼 CFD 方法对桨尖涡位置的捕捉精度。

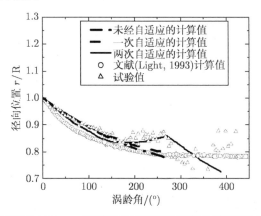

图 12.8　悬停状态 Lynx 旋翼桨尖涡涡核位置的计算值与试验值对比

12.2.2　气动特性的模拟

针对 C-T 模型旋翼、Helishape 7A 旋翼的气动特性进行 CFD 计算。主要计算了旋翼桨叶各剖面压强系数分布情况。

1. C-T 模型旋翼

分别计算了 C-T 旋翼在总距角为 8°，桨尖马赫数分别为 $Ma_{\text{tip}} = 0.439$ 和 0.877 两种情况下的不同桨叶剖面的表面压强系数。桨叶表面压强系数的计算公式如下：

$$C_P = \frac{p - p_\infty}{0.5\rho_\infty(r \cdot \Omega + \mu\Omega R\sin\psi)} \tag{12-1}$$

结果如图 12.9 所示。由图可见，无论是在中等还是较高的桨尖马赫数下，计算结果与试验值 (Caradonna，et al.，1981) 吻合程度均较好。其中，Euler 方程模拟的激波位置略偏后，N-S 方程由于考虑了桨叶表面的黏性效应，激波位置与试验值很贴近，并且与 B-L 模型相比，S-A 模型的结果无论在翼型表面上的负压峰值还是激波位置均与试验值更贴近。表明基于 N-S 方程和 S-A 湍流模型的旋翼 CFD方法能够有效地对悬停状态旋翼流场进行数值模拟。

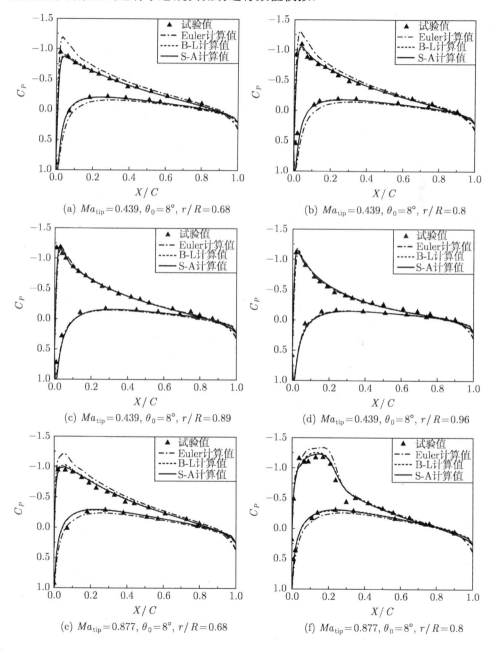

(a) $Ma_{\mathrm{tip}}=0.439$, $\theta_0=8°$, $r/R=0.68$

(b) $Ma_{\mathrm{tip}}=0.439$, $\theta_0=8°$, $r/R=0.8$

(c) $Ma_{\mathrm{tip}}=0.439$, $\theta_0=8°$, $r/R=0.89$

(d) $Ma_{\mathrm{tip}}=0.439$, $\theta_0=8°$, $r/R=0.96$

(e) $Ma_{\mathrm{tip}}=0.877$, $\theta_0=8°$, $r/R=0.68$

(f) $Ma_{\mathrm{tip}}=0.877$, $\theta_0=8°$, $r/R=0.8$

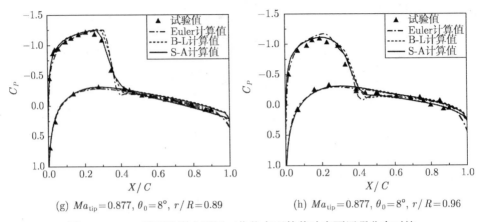

(g) $Ma_{\text{tip}}=0.877$, $\theta_0=8°$, $r/R=0.89$　　　　(h) $Ma_{\text{tip}}=0.877$, $\theta_0=8°$, $r/R=0.96$

图 12.9　C-T 模型旋翼在不同工作状态下的桨叶表面压强分布对比

为了说明 Euler 方程和 N-S 方程在旋翼流场细节模拟方面的差异，图 12.10 给出了旋翼桨尖附近的物面 (极限) 流线，其中 B-L 模型和 S-A 模型均能模拟到清晰的流动分离线、再附线，Euler 方程的物面流线则未出现分离。由此可以看出，采用 N-S 方程能够准确地计算旋翼的跨音速流场。

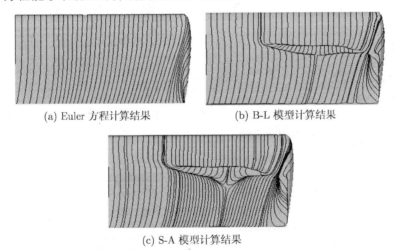

(a) Euler 方程计算结果　　　　　　(b) B-L 模型计算结果

(c) S-A 模型计算结果

图 12.10　旋翼桨叶上表面的物面流线 ($Ma_{\text{tip}} = 0.877$, $\theta_0 = 8°$)

2. Helishape 7A 旋翼

针对悬停状态 Helishape 7A 旋翼的气动特性进行了数值计算。该旋翼有四片桨叶，直径为 4.2m，弦长为 0.14m，展弦比为 15，旋翼实度 $\sigma \approx 0.0849$，桨叶平面形状为矩形。与常规桨叶相比，该旋翼采用了先进桨叶布置，桨叶由三段不同的翼型剖面组成，且具有非常规的几何扭转分布，如图 12.11 所示。

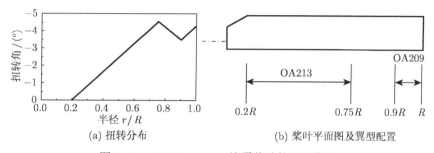

(a) 扭转分布　　　　　　　　　(b) 桨叶平面图及翼型配置

图 12.11　Helishape 7A 旋翼桨叶外形示意图

　　计算网格采用了结构嵌套网格技术，如图 12.12 所示。网格由两部分组成，一为围绕旋翼生成的 C-O 型网格，网格数目为 $195 \times 49 \times 79$ (周向×法向×径向)，第一层网格到桨叶表面的距离是 $1.0 \times 10^{-5}C$，C 为桨叶弦长。背景网格数目为 $46 \times 321 \times 201$，背景网格上边界距离桨盘平面为 $3R$，下边界距离桨盘平面为 $4R$，周向边界距桨尖为 $3R$。为了比较准确地捕捉桨尖涡及减少数值耗散，在背景网格中对桨尖涡分布的区域进行了加密，该处的网格尺寸为 $0.2c$。因为黏性效应主要集中在旋翼附近，因此在背景网格上，采用 Euler 方程求解桨叶的流场和捕捉远场尾迹。在保证计算精度的前提下，对不同的区域采用不同的控制方程，可有效地提高旋翼流场的计算效率。

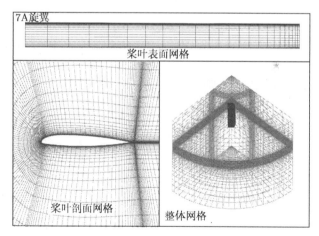

图 12.12　Helishape 7A 旋翼嵌套网格

　　分别计算了总距角为 $5.97°$、$7.46°$ 和 $8.94°$ 三种状态，桨尖马赫数均为 0.617，雷诺数为 1.92×10^6。计算结果如图 12.13 所示。由图可见，无论是无黏模拟还是黏性模拟，计算的压强系数分布与试验结果 (Pomin and Wagner，2001，Steijl, et al.，2005) 均吻合较好，但是在桨叶尖部，由于存在较为强烈的桨尖涡，而 Euler 方程不能较好地捕捉旋翼桨叶的近场尾迹，因而计算结果比试验值偏大些，但由于

N-S 方程计入了黏性效应, 计算得到的压强系数分布比 Euler 方程更为准确。

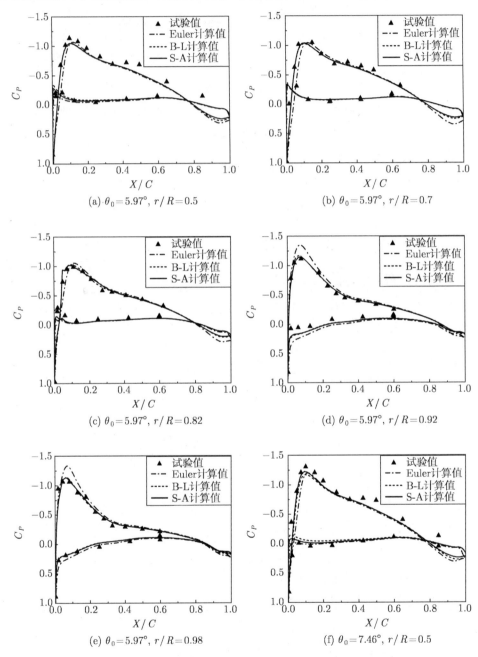

(a) $\theta_0 = 5.97°$, $r/R = 0.5$

(b) $\theta_0 = 5.97°$, $r/R = 0.7$

(c) $\theta_0 = 5.97°$, $r/R = 0.82$

(d) $\theta_0 = 5.97°$, $r/R = 0.92$

(e) $\theta_0 = 5.97°$, $r/R = 0.98$

(f) $\theta_0 = 7.46°$, $r/R = 0.5$

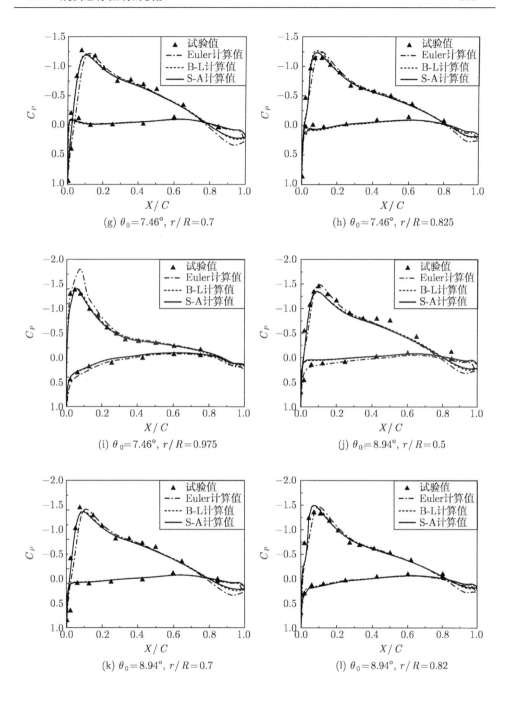

(g) $\theta_0 = 7.46°$, $r/R = 0.7$

(h) $\theta_0 = 7.46°$, $r/R = 0.825$

(i) $\theta_0 = 7.46°$, $r/R = 0.975$

(j) $\theta_0 = 8.94°$, $r/R = 0.5$

(k) $\theta_0 = 8.94°$, $r/R = 0.7$

(l) $\theta_0 = 8.94°$, $r/R = 0.82$

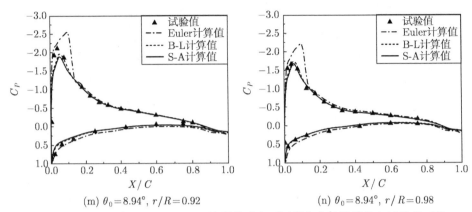

(m) $\theta_0 = 8.94°$, $r/R = 0.92$ (n) $\theta_0 = 8.94°$, $r/R = 0.98$

图 12.13   悬停状态 Helishape 7A 旋翼桨叶表面压强分布的计算值与试验值对比

12.2.3   性能对比

衡量直升机旋翼悬停状态性能的一个重要参数是悬停效率 (figure of merit,
FM, 也称品质因素), 它反映了理论诱导功率与实际功率的比例关系, 其具体表达
式如下

$$\mathrm{FM} = \frac{\text{理论诱导功率}}{\text{实际功率}} = \frac{1}{2} \frac{C_{\mathrm{T}}^{3/2}}{C_{\mathrm{Q}}}$$

$$C_{\mathrm{T}} = \frac{T}{\frac{1}{2}\rho\pi R^2 (\Omega R)^2} \tag{12-2}$$

$$C_{\mathrm{Q}} = \frac{75N}{\frac{1}{2}\rho\pi R^2 (\Omega R)^3}$$

其中, C_{T} 为总的旋翼拉力系数; C_{Q} 为总的旋翼功率系数, 由诱导功率系数 C_{Qi} 和
型阻功率系数 C_{Qprof} 组成; N 为旋翼消耗功率, 单位为马力; C_{T} 与 C_{Q} 在数值计
算中也可以分别通过压力和摩擦应力的数值积分计算得到。

1. C-T 模型旋翼

图 12.14 给出沿模型旋翼桨叶展向剖面升力系数分布变化, 从图中对比可以看
出, 采用 Euler 方程和 N-S 方程计算得到的桨叶沿展向剖面升力系数分布与试验
结果均有良好的一致性。同时, 表 12.1 给出了计算得到的整体旋翼拉力系数与试
验值 (Caradonna, et al., 1981) 的对比。可以看出, 即使对于以压力为主导的旋翼
拉力计算, 采用考虑黏性影响的 N-S 方程计算结果比 Euler 方程更为准确。这是因
为桨叶剖面拉力系数中包含了阻力的贡献; 相比之下, Euler 方程由于未计入黏性
的影响, 其计算结果误差相对较大。然而由于 Euler 方程计算效率很高, 在旋翼的
初步设计阶段, 仍可作为一种选择工具。结合 B-L 和 S-A 湍流模型的 N-S 方程计

算结果表明，旋翼 CFD 数值方法可以有效地用于旋翼拉力的计算，并且在大拉力系数时，此时桨叶表面局部可能出现较大的分离情况，与 B-L 模型相比，S-A 湍流模型对黏性流动模拟的更准确。

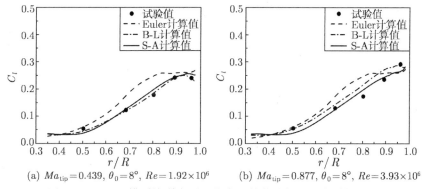

(a) $Ma_{tip}=0.439$, $\theta_0=8°$, $Re=1.92\times10^6$　　(b) $Ma_{tip}=0.877$, $\theta_0=8°$, $Re=3.93\times10^6$

图 12.14　C-T 模型旋翼在不同状态下的桨叶剖面升力系数分布

表 12.1　计算得到的旋翼拉力系数 C_T 与试验值的比较

状态	试验值	Euler 方程		B-L 模型		S-A 模型	
		C_T	误差/%	C_T	误差/%	C_T	误差/%
$Ma_{tip}=0.439$, $\theta_0=8°$	0.00459	0.00491	6.97	0.00453	1.31	0.00451	1.74
$Ma_{tip}=0.877$, $\theta_0=8°$	0.00473	0.00534	12.90	0.00478	1.06	0.00471	0.42

2. BO-105 旋翼

以 BO-105 全尺寸试验旋翼作为验证算例进行数值模拟分析。BO-105 旋翼由 4 片桨叶组成，弦长为 0.27m，半径为 4.91m，线性负扭转为 −8°，采用 NACA23012 翼型，旋翼实度为 0.07。图 12.15 给出了 BO-105 旋翼桨叶气动外形，并给出了桨叶的扭转分布和弦长变化情况。

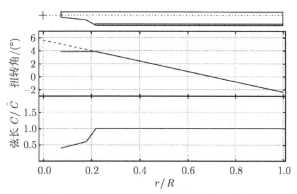

图 12.15　BO-105 旋翼桨叶气动外形

　　试验状态 (Peterson，1995) 的转速为 425r/min，旋翼轴前倾角为 2.5°，计算了悬停状态下不同总距时的 BO-105 旋翼气动特性。图 12.16 分别给出了旋翼悬停效率和扭矩系数随拉力系数变化的关系，可以看出，计算结果与试验结果吻合良好。

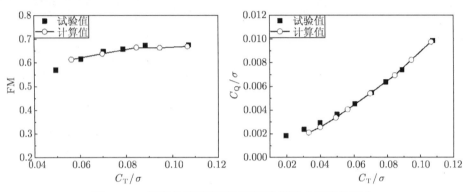

图 12.16　旋翼悬停效率和扭矩系数随拉力系数的变化

3. Helishape 7A 旋翼

　　针对悬停状态 Helishape 7A 旋翼的气动性能进行了计算，桨尖马赫数为 0.617。图 12.17 给出了计算的三个状态的旋翼拉力系数、扭矩系数和悬停效率及与文献的试验值 (Schultz，1997) 的比较。从图 12.17 (a) 中可以看出，无论是采用零方程还是一方程湍流模型的 N-S 方程计算方法，相比不考虑气体黏性的 Euler 方程计算方法，其计算结果与试验值更为吻合；对比图 12.17 (a) 和图 12.17 (b) 还可以看出，对于旋翼扭矩计算，由于阻力具有重要影响，采用 Euler 方程会导致计算的扭矩系数偏小，从而得到的悬停效率比试验结果偏大 (图 12.17 (c))。为了正确计算悬停状态旋翼性能，应采用 N-S 方程求解。从图中还可以看出，B-L 湍流模型和 S-A 湍流模型对于 Helishape 7A 旋翼悬停状态气动性能的计算结果相差不大，均能得到准确的计算值。

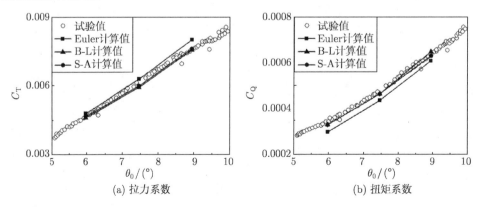

(a) 拉力系数　　　　　　　　　　　(b) 扭矩系数

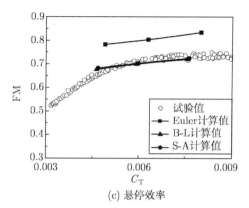

(c) 悬停效率

图 12.17　Helishape 7A 旋翼的悬停性能参数

4. UH-60A 直升机旋翼

为了表明旋翼 CFD 方法适合于先进直升机旋翼悬停状态流场及气动性能的计算，选择 UH-60A 直升机旋翼作为算例，该旋翼包含了许多先进直升机旋翼的几何特征，如后掠、非线性扭转以及不同的翼型组合等。计算网格与 Helishape 7A 旋翼类似，如图 12.18 和图 12.19 所示。计算的工作状态为 $Ma_{\text{tip}} = 0.628$，$\theta_0 = 9°$，$Re = 2.75 \times 10^6$，计算时采用了 S-A 湍流模型。

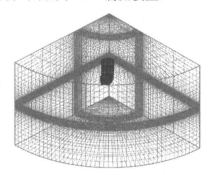

图 12.18　UH-60A 直升机旋翼嵌套网格系统

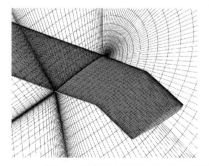

图 12.19　UH-60A 直升机旋翼桨叶网格细节

图 12.20 给出了旋翼桨叶不同展向剖面处的表面压强系数分布与试验结果 (Lorber，1989) 的对比，从图中可以看出，无论是在相对来流速度较大的桨叶中部剖面，还是在相对来流速度较小的靠近桨根的剖面，由于 N-S 方程采用了 S-A 湍流模型，能够较好模拟旋翼表面的黏性效应，因而计算得到的桨叶上下表面压强系数与试验值吻合较好，但在桨尖剖面 0.99R 处，计算的压强系数分布和试验值有

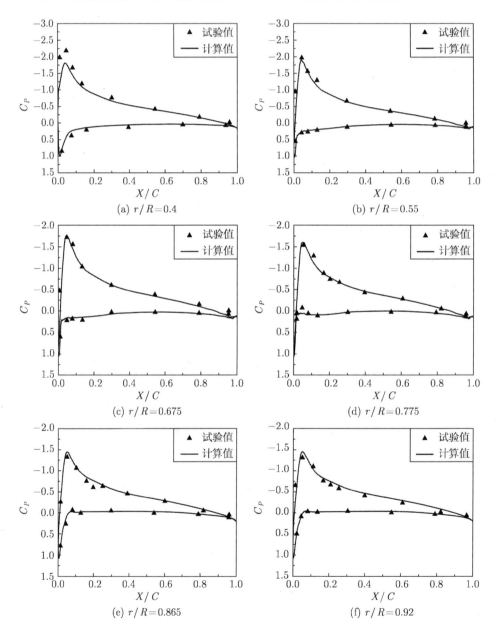

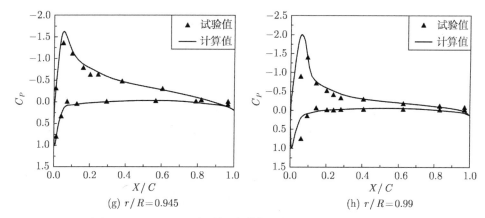

(g) $r/R=0.945$ (h) $r/R=0.99$

图 12.20　UH-60A 直升机旋翼桨叶表面压强系数分布对比

一些差别，主要表现在计算的上表面压力峰值较高，出现这种差别的原因可能是对桨尖涡形成的模拟不够准确，另外对前面桨叶拖出尾涡的强度和位置的预测精度也可能是造成差异的原因。

图 12.21 给出了计算的沿桨叶展向的剖面升力系数分布与文献的试验值和计算值的对比，由图可见，计算值取得了与试验值较为一致的结果。表 12.2 相应地给出了计算的 UH-60A 直升机旋翼悬停效率与文献 (Ahmad and Strawn, 1999) 的试验和计算结果的对比，计算值比文献计算值更贴近试验结果，这进一步表明旋翼 CFD 方法可用于具有后掠桨尖以及存在复杂负扭转的先进旋翼的流场特性分析。图 12.22 给出了旋翼桨叶尖部附近的物面流线，从图中可以清晰地看到的桨尖流动分离线、激波诱导分离线以及分离之后的再附着线，说明了采用 S-A 湍流模型的 N-S 方程对旋翼流动细节具有较好的捕捉能力。

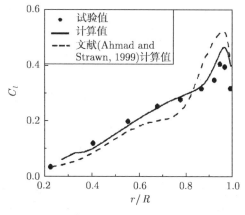

图 12.21　UH-60A 直升机旋翼桨叶沿展向的剖面升力系数分布对比

表 12.2   UH-60A 直升机旋翼悬停效率的计算值与试验结果的对比

项目	C_T/σ	C_Q/σ	FM
试验结果	0.085	0.0069	0.73
CFD 计算结果	0.084	0.0066	0.749
文献 (Ahmad and Strawn，1999) 计算结果	0.082	0.0061	0.78

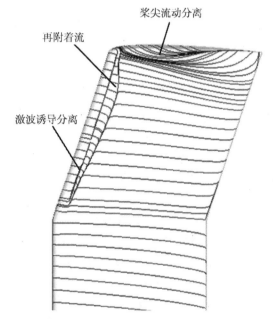

图 12.22   UH-60A 直升机旋翼桨叶上表面的流线图

图 12.23 分别给出了 UH-60A 直升机旋翼扭矩系数 C_Q/σ、悬停效率随拉力系数 C_T/σ 的变化曲线，其中 σ 为旋翼的实度，可以看出，计算结果的趋势和试验值

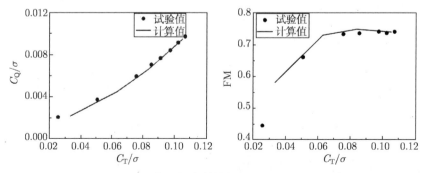

图 12.23   UH-60A 直升机旋翼性能曲线的计算值与试验值对比

一致，在量值上与试验值也较贴近。这充分表明了 CLORNS 代码在旋翼气动性能计算方面具有较高的精度。

12.3 旋翼前飞流场的模拟

12.3.1 旋翼操纵量配平

在前飞状态下直升机旋翼必须满足给定的力和力矩的配平条件，即需要旋翼拉力等于目标拉力 $(C_T = C_T^{\text{desired}})$，且俯仰力矩和滚转力矩均为零 $(C_{M_z} = C_{M_z}^{\text{desired}} = 0, C_{M_x} = C_{M_x}^{\text{desired}} = 0)$。因此在计算前飞状态旋翼流场时需要通过对操纵量的调整来保证对应的力平衡，这一过程就是前飞状态旋翼配平。配平过程中旋翼的拉力系数 C_T(定义可见式 (12-2))、俯仰力矩系数 C_{M_z} 和滚转力矩系数 C_{M_x} 按下式计算

$$C_{M_z} = \frac{M_z}{\frac{1}{2}\rho\pi R^3 (\Omega R)^2}$$

$$C_{M_x} = \frac{M_x}{\frac{1}{2}\rho\pi R^3 (\Omega R)^2}$$

(12-3)

其中，R、Ω、M_z 和 M_x 分别为旋翼半径、旋翼转速、旋翼俯仰力矩和旋翼滚转力矩。

由于前飞旋翼桨叶运动配平是一个通过逐步迭代趋近目标的过程，这里介绍一种以总距和周期变距为操纵量的旋翼配平方法，具体过程为

第一步，给定初始操纵量 $(\theta_0^0, \theta_{1c}^0, \theta_{1s}^0)$，并以此计算初始状态下旋翼的拉力系数、俯仰力矩系数和滚转力矩系数；

第二步，分别给 $\theta_0^0, \theta_{1c}^0, \theta_{1s}^0$ 增加小扰动 $\varepsilon_0, \varepsilon_{1c}, \varepsilon_{1s}$，计算对应状态下的旋翼拉力和力矩系数；

第三步，由前两步的计算结果和操纵量可得到单个操纵量变化对旋翼力和力矩的影响；

第四步，通过 Newton 迭代法计算得到操纵量变化量，判断变化量是否满足某一小量，若不满足，将新的操作量作为输入，返回第一步进行，直至收敛。

求解迭代的具体过程如图 12.24 所示。

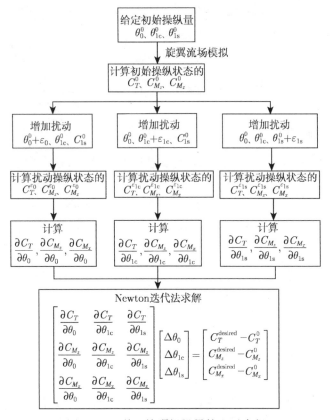

图 12.24　前飞旋翼操纵量的配平流程

12.3.2　桨尖涡的模拟

"小羚羊" 轻型直升机 (SA349/2) 旋翼具有三片桨叶，桨叶形状为矩形，旋翼实度为 $\sigma = 0.063\,66$，桨叶的展弦比为 15，组成桨叶的翼型为 OA209，桨叶具有非线性几何负扭转，如图 12.25 所示。

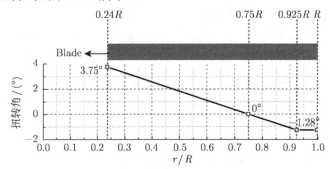

图 12.25　SA349/2 桨叶的扭转角分布

采用了 CLORNS 代码对 SA349/2 旋翼前飞状态下的非定常涡流场进行了计算。计算状态：桨尖马赫数为 0.626，前进比为 0.26，轴倾角为 7.46°。

图 12.26 是由不同计算格式计算得到的该旋翼流场空间涡量的等值面和在不同截面位置处的涡量云图。由图可以看出，在该前飞状态下时，桨尖涡位于旋翼桨盘的后下方很近处，其中 B2-1 代表第二片桨叶第一圈桨尖涡，代号依此类推；可

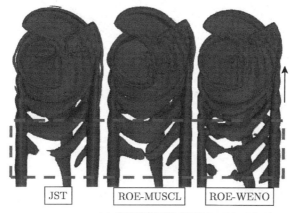

(a) 涡量等值面分布图($|\Delta \times U| = 0.015$)

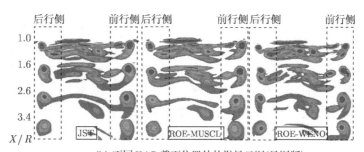

(b) 不同 X/R 截面位置处的涡量云图(见图版)

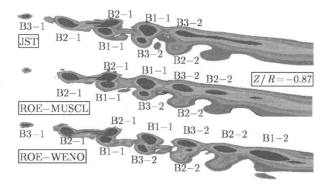

(c) $Z/R = -0.87$ 截面位置处的涡量云图(见图版)

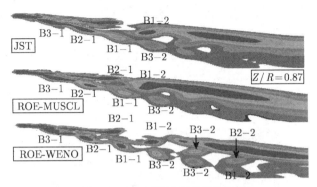

(d) $Z/R=0.87$截面位置处的涡量云图

图 12.26　计算的旋翼流场空间涡量等值面和不同截面位置处的涡量云图

以看出, 精度较高的 ROE-WENO 格式能够对前飞状态下的非定常涡流场细节有较好的捕捉精度。

12.3.3　气动特性的模拟

1. C-T 模型旋翼无升力前飞状态的计算

为了验证 CLORNS 代码对无升力前飞流场的计算能力, 使用有试验结果可供对照的 C-T 前飞旋翼 (不同于悬停旋翼), 该旋翼桨叶的展弦比等于 7, 弦长为 0.1905m, 翼型采用 NACA0012, 无扭转和尖削。计算状态: 桨尖马赫数为 0.8, 总距角为 0°, 前进比 μ 为 0.2。图 12.27 给出了在不同方位角时, 桨叶 0.89R 剖面的表面压强系数计算值与试验值的对比, 可以看出, CLORNS 代码的计算值与试验值 (Caradonna, et al., 1984) 吻合较好。

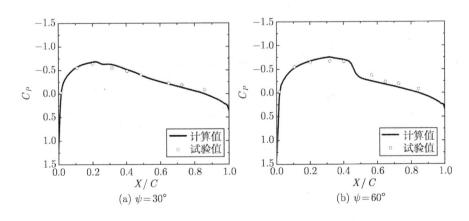

(a) $\psi=30°$　　　　　　　　(b) $\psi=60°$

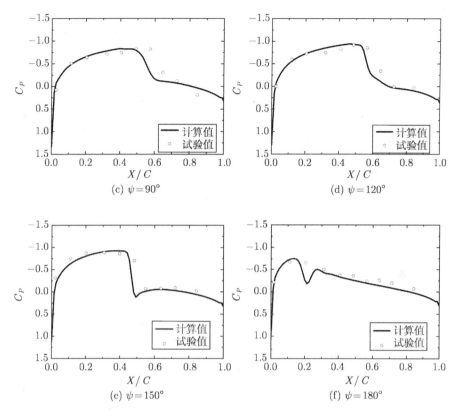

(c) $\psi=90°$

(d) $\psi=120°$

(e) $\psi=150°$

(f) $\psi=180°$

图 12.27 C-T 模型旋翼前飞状态下桨叶表面压强系数的计算值与试验值对比

2. AH-1G 旋翼

首先针对 AH-1G 直升机旋翼前飞状态的气动特性进行了数值计算。该旋翼由两片桨叶组成，桨叶为矩形平面形状，负扭转为 $10°$，采用 OLS 翼型。

采用运动嵌套网格方法生成流场计算网格，整体网格由两部分组成：一是围绕旋翼的 C-O 型网格，网格数目为 $195 \times 49 \times 79$(周向 × 法向 × 径向)，为了更好地模拟黏性效应，网格点在桨叶前缘、后缘以及桨尖处进行了加密，第一层网格距桨叶表面的距离为 $1.0 \times 10^{-5}C$，C 为桨叶弦长，该旋翼网格随旋翼一起运动；二是嵌套在旋翼网格上的静止的背景网格，网格数目为 $166 \times 138 \times 166$，背景网格上边界距离桨盘平面为 $3R$，下边界距离桨盘平面为 $5R$，周向边界距离桨尖为 $5R$，R 为桨叶半径。为了比较准确地捕捉桨尖涡以及减少数值耗散，在背景网格中对桨尖涡分布的区域进行了加密。运动嵌套网格如图 12.28 所示。

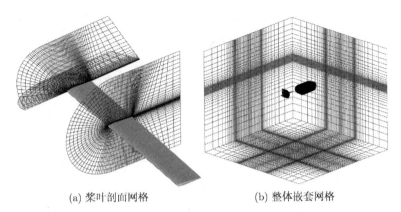

(a) 桨叶剖面网格　　　　　　(b) 整体嵌套网格

图 12.28　AH-1G 旋翼运动嵌套网格示意图

选取的计算状态对应于文献 (Yang, et al., 2000) 的 "飞行试验状态 2157"：$Ma_{\mathrm{tip}} = 0.6$，$\mu = 0.19$，试验测得的时均拉力系数为 0.0464，为了保持计算过程中旋翼拉力系数不变，进行了配平计算，配平后的变距和挥舞角如表 12.3 所示。在前飞计算中均采用了 S-A 湍流模型。

表 12.3　　AH-1G 旋翼变距和挥舞角　　　　　　(单位：(°))

内容	θ_0	θ_{1s}	θ_{1c}	β_{1s}	β_{1c}
试验值	6.0	-5.5	1.7	-0.15	2.13
配平值	6.3	-5.2	1.3	-0.15	2.13
文献 (Yang, et al., 2000) 配平值	8.0	-6.5	2.5	-0.15	2.13

图 12.29 给出了计算的桨叶表面压强系数分布与试验值 (Cross and Watts, 1988) 及文献 (Yang, et al., 2000) 计算结果的对比，可以看出计算能够较为准确地捕捉到前行桨叶在方位角 $\psi = 90°$ 和 $\psi = 105°$ 位置处出现的弱激波，并且与 Yang 等 (2000) 计算的压强系数相比，计算结果与试验值吻合更好。

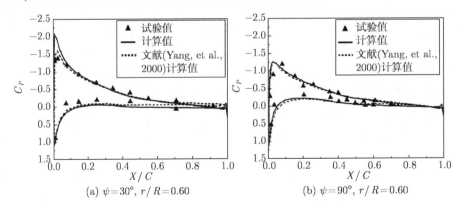

(a) $\psi = 30°$, $r/R = 0.60$　　　　　　(b) $\psi = 90°$, $r/R = 0.60$

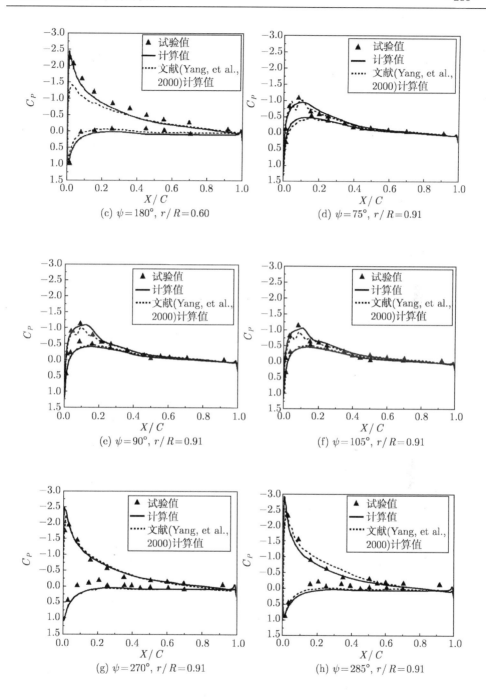

(c) $\psi=180°$, $r/R=0.60$

(d) $\psi=75°$, $r/R=0.91$

(e) $\psi=90°$, $r/R=0.91$

(f) $\psi=105°$, $r/R=0.91$

(g) $\psi=270°$, $r/R=0.91$

(h) $\psi=285°$, $r/R=0.91$

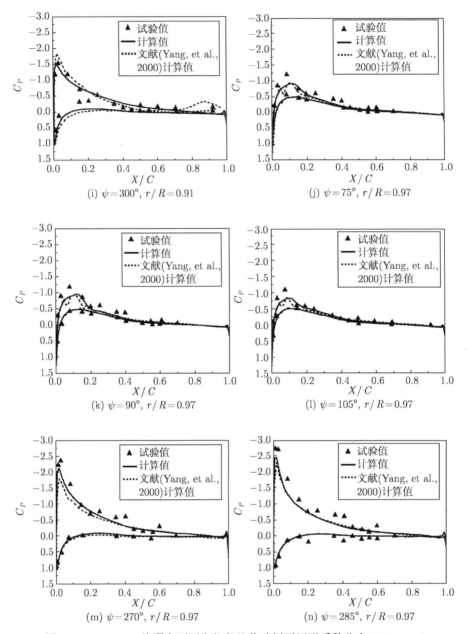

图 12.29　AH-1G 旋翼在不同方位角处桨叶剖面压强系数分布 ($\mu = 0.19$)

图 12.30 给出了桨叶上 4 个不同剖面位置的法向力系数随方位角变化的曲线，并与试验值、Yang 等 (2000)、Ahmad 等 (1996) 的计算结果进行了对比。由图可见，与 Yang 和 Ahmad 等的计算结果相比，CLORNS 代码的计算结果更贴近试验值，

这是由于 S-A 湍流模型显著提高了对流动分离的模拟能力。如图中试验结果所示，前行桨叶在方位角 70° ~ 90°，后行桨叶在 $\psi = 270°$ 附近存在较为强烈的桨/涡干扰现象，导致剖面气动力发生了突变，这给准确计算前飞状态的旋翼气动力带来了困难，但发展的旋翼非定常流场 CFD 方法计算得到的载荷在 90° 和 270° 方位角附近与试验值吻合较好，能够较为准确地捕捉到气动力的突变，从而表明该方法能够用于旋翼桨/涡干扰状态下气动力的计算。此外，在方位角 180° ~ 270° 附近，计算的载荷与试验值还存在一些差异，可能是由于没有考虑实际中的桨叶弹性变形影响而导致的。

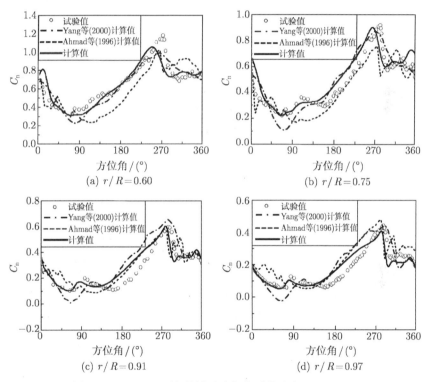

图 12.30 AH-1G 旋翼剖面法向力系数分布 ($\mu = 0.19$)

3. SA349/2 旋翼

为了进一步表明 CLORNS 代码在计算直升机旋翼前飞状态流场和气动特性方面的应用，以法国生产的 SA349/2 小羚羊直升机为例，分别以刚性假设和 CFD/CSD 耦合方法计算了该直升机旋翼在中等前飞速度下的流场和气动力。文献 (Heffernan and Gaubert，1986) 对 SA349/2 直升机全尺寸旋翼进行了大量飞行试验，试验数据翔实可信。

计算状态为：前进比 $\mu = 0.26$，旋翼转速为 387.20r/min，进行了配平计算，配平后的变距角如表 12.4 所示。

表 12.4　　SA349/2 旋翼变距角　　　　　　　　　（单位：(°)）

内容	θ_0	θ_{1c}	θ_{1s}
飞行状态测量值	8.42	1.25	−2.14
配平值	8.02	0.85	−1.25

采用 CLORNS-CSD 代码中的 CFD/CSD 松耦合方法，对 SA349/2 旋翼桨叶进行了气弹载荷预测，计算了前进比为 0.378 时旋翼桨叶的压强系数分布和法向力系数分布，并与刚性旋翼 CFD 的计算结果以及文献中的试验值进行了对比，旋翼桨叶的总距和周期变距操纵输入分别为 $\theta_0 = 14.42°$，$\theta_{1c} = 2.22°$ 和 $\theta_{1s} = -9.46°$。

图 12.31 是计算的 SA349/2 旋翼 0.97R 剖面的压强分布与刚性旋翼 CFD 方法的计算值以及试验值的对比。从图中可以看出，采用 CFD/CSD 耦合方法计算，相比于刚性旋翼 CFD 方法，无论是压力峰值还是激波位置和强度，都可以得到与试验值更为吻合的结果；旋翼展向剖面压强分布相比于刚性 CFD 方法更为平滑，这主要是因为旋翼在气动载荷作用下产生了变形运动，从而缓和了桨叶上尤其是桨尖区域的压强分布，从而得到更加精确的结果。

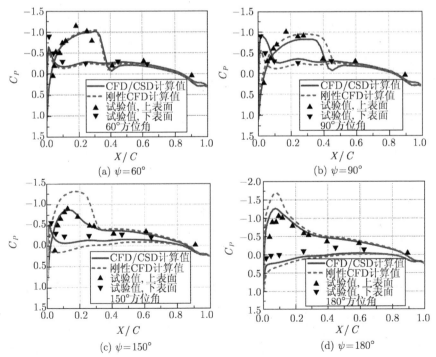

图 12.31　SA349/2 旋翼弹性桨叶不同剖面压强系数分布计算值与试验值的对比

　　图 12.32 是计算的前进比为 0.378 时 SA349/2 旋翼展向不同剖面的法向力系数与刚性旋翼 CFD 计算值以及试验值的对比。相比于刚性旋翼 CFD 方法，采用 CFD/CSD 方法的旋翼载荷预测与试验值更加吻合，幅值和相位都基本与试验值一致。在旋翼前行侧，由于考虑桨叶弹性变形，使得桨叶在气动载荷作用下产生变形，而刚性旋翼 CFD 采用固定的运动规律，不能够随气动力调整运动变形，尤其是桨叶扭转变形，从而计算得到的气动力与试验值和 CFD/CSD 方法的结果偏差较大。

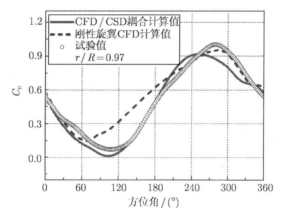

图 12.32　SA349/2 旋翼弹性桨叶不同剖面法向力系数分布

4. Helishape 7A 旋翼

　　采用 CLORNS 代码针对 Helishape 7A 旋翼的前飞流场进行了数值计算，计算状态为：$Ma_{\text{tip}} = 0.616$，$\mu = 0.167$，轴倾角为 1.48°。计算使用的桨叶网格数目为 $195 \times 49 \times 79$，背景网格数目为 $166 \times 138 \times 166$，桨叶的运动规律如图 12.33 所示。

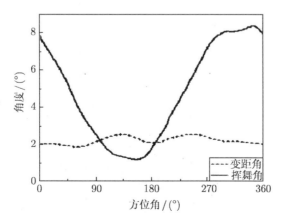

图 12.33　Helishape 7A 旋翼前飞状态下的桨叶运动规律

　　计算给出了桨叶不同方位角及不同展向剖面表面压强系数分布，如图 12.34 所示。由计算结果可知，无论是在相对来流较大的桨叶前行侧 $\psi = 90°$ 方位，还是在相对来流速度较小的桨叶后行侧 $\psi = 270°$ 方位，桨叶不同剖面处的计算结果与试验值 (Biava, et al., 2003) 都吻合很好，这表明 CLORNS 代码使用的结构运动嵌套网格系统和相应的数值求解方法较好地保持了流场计算的准确性，适合于有升力情况下的前飞流场计算。

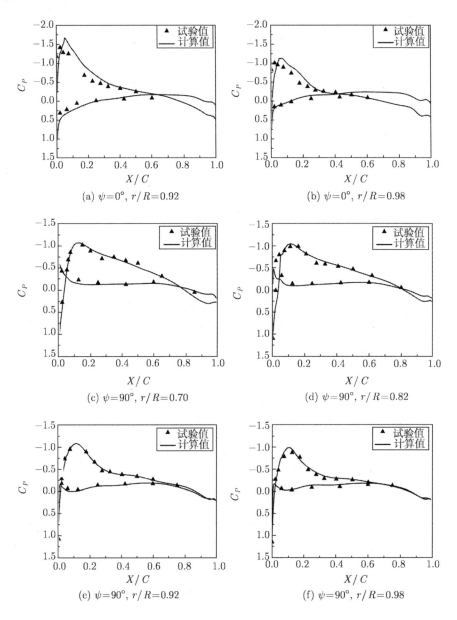

(a) $\psi = 0°$, $r/R = 0.92$　　　　　　　(b) $\psi = 0°$, $r/R = 0.98$

(c) $\psi = 90°$, $r/R = 0.70$　　　　　　　(d) $\psi = 90°$, $r/R = 0.82$

(e) $\psi = 90°$, $r/R = 0.92$　　　　　　　(f) $\psi = 90°$, $r/R = 0.98$

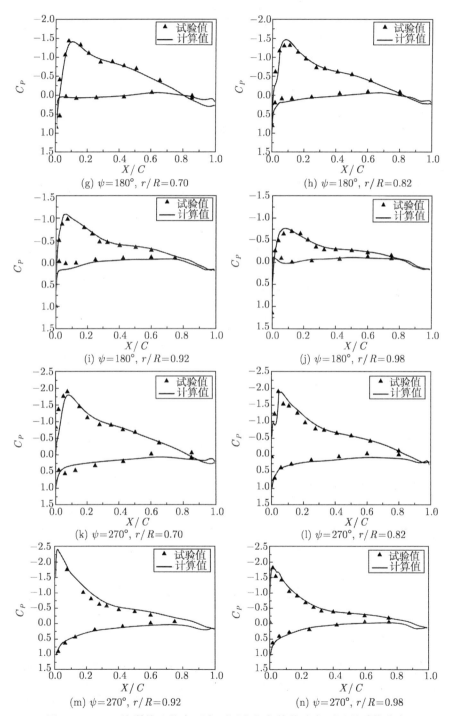

图 12.34 7A 旋翼前飞状态下在不同方位角的桨叶表面压强系数分布

图 12.35 给出了桨叶上四个不同剖面位置的法向力系数随方位角的变化曲线，并与文献的试验值和计算结果 (Biava, 2003) 进行了对比。前行桨叶在方位角 $\psi = 90°$ 附近，后行桨叶在 $\psi = 270°$ 附近存在较为强烈的桨/涡干扰现象，由于 N-S 方程采用了 S-A 湍流模型，能够较好地模拟旋翼表面的黏性效应、气流分离等复杂流动现象，采用 CLORNS 代码计算的气动力分布与试验值吻合较好，能够较好地模拟出桨/涡干扰的变化规律，而 Biava(2003) 的计算由于采用的是 Euler 方程，计算精度略低。

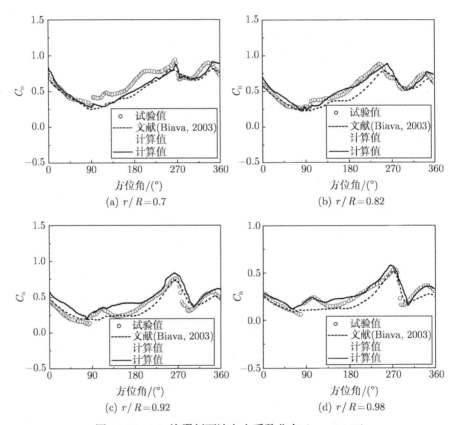

(a) $r/R = 0.7$　　(b) $r/R = 0.82$

(c) $r/R = 0.92$　　(d) $r/R = 0.98$

图 12.35　7A 旋翼剖面法向力系数分布 ($\mu = 0.167$)

5. UH-60A 直升机旋翼

这里给出 UH-60A 直升机旋翼前飞状态流场的验证算例，以进一步验证 CLO-RNS 代码对桨叶外形复杂的旋翼流场计算的有效性。选择编号为 c8534 这一大速度中等过载飞行状态 (Sitaraman, et al., 2003, Abhishek, et al., 2009)：$C_T/\sigma = 0.084$，$Ma_{\text{tip}} = 0.642$，$\mu = 0.368$ 和 $\alpha_s = -7.31°$ (α_s 为桨盘倾角)。配平计算后的

操纵量如表 12.5 所示。在该大速度前飞状态下，旋翼周围的流场和所受的气动力环境更为复杂，前行桨叶上除了会产生强烈的激波外，还会出现振动幅度较大的非定常气动载荷，从而增加了该状态下旋翼流场的数值模拟难度。

表 12.5　UH-60A 直升机旋翼操纵量　　　　　（单位：(°)）

变距角	θ_0	θ_{1c}	θ_{1s}
飞行状态测量值	14.31	4.5	-10.5
配平值	12.55	3.39	-8.62

图 12.36 给出了 CLORNS 代码计算的 UH-60A 弹性旋翼不同方位角 (时刻)3 个不同展向位置 ($r/R = 0.775$、$r/R = 0.865$ 和 $r/R = 0.965$) 的翼型剖面压强系数分布。图中实线是计入桨叶弹性 (CFD/CSD 耦合方法) 影响的计算结果，虚线为刚性桨叶假设的计算结果。由图可见，虽然弹性桨叶的前飞状态下的旋翼流场模拟是很困难的，但计算的桨叶剖面压强分布与试验值仍吻合较好。计入桨叶弹性后，捕捉到的激波与刚性桨叶相比更接近试验值，这表明 CLORNS 代码的弹性旋翼流场模拟方法是有效的。

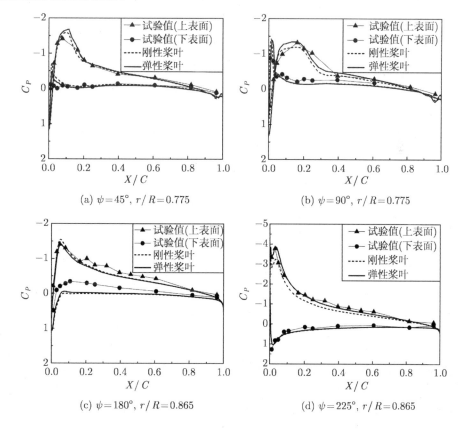

(a) $\psi = 45°$, $r/R = 0.775$　　　　　(b) $\psi = 90°$, $r/R = 0.775$

(c) $\psi = 180°$, $r/R = 0.865$　　　　　(d) $\psi = 225°$, $r/R = 0.865$

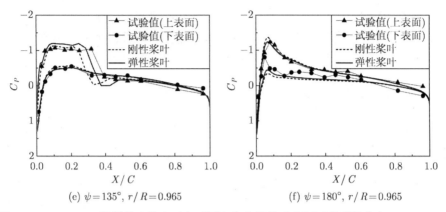

(e) $\psi = 135°$, $r/R = 0.965$　　　　　　(f) $\psi = 180°$, $r/R = 0.965$

图 12.36　UH-60A 旋翼前飞状态下在不同方位角的桨叶表面压强系数分布 ($\mu = 0.368$)

　　旋翼流场在前飞状态将变得更加复杂，前、后行两侧的桨叶剖面相对气流不再对称，桨叶剖面气动力分布随桨叶方位角和展向位置的变化而改变。图 12.37 给出了 UH-60A 旋翼在该前飞状态下两个桨叶剖面 ($r/R = 0.865$ 和 $r/R = 0.965$) 的法向力系数分布及刚性桨叶计算结果和文献计算结果 (Potsdam，2006) 的对比。该文献将著名的旋翼 CFD 计算代码 OVERFLOW-D 和旋翼综合分析软件 CAMRAD 采用弱耦合的方式结合起来进行计算。对比可以看出，CLORNS 代码的计算结果与文献计算结果相似，模拟精度比没有计入桨叶弹性的计算结果更贴近试验值，计算的法向力系数在桨叶前行侧得到了改善。

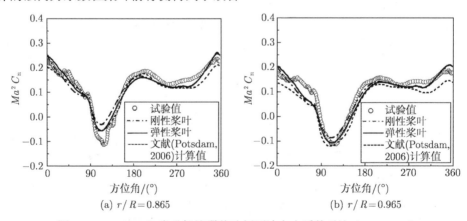

(a) $r/R = 0.865$　　　　　　　　　　(b) $r/R = 0.965$

图 12.37　UH-60A 直升机旋翼桨叶剖面法向力系数对比 ($\mu = 0.368$)

　　图 12.38 给出了其他几个剖面的法向力系数分布，与刚性计算结果相比，弹性桨叶前行侧的计算结果在幅值上与试验值更加吻合，在靠近桨叶尖部的区域，计算的负升力峰值也与试验值贴近，这表明 CLORNS-CSD 代码的 CFD/CSD 耦合计算方法可用于大速度中等过载前飞状态下弹性旋翼非定常气动力的计算。

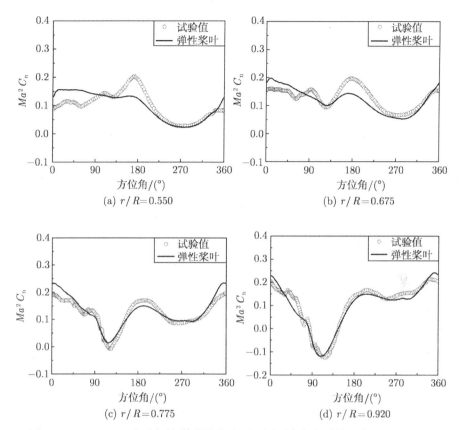

图 12.38 UH-60A 直升机旋翼弹性桨叶不同剖面法向力系数分布 ($\mu = 0.368$)

12.4 直升机全机干扰流场的模拟

12.4.1 ROBIN 旋翼/机身干扰流场计算

1. ROBIN 机身流场模拟

选取了在旋翼/机身流场干扰研究中广泛使用的机身形状 ——"Robin 机身"，先介绍国外相关的计算情况，然后应用 CLORNS 代码针对孤立机身、旋翼/机身干扰流场进行模拟计算。

1) 国外计算情况

Abras 等 (2014) 在来流马赫数为 0.1 和机身迎角为 0° 的状态下，采用不同网格和软件对 ROBINmod7 机身的气动特性进行了数值模拟。表 12.6 给出了一系列不同规模的网格。

表 12.6   文献采用的不同网格

网格	边界层网格	网格单元数	网格节点数	网格描述
Grid 1	三棱柱	8.7 million	2.3 million	粗网格
Grid 2	四面体	24.0 million	4.1 million	细网格
Grid 2	三棱柱	14.0 million	4.1 million	细网格
Grid 5	三棱柱	15.5 million	5.5 million	双网格 (两种网格)

图 12.39~图 12.41 分别给出了采用 Kestrel 代码、Helios 代码和 FUN3D 代码数值模拟的机身中心线上的压强系数分布情况。其中，Kestrel 代码是专门用于固定翼飞行器数值分析的代码，Helios 代码是专用于直升机旋翼气动特性分析的代码，FUN3D 是 NASA 开发的针对定常状态进行计算的代码。可以看出，CFD 方法能够很好地对孤立机身的气动特性进行模拟，并且 Helios 代码采用较密网格的计算效果更好，而 Kestrel 代码和 FUN3D 代码对网格的依赖性较低。这可能是因为

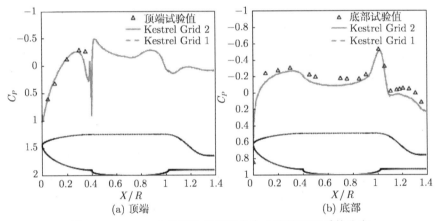

(a) 顶端   (b) 底部

图 12.39   Kestrel 代码计算的机身中心线的压强系数分布

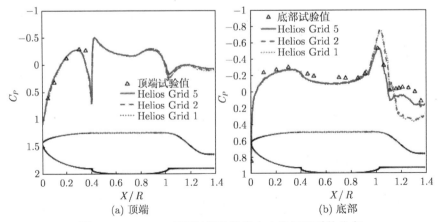

(a) 顶端   (b) 底部

图 12.40   Helios 代码计算的机身中心线压强系数分布

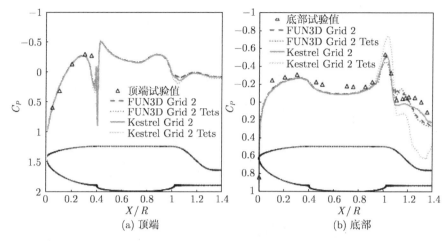

图 12.41 FUN3D 代码及 Kestrel 代码计算的机身中心线压强系数分布

Kestrel 和 FUN3D 是专用于固定翼定常流场求解的代码，而 Helios 是非定常流场计算代码，其对机身的定常流场的求解受网格的影响更为明显。

图 12.42 为不同贴体网格厚度情况下 Helios 代码计算的计算中心线压强系数的对比图。由于在贴体网格外采用 Euler 方程求解，因而若贴体网格的厚度较小时，背景网格的 Euler 方程的求解域延伸到边界层内部可能会影响流场的计算结果。如图所示，当贴体网格的厚度为 0.3in 时，计算结果受背景网格的 Euler 方程求解影响较大，机身中心线的压强系数振荡明显。而当贴体网格的厚度为 0.35in 和 0.5in 时，计算结果更为光顺，并且也更贴近试验值。图 12.43 进一步给出了不同贴体网格的厚度对 Helios 代码计算的孤立机身绕流的影响，可以看出，贴体网格的厚度越大，计算的机身绕流速度分布也越光滑。

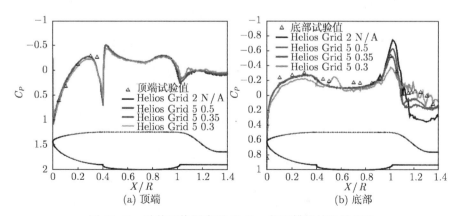

图 12.42 贴体网格厚度对 Helios 代码模拟结果的影响

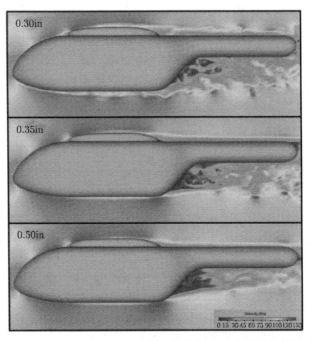

图 12.43　Helios 代码不同贴体网格的厚度对流场计算的影响

　　图 12.44 为不同代码计算获得的机身表面气流分离情况与试验测量的油线图的对比。从图中可以看出，FUN3D 代码和 Helios 代码采用嵌套网格计算的结果与试验值更为接近，Kestrel 代码和 Helios 代码采用单套网格计算的分离点位置较试验值有所推迟。

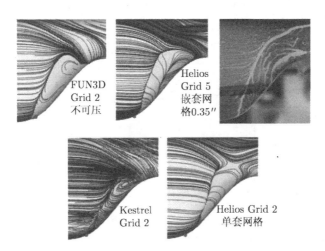

图 12.44　不同代码计算的机身表面分离情况与试验油线图的对比

2)CLORNS 代码计算情况

采用 CLORNS 代码进行机身流场的计算时，可分别采用结构和非结构网格，可见图 3.35 和图 5.11 所示。图 12.45 给出了围绕 ROBIN 机身的非结构网格局部网格图。

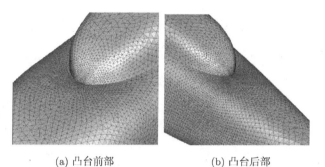

(a) 凸台前部   (b) 凸台后部

图 12.45 ROBIN 机身局部非结构网格图

计算状态：来流马赫数为 0.3，迎角为 0° 和 −5°。图 12.46 是在此两种状态下计算得到的机身垂直于长度方向不同横截面上表面点的压强分布及与试验值 (Freeman, et al., 1979) 的对比。在该图中，坐标 X 表示沿机身纵向离开机头点的距离。由图可见，在大部分机身截面上，采用 CLORNS 代码获得的计算值与试验值吻合较好。

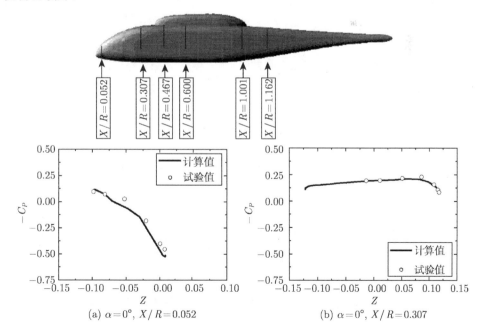

(a) $\alpha = 0°$, $X/R = 0.052$ (b) $\alpha = 0°$, $X/R = 0.307$

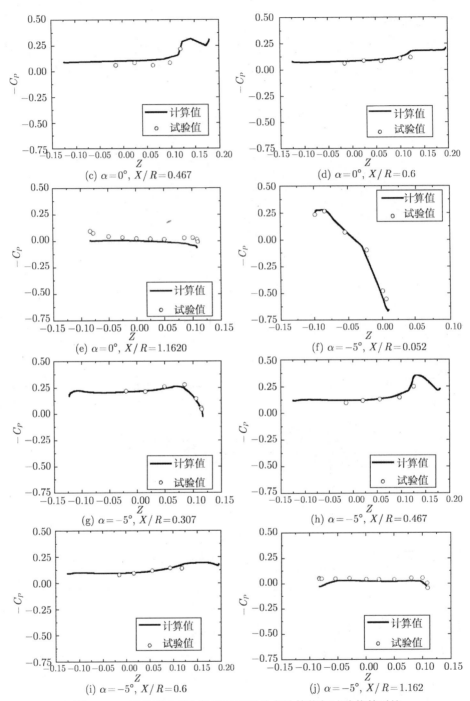

图 12.46 机身横截面上的表面压强分布计算值与试验值的对比

图 12.47 给出 ROBIN 机身表面压强系数分布云图，图 12.48 给出了不同迎角下的机身对称剖面流线和压强系数分布图。从图中可以看出，在相同来流速度下，两种迎角在短舱开始处均有略微的气流分离，在短舱结束段 0° 时相对于 −5° 有更为明显的气流分离，这是由于在 0° 时短舱结束段气流转折较大，减弱了气流的依附性造成的。

图 12.47 CLORNS 代码计算获得的 ROBIN 机身表面压强系数分布云图

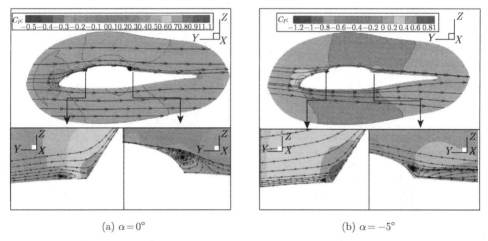

(a) $\alpha = 0°$ (b) $\alpha = -5°$

图 12.48 不同迎角下机身对称面上的压强等值线分布和流线对比

2. 旋翼/机身干扰情况

本节针对前飞状态下的 ROBIN 机身进行了计算，并采用 CLORNS 代码的动量源方法模拟旋翼与机身的干扰。利用网格生成软件对计算流场进行网格划分，生成的网格节点数为 211918，网格面数为 2230882，网格单元数为 1086043。分别选取前进比 0.15、0.23 进行算例验证，在配平计算过程中，保持旋翼拉力系数与试验拉力值相同，拉力系数试验值分别为 0.0656 和 0.0657。表 12.7 给出了配平计算的旋翼总距和周期变距值。

表 12.7　变距角与挥舞角的配平结果对比　　　　　（单位：(°)）

内容	θ_0	θ_{1c}	θ_{1s}
试验值 ($\mu = 0.15$)	10.3	-2.7	2.4
试验值 ($\mu = 0.23$)	10.4	-0.4	3.8
本书配平值 ($\mu = 0.15$)	9.2	-2.3	2.1
本书配平值 ($\mu = 0.23$)	9.35	-0.26	3.1

图 12.49 给出了计算的机身顶端线的压强系数分布，并与试验值进行对比。从图中可以看出，计入旋翼配平后计算得到的压强系数与试验值吻合得更好，说明了 CLORNS 代码的配平方法的有效性以及计入旋翼配平的必要性。

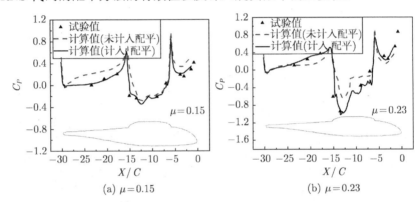

(a) $\mu = 0.15$　　　　　　　　　(b) $\mu = 0.23$

图 12.49　计算的机身顶端的压强系数分布计算值与试验值对比

图 12.50 所示为在不同前进比下，计算的机身表面压强系数分布云图。由图可见，由于桨盘前行侧和后行侧的诱导速度分布不均匀，导致前飞状态下的机身表面压力分布是非对称的。其中，后行侧的压强更低，从而会产生偏航力矩，这一结果也可用于分析判断机身受旋翼干扰的强度。随着前进比的增加，机身表面压强分布的非对称性减弱，机身尾部的压强分布更接近于流场压强的平均值，说明机身受旋翼干扰的程度减小。这显然是因为随着前进比的增加，旋翼的诱导速度减小，从而对机身的干扰减弱。

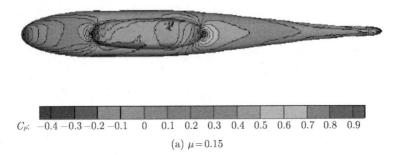

C_P:　-0.4　-0.3　-0.2　-0.1　0　0.1　0.2　0.3　0.4　0.5　0.6　0.7　0.8　0.9

(a) $\mu = 0.15$

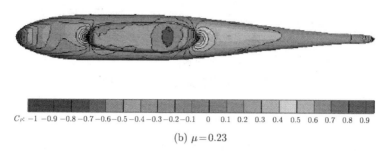

C_F −1 −0.9 −0.8 −0.7 −0.6 −0.5 −0.4 −0.3 −0.2 −0.1   0   0.1 0.2 0.3 0.4 0.5 0.6 0.7 0.8 0.9

(b) $\mu=0.23$

图 12.50   计算的不同前进比下机身表面压强系数分布云图

图 12.51 为计算的不同前进比干扰状态下机身流场的流线图，从图中可以看出，随着前飞速度的增大，旋翼尾迹向下偏折程度减小，机身受下洗流的影响减弱。同时，这一结果也可以作为判断机身受旋翼干扰强度的另一个参考指标。

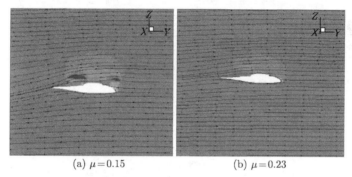

(a) $\mu=0.15$ (b) $\mu=0.23$

图 12.51   计算的不同前进比干扰状态下机身流场的流线图

图 12.52 所示的是前飞状态下旋翼功率系数随拉力系数增加的变化规律。从图中可以看出，在前进比为 0.15 时，干扰状态下的旋翼性能与孤立旋翼状态下的旋翼性能相比具有较明显的差别，并且这种差别随着旋翼拉力系数的增大而更加

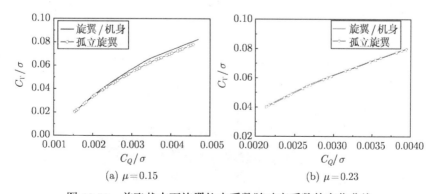

(a) $\mu=0.15$ (b) $\mu=0.23$

图 12.52   前飞状态下旋翼拉力系数随功率系数的变化曲线

明显。然而,随着前进比的增加,机身对旋翼的干扰作用逐渐减弱。在前进比为 0.23 时,干扰状态下的旋翼性能与孤立旋翼状态下的旋翼性能相比几乎没有差别。这是因为此时的旋翼尾迹已经远离了机身,且旋翼的下洗流随前进比的增大而减弱,当前进比增大到一定值时,旋翼和机身的干扰作用将十分微弱,几乎可以看作是相互独立的。

图 12.53 所示的是在拉力系数一定的情况下 $(C_T/\sigma = 0.08)$,旋翼的功率系数随前进比增加的变化规律。从图中可以看出,当前进比较小时,干扰状态下的旋翼性能与孤立旋翼状态下的旋翼性能相比差别较大,这是因为前进比较小时,旋翼的下洗流较大,旋翼/机身的干扰也较强。随着前进比的增加,这种差别逐渐减小。当前进比增加到一定值 $(\mu = 0.3)$ 时,旋翼/机身的干扰将十分微小,可看成是相互独立的。需要指出的是,上述分析结果只是简单分析机身对旋翼的干扰作用,未对真实飞行状态下,全机干扰影响后的旋翼气动特性做分析。

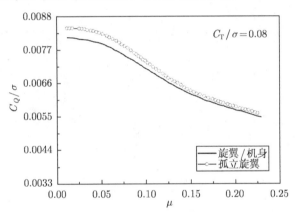

图 12.53　同一拉力系数下旋翼功率系数与前进比的关系

12.4.2　海豚直升机全机干扰的数值模拟

国外针对海豚直升机 1:7.7 缩比模型开展了一些风洞试验和数值模拟研究,该直升机模型主旋翼直径为 1.5m,机身长度为 1.5m,桨尖最大速度为 100m/s。图 12.54 给出了该模型在风洞内的安装图。

图 12.54　1:7.7 的海豚直升机模型

Renaud 等 (2004) 采用多种流场求解器针对海豚直升机模型的孤立机身及旋翼/机身干扰流场进行了数值模拟, 表 12.8 给出了常用几种流场求解代码。

表 12.8 常用几种流场求解代码

软件 (代码)	空间离散格式	时间推进格式	湍流模型	采用网格 (软件)	其他方法
OVERFLOW	二阶空间中心差分＋四阶矩阵人工黏性	一阶隐式方法	S-A 模型 k-ω SST 模型	运动嵌套网格, OVERGRID 软件	MPI 并行＋低速预处理
ELSA	Jameson 格式, 标量人工黏性	隐式 LU-SGS	S-A 模型 k-ω 模型	运动嵌套网格, ICEM-CFD 软件	低速预处理
FUN3D	Roe 格式 (格点格式)	向后 Euler 时间离散方法	S-A 模型 k-ω SST 模型	非结构网格, VGridns 和 Gridgen 软件	MPI 并行
CLORNS	Roe 格式 (格心格式)	隐式 LU-SGS	S-A 模型 k-ω SST 模型	结构/非结构混合网格	并行、低速预处理

图 12.55 给出了不同软件在进行 CFD 计算时采用的网格, 并同时给出了 CLORNS 代码中所采用的网格。

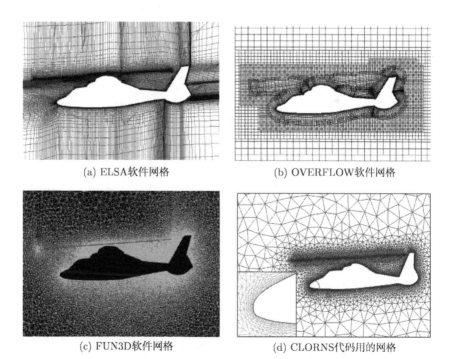

(a) ELSA软件网格   (b) OVERFLOW软件网格

(c) FUN3D软件网格   (d) CLORNS代码用的网格

图 12.55 不同软件/代码采用的网格形式

1. 孤立机身流场的 CFD 计算

图 12.56 给出了国外不同软件计算的孤立机身的表面压强系数分布的对比, 计算状态: 来流马赫数为 0.088, 侧滑角为 −5° (机头向右)。可以看出, 不同的 CFD 流场求解代码在针对复杂直升机外形计算时仍能保证一定的精度。图 12.57 给出了不同软件计算侧滑对机身表面压强系数的影响与试验值的对比, 可以看出 CFD 方法能够较为准确的捕捉侧滑状态下直升机机身表面的压强分布。

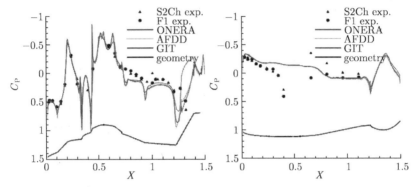

图 12.56　不同软件计算的孤立机身压强系数分布对比

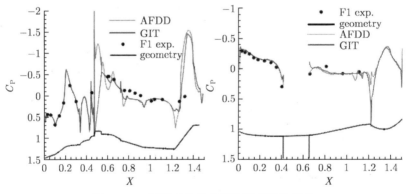

图 12.57　侧滑对机身表面压强系数的影响

2. 旋翼/机身干扰流场的 CFD 计算

图 12.58 给出了动量源方法模拟旋翼时, 旋翼/机身干扰流场情况。可以看出, 在均匀作用盘情况下, 各软件模拟出的机身压强系数分布与试验值分布较为一致。

图 12.59 给出了基于动量源模型的旋翼/机身干扰表面压强分布图。将 CLORNS 代码的计算值与 ELSA、OVERFLOW 以及 FUN3D 软件的计算值进行了对比, 可以看出, 除了机身本身存在的几何外形 (CLORNS 代码中的机身外形为测绘的结果) 上的差异外, 机身压强分布是比较接近的。

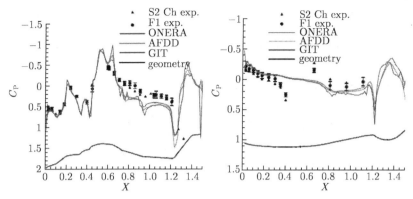

图 12.58 定常动量源模型计算的机身压强系数分布

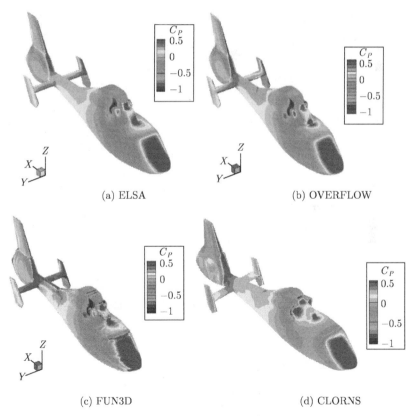

图 12.59 定常动量源方法计算获得的机身表面压强系数云图对比 (见图版)

图 12.60 给出了此时机身对称面处的剖面流线图, 可以看出采用动量源模型进行旋翼模拟时, 不同软件或代码计算出的旋翼下洗载荷还是有一些差异的, 但在总体上分布形式接近一致。由于前飞速度较小, 在接近桨盘位置处气流会发生偏折。

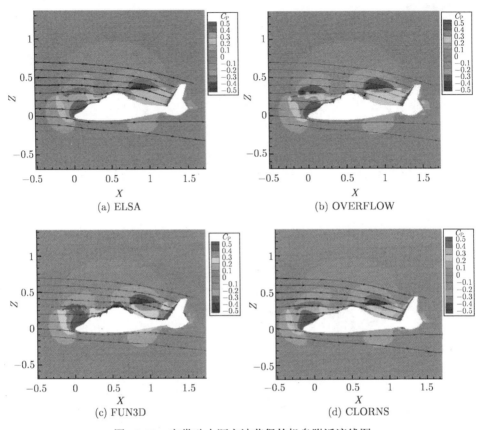

图 12.60　定常动力源方法获得的机身附近流线图

参 考 文 献

冯德利, 招启军, 徐国华. 2013. 基于 CFD 方法的直升机前飞状态配平分析. 航空学报, 43(10): 2256-2264.

王俊毅, 招启军, 马砾, 等. 2015. 直升机旋翼桨-涡干扰状态非定常气弹载荷高精度预估. 航空动力学报, 30(5):1267-1274.

王俊毅, 招启军, 肖宇. 2014. 基于 CFD/CSD 耦合方法的新型桨尖旋翼气动弹性载荷计算. 航空学报, 35(9):2426-2437.

吴琪, 招启军, 林永峰, 等. 2015. 旋翼跨音速非定常黏性绕流的高效 CFD 模拟方法. 南京航空航天大学学报, 47(2):212-219.

吴琪, 招启军, 赵国庆, 等. 2015. 基于隐式算法的悬停旋翼黏性绕流高效 CFD 分析方法. 空气动力学学报, 33(4):454-463.

肖宇, 徐国华, 招启军. 2014. 基于非惯性系的悬停状态旋翼 CFD/CSD 耦合气动分析. 空气动力学学报, 32(5):675-681.

徐广, 招启军, 王博, 等. 2011. 基于 Navier-Stokes 方程的旋翼前飞状态气动特性数值模拟研究. 空气动力学学报, 29(4):413-420.

徐广, 招启军, 王博, 等.2010. 先进直升机旋翼悬停状态气动性能计算. 航空学报, 31(9):1723-1732.

叶靓, 招启军, 徐国华. 2010. 一种适合于旋翼涡流场计算的非结构自适应嵌套网格方法. 空气动力学学报, 28(3):261-266.

叶靓, 招启军, 徐国华. 2009. 基于非结构嵌套网格和逆风格式的旋翼悬停流场数值模拟. 空气动力学学报, 27(1):62-66.

印智昭, 招启军, 王博. 2016. 基于高阶 WENO 格式的旋翼非定常涡流场数值模拟. 航空学报, 37(8).

招启军, 徐国华. 2006. 基于 Navier-Stokes 方程/自由尾迹/全位势方程的旋翼流场模拟混合方法. 空气动力学学报, 24(1):15-21.

招启军, 徐国华. 2005. 基于高阶逆风通量差分裂格式的直升机旋翼前飞流场模拟. 空气动力学学报, 23(4):408-413.

招启军, 徐国华. 2005. 使用高阶逆风通量差分裂格式的悬停旋翼流场数值模拟. 航空动力学报, 20(2):186-191.

Abhishek A, Data A, Chopra I. 2009. Prediction of UH-60A structural loads using multibody analysis and swashplate dynamics. Journal of Aircraft, 46(2):474-490.

Abras J N, Hariharan N. 2014. CFD solver comparison of low Mach flow over the ROBIN fuselage. AIAA Paper, 2014-0752.

Ahmad J, Duque E P N. 1996. Helicopter rotor blade computation in unsteady flows using moving overset grids. Journal of Aircraft, 33(1):54-60.

Ahmad J U, Strawn R C. 1999. Hovering rotor and wake calculations with an overset grid Navier-Stokes solver. Proceedings of the 55th Annual Forum of the American Helicopter Society. Montreal, May 25-27.

Biava M, Bindolino G, Vigevano L. 2003. Single blade computations of helicopter rotors in forward flight. AIAA Paper, 2003-52.

Caradonna F X, Tung C. 1981. Experimental and analytical studies of a model helicopter rotor in hover. Vertica, 5(1): 149-161.

Caradonna F X, Laub G H, Tung C. 1984. An experimental investigation of the parallel blade-vortex interaction. NASA/TM 86005.

Cross J F, Watts M E. 1988. Tip aerodynamics and acoustics test. NASA RP-1179.

Freeman C E, Mineck R E. 1979. Fuselage surface pressure measurements of a helicopter wind-tunnel model with a 3.15-meter diameter single rotor. NASA-TM-80051, Mar.

Heffernan R, Gaubert M. 1986. Structural and aerodynamic loads and performance measurements of an SA349/2 helicopter with an advanced geometry rotor. NASA TM-88370.

Johnson W. 1980. Helicopter theory. Princeton: Princeton University Press.

Light J S. 1993. Tip vortex geometry of a hovering helicopter rotor in ground effect. Journal of the American Helicopter Society, 38(2): 34-42.

Lorber P F,Stauter R C, Landgrebe A J. 1989. A comprehensive hover test of the airloads and airflow of an extensively instrumented model helicopter rotor. Proceedings of the 45th Annual Forum of the American Helicopter Society. Baston, MA, May 22-24.

Peterson R. 1995. Full-scale hingeless rotor performance and loads. NASA TM 110356.

Pomin H, Wagner S. 2001. Navier-Stokes analysis of helicopter rotor aerodynamics in hover and forward flight. AIAA Paper, 2001-0998.

Potsdam M, Yeo H, Johnson W. 2006. Rotor airloads prediction using loose aerodynamic/ structural coupling. Journal of Aircraft, 43(3):732-742.

Renaud T, O'Brien D, Smith M, et al. 2004. Evaluation of isolated fuselage and rotor-fuselage interaction using CFD. Proceedings of the 60th Annual Forum of the American Helicopter Society, Baltimore, MD, June 7-10.

Schultz K J. 1997. A Parametric wind tunnel test on rotorcraft aerodynamics and aeroacoustics (Helishape): test procedures and representative results. Aeronautical Journal, 101(1004):143.

Sitaraman J, Baeder J D, Chopra I. 2003. Validation of UH-60A rotor blade aerodynamic characteristics using CFD. Proceedings of the 59th Annual Forum of the American Helicopter Society. Phoenix, Arizona, May 6-8.

Steijl R, Barakos G N, Badcock K J. 2005. A CFD framework for analysis of helicopter rotors. AIAA Paper, 2005-5124.

Wang J Y, Zhao Q J. 2014. Effects of structural properties on rotor airloads prediction based on CFD/CSD coupling method. Proceedings of the 70th Annual Forum of the American Helicopter Society. Montreal May 20-22.

Yang Z, Sankar L N, Smkith M J, et al. 2000. Recent improvements to a hybrid method for rotors in forward flight. AIAA Paper, 2000-0260.

Zhao Q J, Xu G H. 2007. A study on aerodynamic and acoustic characteristics of advanced tip shape rotors. Journal of the American Helicopter Society, 52(3):201-213.

Zhao Q J, Xu G H, Zhao J G. 2005. Numerical simulations of the unsteady flowfield of helicopter rotors on moving embedded grids. Aerospace Science and Technology, 9(2):117-124.

Zhao Q J, Xu G H, Zhao J G. 2006. New hybrid method for predicting the flowfield of helicopter in hover and forward flight. Journal of Aircraft, 43(2):372-380.

索　引

图   版

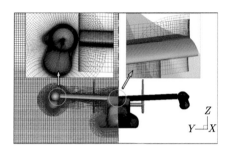

图 4.6   倾转旋翼机全机贴体嵌套网格系统

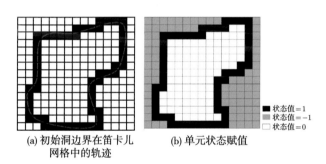

(a) 初始洞边界在笛卡儿
网格中的轨迹

(b) 单元状态赋值

状态值=1
状态值=-1
状态值=0

图 4.9   "Hole-map" 方法挖洞示意图

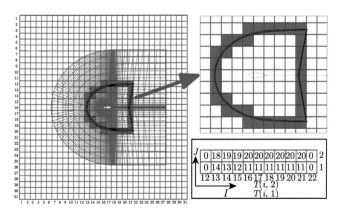

图 4.10   翼型嵌套网格挖洞示意图

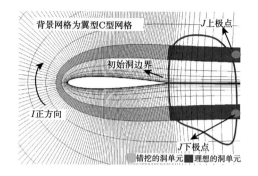

图 4.20 "透视图"方法可能出错的情况示意图

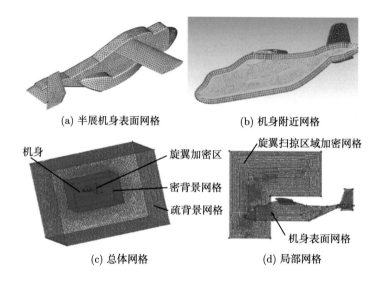

(a) 半展机身表面网格　　　　(b) 机身附近网格

(c) 总体网格　　　　　　　(d) 局部网格

图 5.14 倾转旋翼非结构计算网格系统示意图

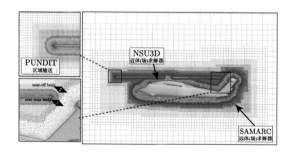

图 5.15 Helios 计划全机网格策略示意图

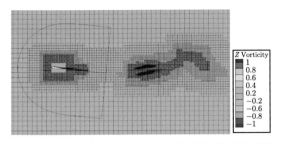

图 5.36　添加了基于涡量判据流场解自适应的流场涡量云图

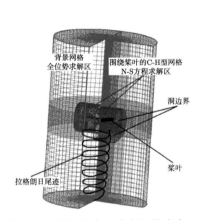

图 10.5　用于混合方法求解的嵌套
网格示意图

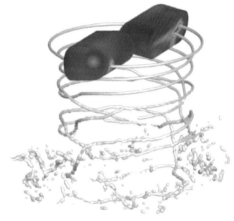

图 10.20　VVPM/CFD 混合方法计算获得的
涡量等值面图

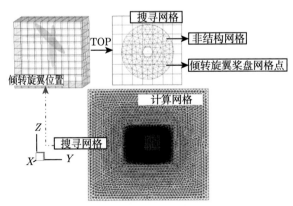

图 11.7　虚拟桨盘与背景网格

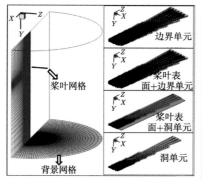

(a) 边界单元和洞单元

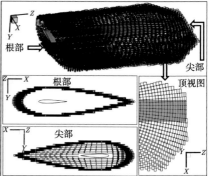

(b) 桨叶网格和外边界网格

图 11.9　非定常动量源方法的网格系统

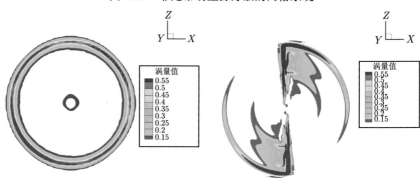

(a) 传统动量源方法

(b) BFMS方法

图 11.12　不同计算方法的旋翼涡量图对比

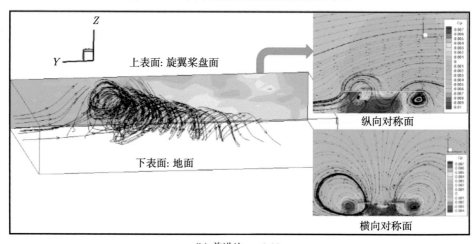

(b) 前进比 $\mu = 0.03$

图 11.17　不同前进比时旋翼流场图

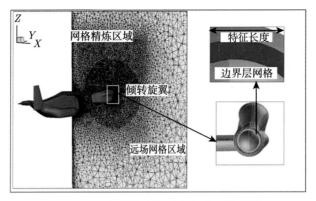

图 11.18 倾转旋翼机流场计算网格划分

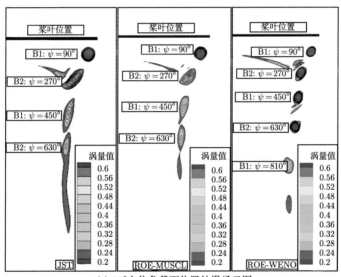

(c) 90°方位角截面位置处涡量云图

图 12.7 C-T 旋翼悬停流场涡量等值线分布图

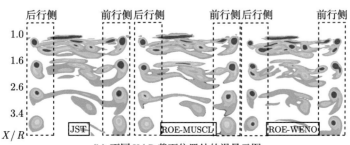

(b) 不同X/R截面位置处的涡量云图

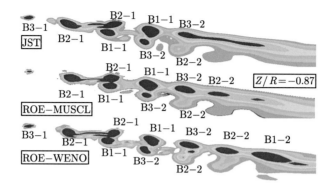

(c) $Z/R=-0.87$截面位置处的涡量云图

图 12.26　计算的旋翼流场空间涡量等值面和不同截面位置处的涡量云图

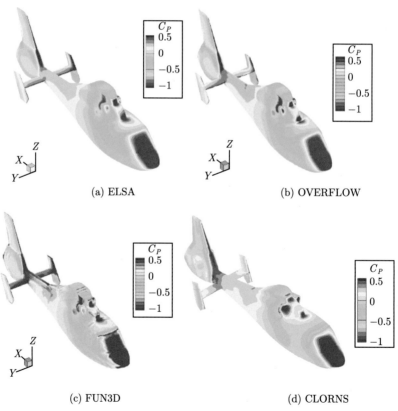

(a) ELSA

(b) OVERFLOW

(c) FUN3D

(d) CLORNS

图 12.59　定常动量源方法计算获得的机身表面压强系数云图对比